Lärm an der Grenze

ERDKUNDLICHES WISSEN

Schriftenreihe
für Forschung und Praxis

Begründet von
Emil Meynen

Herausgegeben
von Gerd Kohlhepp,
Adolf Leidlmair
und Fred Scholz

Band 140

Michael Flitner

Lärm an der Grenze

Fluglärm und Umweltgerechtigkeit
am Beispiel des binationalen Flughafens
Basel-Mulhouse

 Franz Steiner Verlag Stuttgart 2007

Umschlagabbildung: AP Photo/Laurent Rebours

Bibliografische Information der Deutschen Nationalbibliothek
Die Deutsche Nationalbibliothek verzeichnet diese
Publikation in der Deutschen Nationalbibliografie;
detaillierte bibliografische Daten sind im Internet über
<http://dnb.d-nb.de> abrufbar.

ISBN 978-3-515-08485-7

ISO 9706

© 2007 Franz Steiner Verlag, Stuttgart.
Gedruckt mit Unterstützung der Deutschen
Forschungsgemeinschaft. Gedruckt auf säurefreiem,
alterungsbeständigem Papier.
Druck: Printservice Decker & Bokor, München
Printed in Germany

Inhalt

Präludium

„Was denn mit ihrem Mann sei, wurde [Frau Klein] gefragt. Sie erzählte nun in kurzen Worten das Lebensschicksal ihres Mannes und also auch ihres, darin war enthalten unter anderem: dass ihr Mann aus dem Odenwald stamme, dass sie bei Frankfurt wohnten, dass sie wegen seiner Geräuschempfindlichkeit schon viermal umgezogen seien, dass er keine Autos und neuerdings auch keine Flugzeuge mehr ertrage, dass sie sich deshalb entschlossen hätten, ein Jahr nach Bozen zu gehen, dass jetzt hier aber ebenfalls wieder Autos seien und dass sein Nachbar jeden Morgen um sieben Uhr fernschaue *etcetera*. Ja, will er denn gar nichts hören, der Professor, fragte man. Sie: Das frage sie sich auch bisweilen. Er sage immer wieder, alle sollten endlich ruhig sein. Manchmal, wenn der Anfall besonders schlimm sei, sitze er da, ohne jede Reaktion, und stammle vor sich hin, *alle sollten endlich ruhig sein*, immer wieder: *alle sollten endlich ruhig sein*. Das sei beängstigend. Die anderen: Ja, das sei beängstigend. Sie: Gestern Abend habe sie, einfach so, auf dem Balkon herumgestanden, um die Südtiroler Luft zu genießen, aber ihr Mann habe ihr befohlen, die Balkontür zu verschließen, wegen der Autos. Was denn für Autos, habe sie gefragt. Du musst ruhig sein, um sie zu hören, sagte er, dann wirst du sie hören. Sie sei ruhig gewesen, tatsächlich habe sie jetzt die Autos gehört. Habe sie die Tür geschlossen, seien die Autos merklich leiser gewesen. Nun, sagte sie, dann lass eben die Balkontür geschlossen. Dafür, sagte er, bin ich also nach Klausen gegangen, um hier die Balkontür zu schließen! Sie: Autos gibt es überall. [...] Du störst dich an den Menschen, an ihrem Willen, an allem, was sie neu machen. Du erträgst nur das, was schon da war, bevor du da warst. Züge zum Beispiel. [...]
    Er: So, jetzt sind die Balkontüren zu. Jetzt sei einmal ruhig. Sie: Wieso soll sie immerfort ruhig sein? Er: Da, hörst du das nicht? Sie: Was? Er: Das, höre doch! Sie: Ja, in der Tat. Ein Fernseher. Sie höre einen Fernseher. Er: Mache ich die Balkontür auf, höre ich den Fernseher nicht, aber die Autos. Mache ich die Balkontür wieder zu, höre ich die Autos nicht mehr, aber den Fernseher. Ein schöner Chiasmus. Der Chiasmus meines Unglücks. Meiner ganzen verdorbenen Existenz. Badowsky: Hat er es denn mal mit Oropax probiert? Er, Badowsky, habe letzten Monat neben einer Baugrube gehaust, da hat Oropax geholfen. Frau Klein: Was habe er denn neben einer Baugrube gemacht? Badowsky: Was er dort gemacht habe? Nun, nichts. Sie seien dort eine Weile gewesen. Es gab ein Zelt, irgendwer hatte ein Zelt. Es war auch ständig Bier da. Es war eine gute Zeit, könne er jedem nur empfehlen.“

Andreas Maier: *Klausen*. Roman. Frankfurt/M., 2002, S. 93f.

1 Einleitung: Konflikte um Lärm verstehen

Lärm ist störend und ärgerlich. Er belastet die Nerven, er greift die Gesundheit an. Daran lässt auch die Forschung der letzten Jahrzehnte keinen Zweifel. Sie setzt, mit zunehmender Erkenntnis, die Schwelle immer niedriger an, bei der eine dauerhafte Schädigung des menschlichen Organismus beginnt. So sind etwa signifikante Störungen des Schlafs nach jüngeren Untersuchungen bereits weit unter der Weckschwelle festzustellen. Herz-Kreislauferkrankungen aller Art nehmen zu. Lärmbedingte Konzentrationsschwächen, wie sie sich bei Kindern unter anderem anhand ihrer schulischen Leistungen rekonstruieren lassen, wirken zum Teil noch jahrelang nach und können sich zu einer dauerhaften Antriebsarmut verfestigen, die als „erlernte Hilflosigkeit" in die psychologische Literatur eingegangen ist.

Doch Lärm gefährdet nicht nur die körperliche und psychische Gesundheit. Die vorangestellte Passage aus dem Roman *Klausen* von Andreas Maier bringt einige weitere Dimensionen der Lärmproblematik in literarischer Form zur Sprache. Erstens ist Lärm offenbar nicht oder nicht nur ein nach naturwissenschaftlichen Maßstäben objektiv erfassbarer Sachverhalt mit ebenso messbaren Wirkungen, sondern zugleich in hohem Maße von subjektiven Bewertungen und Stimmungslagen abhängig. Was eine Person kaum bemerkt – das ferne Rauschen der Autobahn bei geöffnetem Fenster in dem Haus auf dem Lande – mag für eine andere belastend oder ganz unerträglich sein. Diese unterschiedlichen Wahrnehmungen und Bewertungen sind zudem nur bedingt stabil und eventuell sogar in sehr kurzer Zeit veränderlich. Ein Hinweis auf das Geräusch, ein Gedankensprung, eine veränderte Stimmung können genügen: „Ja, in der Tat" – kaum dass das Fenster geschlossen wird, um die Laute der Autobahn zum Verschwinden zu bringen, wird das nachbarliche Fernsehgerät hörbar. Ein unerwünschtes Geräusch hat ein zweites, weniger lautes überdeckt, das dem seiner Ruhe einmal Beraubten aber nicht minder lästig ist.

Zweitens erinnert der Textauszug daran, dass Lärm im konkret materiellen Sinne ein räumliches und umweltgebundenes Phänomen ist. Die Schallwellen können sich über große Entfernungen ausbreiten und Räume noch fern von ihrem Ursprung durchdringen; dies gilt umso mehr, wenn die Schallquelle selbst mobil ist, wie die Autos und Flugzeuge, die hier angesprochen werden. Der Lärm findet seine Dämpfungen und Grenzen an Hindernissen in der Landschaft, an Bauten, Wänden, Fenstern usw., Grenzen, die meist nicht speziell zum Zweck der Schalldämpfung errichtet wurden, sondern, wie die Balkontür an einem lauen Abend, bei passender Gelegenheit verschoben oder ganz geöffnet werden können, um den Kontakt zur Welt zu intensivieren, zur frühsommerlichen Abendluft oder zum Gezwitscher der Vögel. Das heißt: Räume, die von Lärm erfüllt sind, überlagern andere Räume der Wahrnehmung und der Handlung und verändern sie; sie segmentieren den gelebten Raum auf neue und möglicherweise unerwünschte Art.

Diese Überlagerung, ihre Wahrnehmung und Bewertung, mag ihrerseits stark von einem bestimmten räumlichen Kontext abhängen: „Dafür ... bin ich also nach Klausen gegangen, um hier die Balkontür zu schließen!"

Drittens deutet der Autor an, dass Lärm jenseits der subjektiven und situativen Empfindlichkeiten auch einen im engeren Sinne sozialen Gehalt aufweist. Er nimmt dabei ein altes Motiv auf, das schon in den Anfängen der deutschen Lärmschutzbewegung zu Beginn des 20. Jahrhunderts präsent ist: Bildung und Stand machen empfindlich, so damals ein Grundtenor der Lärmgegner. Der Lärm kommt im Zweifelsfall von Angehörigen sozial tiefer stehender Schichten, denen er zugleich weniger auszumachen scheint. So wird in der zitierten Passage der Kopfarbeiter, Bürger, Professor Klein durch den Lärm weitaus stärker in seinem Wohlbefinden beeinträchtigt als der hemdsärmelige Badowsky, der mit einer Kiste Bier an der Baugrube campiert und sich bei Bedarf mit Ohrstöpseln behilft. Ein weitergehendes Motiv wird daran direkt angeschlossen: das pralle Leben sei eben dort, im Lärm, bei den Lärmunempfindlichen, die den einfachen Dingen des Lebens zugetan sind und sich unbeeindruckt von der Umgebung „eine gute Zeit" organisieren. Ein verwandtes Argument hatte zuvor schon Frau Klein ins Feld geführt: Dass es des Professors generelle Abneigung gegen das Neue sei, gegen die Modernisierung und gegen all die aktiven Menschen, die Neues schaffen: „Du erträgst nur das, was schon da war, bevor du da warst. Züge zum Beispiel."

Damit wird schließlich ein vierter Aspekt indirekt ins Spiel gebracht: Wer lärmempfindlich ist und sich gegen den Lärm wehrt, sieht sich schnell in Deutungskämpfe verstrickt. Gerade weil Lärm jenseits der objektiven Komponenten klar erkennbar auch subjektive, situative und im weiteren Sinn soziale Anteile hat, müssen die Kritiker einer bestimmten Lärmquelle oder Lärmsituation ihrerseits immer mit Einwänden rechnen, die auf eine Delegitimation ihres Anliegens zielen. Das Schlagwort ‚Überempfindlichkeit' ist hier schnell bei der Hand und verwirrende bis irreführende Vergleiche von Autobahnen und Wasserfällen oder Flugzeugen und Orchestersuiten sind Legion. Wird dann noch das allgemein geächtete ‚Sankt-Florians-Prinzip' bemüht, demzufolge selbstsüchtige Individuen ein notwendiges Übel nur auf Kosten ihrer Nachbarn abzuwälzen trachten, entstehen leicht argumentative Situationen, in denen Betroffene sich selbst in acht nehmen müssen, um nicht als modernisierungsfeindliche Mimosen, oder schlimmer, als unsoziale Hysteriker dazustehen. Auch dieses Motiv hat Tradition: Schon vor dem Ersten Weltkrieg sahen sich die Anhänger der Lärmschutzbewegung in dem verbreiteten „Nervendiskurs" pathologisiert. Der Klage der Betroffenen, „der Lärm mache sie nervös" hielten die Lärmerzeuger entgegen, „die Kläger *seien* nervös" (Radkau 1998, S. 209, Hv. i. Orig.) und damit normalen Anforderungen nicht gewachsen.

Andreas Maier liefert uns mit dieser Passage in kondensierter Form bereits einige entscheidende Facetten der Lärmproblematik, die in den folgenden Kapiteln der vorliegenden Studie noch ausgiebig diskutiert werden. Sein Text markiert zugleich den zentralen Ausgangspunkt der folgenden Überlegungen. Lärm wird hier als ein soziales und kulturelles Phänomen betrachtet. Lärm, und so auch im Besonderen der Fluglärm, um den es in der Untersuchung in erster Linie geht, ist

demnach nicht mit der entsprechenden Schallquelle ‚einfach da'; er entsteht vielmehr in einem Zusammenspiel von materiellen und immateriellen Gegebenheiten
und Prozessen, die immer auch symbolische Gehalte aufweisen und mit vielschichtigen Bedeutungszuschreibungen einhergehen. Symbolische Gehalte kommen dabei in zweifacher Weise ins Spiel: Zum einen als Sinnhorizonte, vor deren
Hintergrund der Lärm als solcher erst aufgefasst wird, zum anderen als spezifische symbolische Gehalte, welche die Lärmereignisse bestimmter Qualität in der
Deutung mit sich bringen bzw. eröffnen. Die subjektiven Deutungen des Lärms
und seiner symbolischen Gehalte können mehr oder weniger stark in kollektive
Deutungsmuster eingebunden sein; sie bleiben jedoch in jedem Falle aktive *Interpretationsleistungen* der Betroffenen und gehen insofern über die bloße subjektive
Wahrnehmung objektiver Gegebenheiten hinaus.

Diese Ausgangsannahmen leiten die folgende Untersuchung. Ihr Gegenstand
ist jedoch nicht der Fluglärm schlechthin, sondern die vielschichtige Auseinandersetzung um Fluglärm in einer bestimmten Region, nämlich im Einzugsbereich des
Flughafens Basel-Mulhouse[1]. Ohne der weiteren Darstellung vorzugreifen lässt
sich hier schon berichten, dass diese Auseinandersetzung seit einigen Jahren sehr
lebhaft verläuft. Während des Untersuchungszeitraums verging kaum eine Woche,
in der nicht Berichte über oder Stellungnahmen zu dem Konflikt von unterschiedlicher Seite in den führenden Printmedien der Region und darüber hinaus erschienen wären. Neben Vertretern des Flughafens, Politikern, einschlägigen Behörden
und den Handelskammern meldeten sich dabei auch verschiedene Gruppen und
Initiativen zu Wort, die sich mit dem vorwiegenden Ziel formiert haben, den
Fluglärm in der Region zu vermindern. Die erwähnten Berichte und Stellungnahmen deuten vielfach darauf hin, dass die Konjunktur des Konflikts zumindest in
Teilen dem Umstand geschuldet ist, dass der genannte Flughafen aufgrund einer
international einzigartigen Rechtskonstruktion als binationale Einrichtung operiert, die sich sehr nahe an der französisch-schweizerischen Grenze befindet, und
zudem noch eine dritte, auf deutschem Territorium befindliche Anliegerschaft hat.
Kaum ein Autostunde entfernt, treffender gesagt: wenige Flugminuten in Richtung Osten hat sich zugleich noch ein weiterer, grenzüberschreitender Konflikt
um Fluglärm während der letzten Jahre zugespitzt. Dort steht der Anflug auf den
(weit größeren) Züricher Flughafen in der Debatte. Wie die primär um den Fluglärm geführten Auseinandersetzungen im größeren Basler Umland im Einzelnen

---

1   Hier wie meist auch im Folgenden verwende ich den traditionellen Namen des Flughafens in
    Anlehnung an den bilateralen Vertrag zwischen der Schweiz und Frankreich. Ab dem Jahr
    1987 ging der Flughafen dazu über, vornehmlich unter dem Namen ‚EuroAirport Basel-Mul-
    house-Freiburg' aufzutreten. Da dieser als Warenzeichen eingetragene Name im Sinne des
    Marketing offensichtlich eine gewandelte Funktion des Flughafens signalisieren soll und zu-
    dem eine rechtlich nicht gegebene Trinationalität suggeriert, wird er von einem Teil der Flug-
    lärmkritiker vehement abgelehnt; ohne mir diese Argumente zu eigen zu machen, ziehe ich
    daher in der Arbeit die erstgenannte, nicht umstrittene Bezeichnung vor. Analog orientiere
    ich mich auch bei den Ortsnamen, soweit es mehrere Varianten gibt, im Allgemeinen an der je-
    weils am Ort selbst gültigen, offiziellen Schreibweise, also etwa Huningue, Bourgfelden,
    Hégenheim, Strasbourg, Basel.

verlaufen, ob und wie sie mit der Grenzlage und dem Züricher Konflikt zusammenhängen, welche anderen äußeren Faktoren oder Interpretationen dabei wirkungsmächtig werden: All dies muss uns hier noch nicht beschäftigen. Es reicht einstweilen festzuhalten, dass wir es offenbar mit einer brisanten Gemengelage zu tun haben, die die Gemüter in der Region und darüber hinaus beschäftigt, und in deren Kern die Entstehung und Verteilung von Fluglärm zu stehen scheint.

Um den Ausgangspunkt der Untersuchung weiter zu verdeutlichen, ist es angezeigt, zunächst einmal kurz die Schwerpunkte der bisherigen wissenschaftlichen Beschäftigung mit dem Phänomen des Lärms zu skizzieren und von da ausgehend den eigenen Ansatz zu umreißen. Gesondert werden die geographischen Perspektiven auf den Gegenstand skizziert sowie eine kurze Betrachtung über Lärm als Gegenstand zivilgesellschaftlichen Engagements geliefert; ein Blick auf den Gang der Untersuchung beschließt die Einleitung.

Ansätze der Lärmforschung

Die Erforschung des Lärms und der Lärmwirkungen lässt sich grob in fünf Großbereiche gliedern, die den Löwenanteil systematischer Bearbeitung während der letzten Jahrzehnte auf sich vereinigt haben. Sie können, wie wir sehen werden, zwar bestehenden wissenschaftlichen Disziplinen zugeordnet werden, nehmen in diesen jedoch meist selbst eine eher periphere Stellung ein und finden sich häufig in kooperativen Projekten verschiedener Art verknüpft (vgl. Schahn 1999; Schick 1999a; Klöpfer u.a. 2006). Erstens ist die *physikalisch-technische* Forschung zu nennen, die sich naturwissenschaftlich mit allen Themen der Akustik befasst. In diesem umfänglichen Gebiet werden die Grundlagen bereitgestellt, die in angewandter Perspektive in Form von Erkenntnissen aller Art über die Schallausbreitung, Schalldämpfung, neue Messverfahren etc. sämtliche Bereiche des aktiven und passiven Schallschutzes betreffen (Smith u.a. 1982; Norton 1989; Harris 1991). Mit besonderem Bezug zum Fluglärm lassen sich beispielhaft die Forschungen zu leiseren Triebwerken und Umströmungsgeräuschen der Flugzeugfahrwerke nennen, wie sie im Deutschen Zentrum für Luft- und Raumfahrt (DLR) durchgeführt werden (Michel 1995), aber auch Arbeiten über technisch optimierte Flugrouten, spezifische Messgrößen oder die generelle „Umweltkapazität" von Flughäfen (Beckenbauer/Schreiber 1999; Beckers 1999; Tölke 2003). Der gesamte Forschungsbereich ist von zentraler Bedeutung für die Fortentwicklung von Lärmmessverfahren, die in nahezu jede Diskussion über Lärm früher oder später eingehen, und, damit zusammenhängend, für die Entwicklung nationaler und internationaler technischer Standards der Lärmbewertung (Martin 1986).

Ein zweiter Strang ist die *medizinische und epidemiologische* Forschung. Neben den nahe liegenden Untersuchungen zu Gehörschädigungen sind hier vor allem Arbeiten zum Herz-Kreislaufsystem und physiologische Untersuchungen von Schlafstörungen zu nennen, die seit den 1970er Jahren in großer Zahl entstanden sind (Harder u.a. 1999; Ising/Kruppa 2001). Sie haben die Debatte über Lärm insgesamt, und über Fluglärm im Besonderen, in der Vergangenheit wesentlich geprägt. Und sie liefern nach wie vor entscheidende Ergebnisse, wenn es um die Festlegung oder Änderung von Grenzwerten, Maximalpegeln usw. geht (Ortscheid/Wende 2000; Klein 2001; Quehl/Basner 2005).

Ein drittes Feld bilden die vielfältigen Studien, die im weiteren Sinne der *psychologischen* Forschung zuzurechnen sind und unter Bezeichnungen wie Psychoakustik oder psychologische Akustik gemeinhin der Umweltpsychologie zugeordnet werden. Neben der Medizin, mit der sich im Bereich der Psychosomatik eine nicht unerhebliche Schnittmenge ergibt, ist hier derzeit der größte Teil der Lärmwirkungsforschung angesiedelt, in Deutschland herausragend vertreten etwa durch die Oldenburger Psychologen um August Schick, die ein breites Forschungsprogramm zu Fragen der Lärmwahrnehmung und -bewertung aufgebaut haben und seit nunmehr zwanzig Jahren regelmäßig internationale Symposien zur Psychoakustik durchführen (Schick 1981; Höge u.a. 1986; Meis u.a. 2000). Durch sie und andere ist während der letzten Jahrzehnte die Wahrnehmung von Geräuschen intensiv empirisch untersucht worden. Im Vordergrund stehen dabei zahlreiche Fallstudien, die, grob verkürzt, die Wahrnehmung von akustischen Phänomenen nach den Regeln einer quantitativen Individualpsychologie durchleuchtet haben (ebd.; Kastka 1981; Bullinger 1998; Höger 1999; Hahn u.a. 2000; vgl. a. Kuckartz 2002). Dabei ist eine, wenn auch kleinere Zahl von Studien erschienen, die Befunde aus verschiedenen Ländern und Kulturen vergleichend diskutieren und sich im Zuge dessen mit der Deutung und Bedeutung von verschiedenen Lärmarten befassen (Fastl/Yukiko 1986; Kuwano u.a. 1986; s.a. Felscher-Suhr u.a. 1999). Der Verkehrslärm hat in dieser gesamten Forschungsrichtung seit jeher eine erhebliche Rolle gespielt, und auch der besondere Fall des Fluglärms hat dabei in den letzten Jahren verschiedentlich Beachtung gefunden.

In deutlich geringerem Umfang hat sich, viertens und ebenfalls bereits ab Anfang der 1970er Jahre, eine *wirtschaftswissenschaftliche* Diskussion ergeben, die sich mit der Frage befasst, welche ökonomischen Effekte Lärmimmissionen haben können (Pearce 1974; Nelson 1978). Vor allem ist auf diesem Gebiet eine Reihe von Studien entstanden, die sich mit der Entwicklung von Grundstücks- und Immobilienpreisen unter sich ändernden Lärmbedingungen beschäftigen. Dabei kommen die verschiedensten Methoden der ökonomischen Bewertung zum Einsatz, von klassischen Marktuntersuchungen über Analysen der Zahlungsbereitschaft und Kosten-Nutzen-Analysen bis zu Verfahren der kontingenten Bewertung. Mehrere unter diesen Arbeiten befassen sich spezifisch mit Fluglärm und insbesondere mit Wohngebieten, die im Bereich stadtnaher Flughäfen angesiedelt sind (Paul 1971; Feitelson u.a. 1996; Baranzini/Ramirez 2005).

Schließlich hat sich, fünftens, wie bei jedem größeren Umweltproblem von einiger Dauer, eine verzweigte *juristische* Fachdebatte entwickelt, die sich mit der Erarbeitung und Interpretation von Regularien, Verordnungen und Gesetzen zum Lärmschutz ebenso befasst wie mit den allgemeineren Fragen des Planungsrechts, des Verkehrsrechtes und des Schutzes der Gesundheit (Hildebrand 1970; Weiß 1986; Hofmann 1989; Michler 1993). Im vorliegenden Zusammenhang sind zumindest einige Arbeiten von Interesse, die sich mit Flughafen- und Fluglärmentscheidungen befassen, nur indirekt auch Studien aus den Gebieten des Luftverkehrsrechts, des Immissionsschutzes inklusive der Lärmminderungspläne, sowie verfassungsrechtliche Diskussionen über grund- und menschenrechtliche Schutzansprüche (Sommer 1999; Schon 1999; Berkemann 2001). Insgesamt spielt im Flugverkehr das internationale Recht aus naheliegenden Gründen seit langem eine zentrale Rolle, in jüngerer Zeit bemüht sich gesondert die Europäische Union um einen „einheitlichen europäischen Luftraum"; einstweilen bleibt aber auch die unterschiedliche nationale Rechtssetzung in zentralen Fragen bedeutsam (Jörg 2001; Lang 2001; Guski 2001).

Schon dieser kursorische Überblick über die wissenschaftlichen Gebiete, die sich in Vergangenheit und Gegenwart mit dem Phänomen Lärm am intensivsten beschäftigt haben bzw. beschäftigen, macht deutlich, dass wir es mit einem komplexen Gegenstand von hohem gesellschaftlichen Interesse zu tun haben. Interdisziplinäre Formen der Bearbeitung scheinen in vielen Teilfragen naheliegend, oder mehr noch *transdisziplinäre* Formen, wenn mit diesem Begriff der starke Praxisbezug und das Ausgreifen in die außerwissenschaftlichen Dimensionen gesellschaftlicher Problembearbeitung bezeichnet wird (vgl. Klein 1996; Flitner/Oesten 2002). Vor allem in der psychoakustischen Forschung sind solche Ansätze zum Teil bereits verwirklicht. Hier finden wir eine enge Zusammenarbeit von Forscherinnen und Forschern aus der technischen Akustik, aus der Psychologie und in minderem Maße aus den Sozialwissenschaften.

Ein kurzer Blick in die oben genannte Literatur zeigt uns, dass in diesem wie in den anderen genannten Feldern sehr elaborierte und oftmals voraussetzungsreiche Expertendiskurse vorherrschen. Mit Ausnahme der rechtswissenschaftlichen Arbeiten hat die betreffende Forschungstätigkeit zudem in aller Regel erhebliche apparative und logistische Voraussetzungen, und sie zielt meist auf die Bearbeitung eng begrenzter Fragestellungen, für die statistisch abgesicherte Ergebnisse angestrebt werden. Insgesamt liegt der Schwerpunkt der bisherigen wissenschaftlichen Bearbeitung ganz überwiegend auf quantitativ messenden bzw. auf Repräsentativität abzielenden Verfahren, und zwar nicht nur bei den technisch-naturwissenschaftlichen Arbeiten, sondern auch bei den soziologischen und psychologischen Untersuchungen, sowie bei den Versuchen, die unterschiedlichen Forschungsrichtungen in problemorientierter Weise aufeinander zu beziehen.

Von dieser wissenschaftlichen Perspektive weicht die vorliegende Arbeit mit ihrem Schwerpunkt theoretisch und methodisch deutlich ab, wenn sie Lärm als ein soziales und kulturelles Phänomen betrachtet und die Auseinandersetzungen um Fluglärm im Einzugsbereich des Flughafens Basel-Mulhouse vor allem auf Basis qualitativer Daten zu explorieren und zu deuten sucht. Damit wird ein Ansatzpunkt gewählt, der in den bisherigen Arbeiten über Lärm nur eine randständige Rolle gespielt hat und bisher kaum als ein eigener Zweig der Lärmforschung gelten kann. Dementsprechend bilden die oben genannten Bereiche und die ihnen entstammenden Befunde zwar einen hilfreichen Bezugspunkt bei der Interpretation verschiedenster, sich im Laufe der Untersuchung ergebender Fragen. Jedoch finden wir dort kein sachliches oder methodisches Gerüst vor, an dem sich eine qualitative Studie orientieren könnte, welche das primäre Ziel verfolgt, die Bedeutungshorizonte zu erforschen, die in einem bestimmten Konflikt um Fluglärm diesen Gegenstand umgeben, formen und den Beteiligten selbst wie untereinander verständlich machen.

Im Kern der folgenden Exploration wird ein Korpus selbst erhobener Daten stehen, die ganz überwiegend Interviews entstammen, die in den Jahren 2001 bis 2003 in der weiteren Umgebung des Flughafens geführt wurden. In der Analyse und Interpretation dieser Gespräche wird vor allem an die verstreuten Beiträge aus den Sozial- und Kulturwissenschaften angeknüpft: aus der Soziologie, der Humangeographie und der Politikwissenschaft, vereinzelt auch aus der Musik- und der Literaturwissenschaft, die sich alle in weitaus geringerem Umfang als die oben genannten Wissenschaften mit der Problematik des (Flug-)Lärms auseinandergesetzt haben.

Dass hier ein solcher Ansatz gewählt wird, hat mehrere Gründe. Die Interessen und Erfahrungen des Forschers spielen dabei ebenso eine Rolle wie sein Blick auf das wissenschaftliche Feld der gegenwärtigen Humangeographie (vgl. Bourdieu 1975). Es gibt jedoch auch Gründe, die direkt an den Gegenstand Lärm bzw. Fluglärm gekoppelt sind und die eine kurze Ausführung verlangen. Schon bei einer oberflächlichen Befassung mit dem Thema werden die weitreichenden kulturellen Dimensionen und Implikationen der akustischen Sphäre ohne Weiteres ersichtlich. Was sich in der vorangestellten literarischen Passage von Andreas Maier für den Lärm insgesamt bereits abzeichnete, kann hier noch einmal spezieller mit Bezug zu Flugzeuggeräuschen an einem Beispiel illustriert werden:

> „Bei den Salzburger Festspielen ist am Abend das ‚Helikopter-Streichquartett' von Karlheinz Stockhausen [aufgeführt worden]. Anlass war der 75. Geburtstag des Komponisten. Dazu hatten sich auf dem Salzburger Flughafen vier Mitglieder des ‚Stadler-Quartetts' an Bord von vier ‚Black Hawk'-Hubschraubern begeben. Der Streicherklang, vermischt mit den Rotorgeräuschen der Hubschrauber, wurde elektronisch zum Publikum im neu erbauten Hangar 7 übertragen. [...] Das am Salzburger Flughafen versammelte Publikum zeigte sich begeistert von dem Spektakel und reagierte mit lang anhaltendem Applaus und Bravo-Rufen." (ARD online vom 23. August 2003)

Bedürfte es noch eines Belegs, dass die Bewertung des Fluglärms in höchstem Maße kulturell ‚kontingent' ist, wäre er mit dieser kleinen Nachricht schon erbracht: Was hier der Terror des Fluglärms ist, kann dort als Musik bejubelt werden. Diese Einsicht ist freilich nicht erst Stockhausen zu verdanken. Direkte Hinweise auf solch eklatante kulturelle Bewertungsunterschiede lassen sich schon in der Lyrik Anfang des 20. Jahrhunderts finden, erst recht und vor allem bei den italienischen ‚Futuristen', die eine komplette „Aeroästhetik" entwickelten, mit Flugzeug-Opern und akustischen Schauflügen, wie sie der Geräuschkomponist Luigi Russolo bereits vor dem Ersten Weltkrieg inszenierte.[2] Und ausgerechnet die nächtlichen Startbewegungen, die der besondere Schrecken vieler lärmgeplagter Flughafenanlieger sind, schildert Antoine de Saint-Exupéry geradezu schwär-

---

2 Eine umfassende Studie über „Literatur und Aviatik" im ersten Drittel des 20. Jahrhunderts hat Felix Ingold (1978) verfasst; Hans-Joachim Braun (2000) liefert einen schönen Überblick über die Geräusche von Zügen und Flugzeugen als Thema der Musik bis in die Gegenwart. Zu den Fluglärm-Inszenierungen der Futuristen s.a. Allende-Blin (2001) sowie Kahn (1999, S. 65f.).

merisch mit sakralem klanglichen Bezug: „Schon steigt ein Orgelklang empor: das Flugzeug" (Saint-Exupéry [1932] 2000, S. 144).

Die hier und an unzähligen anderen kulturellen Artefakten leicht erkennbaren – wenn auch nur zum Teil leicht erklärbaren –, extremen Bewertungsunterschiede mit Bezug auf Fluggeräusche sollten nun nicht dahingehend gedeutet werden, dass eine quantitative, auf Repräsentativität abzielende Erforschung der Lärmbelästigung unsinnig oder verzichtbar wäre. Die Erhebung der ‚durchschnittlich empfundenen Störung' oder ‚Belästigung' ist eine unverzichtbare Grundlage rational vertretbarer Planung. Wenn wir aber die Ausgangslage ernst nehmen, dass physikalisch gesehen ein und dieselbe Schallimmission bei unterschiedlichen Menschen, in unterschiedlichen räumlichen, historischen, sozialen und kulturellen Situationen, ja offensichtlich auch bei den *selben* Menschen in unterschiedlichen Lagen radikal anderen Bewertungen unterliegt, dann wird es in der Tat interessant und sogar notwendig, sich mit dem großen ‚Rest' zu beschäftigen, der in den üblichen quantitativen Untersuchungen als unerklärbar, ‚sonstige Einflüsse' oder ‚Störvariablen' zu den Akten gelegt wird.

Und so finden wir die vielleicht stärksten Argumente für eine *qualitative* Erforschung des Fluglärms gerade bei den Protagonisten einer statistisch abgesicherten Lärmwirkungsforschung selbst. Der Schweizer Lärmforscher Oliva etwa, der federführend an einer der größten wissenschaftlichen Studien beteiligt war, die in den letzten Jahren über den Verkehrslärm in der Schweiz durchgeführt wurde, berichtet, dass die „Variation in der Lästigkeitsbewertung" bei vergleichbaren Studien „fast nie zu mehr als 30% durch physikalische (akustische) Variablen erklärt" werden könne (Oliva 1998, S. 26; vgl. a. Brink u.a. 2005, S. 35f.). In einer ausführlichen Reflexion der aufwändigen Studie kommt er zu einem sehr selbstkritischen, ja fast schon resignativen Schluss. Nachdem die Ergebnisse dargelegt wurden, die im Wesentlichen bekannte Befunde präzisieren, – „je höher die mittlere Schallbelastung, desto größer ist die Wahrscheinlichkeit für eine *starke Störung* (Skalometer 8 bis 10)" – fordert der Autor von zukünftigen Studien einen „besseren Einbezug der lärmbelasteten Menschen, zumindest über die Konstruktion des *homo sociologicus*" (Oliva 1998, S. 183f, Hv. i. Orig.). Und er schließt:

> „Bemerkenswert ist, wie mit zunehmender Quantität der Informationen über die Schallquellen und über die Immissionsgebiete, die fast jederzeit auf Knopfdruck zur Verfügung stehen, die Qualität, die wirkliche Kenntnis der Lärmwirkung, eher abzunehmen scheint." (ebd., S. 184)

Auch die qualitative Erforschung von Lärmbelastungen kann sich kaum anheischig machen, die hier beschworene „wirkliche Kenntnis" der Lärmwirkung zu liefern. Sie ist allerdings in der Lage,– und zwar schon mit der Analyse kleinster Bruchstücke des gesellschaftlichen Diskurses über Fluglärm wie der obigen Notiz über das Helikopterquartett –, begründete Vermutungen über Zusammenhänge anzustellen, die auch nach Tausenden von standardisierten Interviews, Messungen und Simulationen im Dunkel unbestimmter „Störvariablen" versteckt bleiben. Die Generalformel: mehr Schallenergie = mehr Ärger ist ebenso spontan einleuchtend wie vielfach statistisch belegt; und zugleich versagt sie doch an jedem oder fast jedem einzelnen Konflikt um Lärm. Sie scheitert jedenfalls regelmäßig in dem Sinne, dass sie erhebliche Teile des individuell wie kollektiv artikulierten Unwohlbefindens und der Reaktionen darauf nicht erklären kann – zum Schutze der Grenzwertforscher sei hinzugefügt: und in der Regel auch gar nicht erklären will. Erkennbar existiert hier noch ein großer Forschungsbedarf auf Seiten der sozial- und kulturwissenschaftlichen Erschließung der vielfältigen ‚Lärmwelten', ein Bedarf, den die quantifizierende individualpsychologische und soziologische Forschung nicht zu befriedigen vermag. Die Arbeit geht also, wenn man so will, einen Schritt zurück und versucht an einem konkreten Konflikt erst einmal zu verstehen, was denn der Fluglärm den Betroffenen ‚bedeutet', worin ihre Ärgernisse genau bestehen und welche Interpretationen der Lage dabei vorherrschen. Im methodischen Abschnitt dieser Arbeit (Kap. 3) wird genauer ausgeführt, wie in der Untersuchung vorgegangen wurde, um dies zu erreichen.

Der Mode des letzten Jahrzehnts entsprechend drängt es sich an dieser Stelle fast auf, den verfolgten Ansatz insgesamt als das Bemühen zu kennzeichnen, die ‚soziale Konstruktion des Fluglärms' aufzuzeigen. Dies liegt umso näher, als in der langen Liste von Titeln vergleichbarer Bauart mittlerweile einige zu finden sind, die entfernt verwandte Probleme behandeln, wie die soziale Konstruktion geruchlicher Wahrnehmung (Raab 2001), der Zeit (Beck 1994) oder des Mülls (Keller 1998). Zudem werden auch klassisch geographische Themen wie Naturgefahren heute explizit als soziale Konstruktion konzipiert (Weichselgartner 2002). Ich widerstehe der Versuchung, die vorliegende Arbeit hier einzureihen, aus mehreren Gründen: Vor allem scheint mir diese Ausdruckweise keine größere Klarheit, sondern eher neue Verwirrung zu schaffen. Die Rede von der sozialen Konstruktion weist heute ganz unterschiedliche Bedeutungen auf, die jeweils ihre eigenen theoretischen und methodischen Implikationen bergen, angefangen mit dem fast schon klassischen Sozialkonstruktivismus über erkenntnistheoretische und ethnomethodologische Überlegungen bis hin zu verschiedenen Varianten poststrukturalistischer Theorie (Hacking 1999; vgl. a. Flitner 1998; Demeritt 1998; Miggelbrink 2002). Wird der Begriff ‚soziale Konstruktion' auf Gegenstände oder Problemlagen angewandt, die in der vorherrschenden Definition erkennbar eine naturwissenschaftliche Komponente haben, entsteht zudem ein Unterton, der eine sozialwissenschaftliche Deutungshoheit gerade *im Gegensatz* zu den gängigen (meist natur-)wissenschaftlichen Sichtweisen reklamiert (vgl. Rammert 1999). Entweder wird deren Konstruktionscharakter dem der sozialwissenschaftlichen Perspektive kurzerhand gleichstellt, oder das Zusammentreffen der beiden Betrachtungsweisen mündet in einen merkwürdigen Wettbewerb, der vor allem die Hoheitsansprüche innerhalb des wissenschaftlichen Feldes zu betreffen scheint. „Es könnte auch anders sein" (Nowotny 1999): Dieser programmatische Satz einer Wissenschaftsforscherin mag wohl auch auf naturwissenschaftliche Befunde zutreffen, oder konkret: auf die physikalischen Maßeinheiten und die ‚Gesetze' der Akustik, wie sie die heutige Physik formuliert. Doch muss man kein naiver Realist sein, um die Annahme für sinnvoll zu halten, dass es verschiedene Typen oder Modi der Kontingenz gibt: die Erzeugung messtechnischer Ergebnisse ist in anderer Weise und mit anderen Konsequenzen ‚konstruiert' als eine Lärmschutzverordnung, und diese wiederum in ganz anderer Weise als das Bild einer intakten Natur aus der Perspektive von Fluglärmgegnern usw. Entsprechend hat auch die Rede von einer sozialen Konstruktion des Fluglärms, jedenfalls im vorliegenden Zusammenhang, wenig Trennschärfe oder Erklärungswert.

Zur Geographie von Klang und Lärm

Die Geographie taucht unter den oben genannten ‚Lärmwissenschaften' nicht auf; sie hat sich in der Vergangenheit nur in geringem Maß mit Klang und Lärm, mit akustischen Phänomenen überhaupt beschäftigt. Dies gilt erst recht für die Humangeographie. Einzig in der Musikgeographie findet sich bei internationaler Suche eine bescheidene Reihe einschlägiger Monographien, ansonsten nur ganz vereinzelte Forschungsarbeiten, nur wenige Zeitschriftenartikel oder andere substanzielle Behandlungen des Themenkreises. Im verbreiteten *Dictionary of Human Geography* (Johnston u.a. [4]2000) findet sich dementsprechend auch kein Eintrag zu Lärm, Geräusch, Klang resp. den entsprechenden englischen Schlagworten. Allerdings gibt es eine längere Tradition der Auseinandersetzung mit den verschiedenen Dimensionen der sinnlichen Wahrnehmung im Werk mehrerer Geographinnen und Geographen, und hier ist auch eine Reihe von Ansatzpunkten gegeben, die derzeit neues Interesse finden. So sah sich in jüngerer Zeit Nigel Thrift (2002, S. 296) u.a. mit Blick auf die erstarkende Musikgeographie veranlasst, die „Geographie der Sinne" insgesamt als ein besonders zukunftsträchtiges Forschungsfeld der Geographie zu benennen, und Michael Crang (2002, S. 653) sieht in der Erforschung der „verkörperten Erfahrung" ein besonderes Desiderat der qualitativen humangeographischen Forschung.

Interesse hat die sinnliche Umwelterfahrung in der Vergangenheit vor allem in der Verhaltens- und Wahrnehmungsgeographie sowie bei Vertretern der humanistischen Geographie gefunden. Als ein früher Vorläufer kann hier der finnische Geograph Johannes Gabriel Granö gelten, der die Umweltwahrnehmung methodologisch ins Zentrum seiner „Reinen Geographie" stellte und bereits Ende der 1920er Jahre unter anderem eine Beschreibung und Illustration der Geräusche und Klänge auf der Insel Valosaari vorlegte (Granö 1929; vgl. a. Pocock 1989, S. 197). Paasi (1984) hat allerdings verdeutlicht, dass Granös Abstand zu späteren Varianten der Verhaltens- und Wahrnehmungsgeographie insofern beträchtlich ist, als er gerade das subjektive Element in der Wahrnehmung explizit zurückweist und letztlich auf eine Geographie als Naturwissenschaft abzielt.

Auch an den Fortentwicklungen der Wahrnehmungsgeographie ist wiederholt kritisiert worden, dass sie tendenziell an einem Primat des physischen Raums festhalten und die Wahrnehmung vor allem als einen Filter verstehen, der als vorgeschaltetes Element in einem behavioristischen Verhaltenskonzept fungiert. Da das Erkenntnisinteresse sich dabei häufig vor allem auf „Wissen" im Sinne der „Struktur der mentalen *Speicherung* von räumlichen Informationen" richtet (Scheiner 2000, S. 61, Hv. MF), finden sich auch hier kaum konkrete Ansatzpunkte oder empirische Studien, die sich mit der Rolle einzelner menschlicher Sinne befassen, jenseits der häufig postulierten ‚Beobachtung'. Schon frühzeitig sind in diesem Feld jedoch einige Querverbindungen zur Umweltpsychologie und Ökologischen Psychologie entstanden, auf die bereits Wirth (1981) hingewiesen hat. Dort finden sich nicht nur die oben bereits genannten Studien, sondern auch eine Reihe von Konzepten mittlerer Reichweite, die Anschlussmöglichkeiten auch an handlungstheoretische Positionen bieten. So wurde etwa Barkers Konzept des „behavior setting" von Weichhart (1994, 2003) im Kontext der Humanökologie verändert als „action setting" aufgenommen. Eine dezidierte Beschäftigung mit den akustischen Dimensionen der Wahrnehmung bzw. weitergehend mit dem subjektiven Erleben und Bewerten akustischer Ereignisse in Bezug auf die Bedeutung räumlicher Elemente und sozialer Situationen ist jedoch auch hier ausgeblieben.[3]

Immerhin entstammt eine der seltenen Ausnahmen in der geographischen Literatur, die sich explizit mit Lärm und spezifisch mit Fluglärm befassen, erkennbar einer kognitiv-behavioristischen Tradition. Milton Harvey u.a. (1979) untersuchten in einer quantitativen Studie die Reaktionen auf Lärm im Gebiet um den Flughafen Buffalo (NY). Die Untersuchung geht dabei konzeptuell von einem einfachen Reiz-Reaktions-Schema aus, in dem die Lärmstimuli durch situationale und demographische Variablen beeinflusst zu kognitiven Reaktionen führen, die schließlich in verschiedene Formen des ‚Stressverhaltens' einmünden. Als solches werden sowohl alle Protesthandlungen wie telefonische Beschwerden, Demonstrationen etc. gefasst, als auch bauliche Maßnahmen der Schallisolation oder der Umzug an einen anderen Ort (ebd., S. 265-266). Die statistisch ausgiebig abgesicherten Ergebnisse bergen denn auch keine echte Überraschung: die „Kognition der Haushalte" (household cognition) und ihre „Reaktion" korrelieren z.T. signifikant mit ausgewählten demographischen und situationalen Attributen: junge, sozial besser gestellte Menschen, und vor allem diejenigen, die aufgrund der Lage ihrer Wohnung mehr Lärm ausgesetzt sind, neigen eher zu Protest. Dies bestätigt einige frühere Befunde ähnlich gelagerter sozialwissenschaftlicher Untersuchungen über Fluglärmproteste. Wir erfahren in diesem mechanistischen Modell jedoch nichts über die soziale und kulturelle Bedeutung der Lärmsituation für bestimmte Individuen oder Gruppen.

Ein weiterreichender, sehr fruchtbarer Ansatz, der auch in der Geographie den relativ stärksten Einfluss gewonnen hat, wurde von dem kanadischen Musikwissenschaftler und Komponisten Raymond Murray Schafer in den 1960er und 1970er Jahren entwickelt (Schafer 1971, 1988). Für seinen Versuch, sich des menschlichen Hörens und der verschiedenen Geräusche anzunehmen, die die menschliche Umwelt bestimmen, benutzt Schafer ein eigens entworfenes Vokabular, in dessen Zentrum der Begriff der soundscape steht. In den einschlägigen Übersetzungen wird dies zunächst als „Schallwelt", später besser als „Lautsphäre"

---

3   Dieser Ansicht auch P. Weichhart (pers. Mitt. vom 09. Januar 2003).

oder auch als „Klanglandschaft" übersetzt.[4] Als Klanglandschaft definiert Schafer ganz allgemein

> „... die Schallumwelt; technisch gesehen jeden Ausschnitt der Schallumwelt, der als Studiengebiet gewählt wird. Der Ausdruck kann sich auf reale Umfelder beziehen oder auf Konstruktionen wie Musikkompositionen und Tonbandmontagen, besonders wenn diese als Umwelt wahrgenommen werden" (Schafer 1988, S. 317).

Der Ansatz gewinnt an Kontur, wenn wir uns das empirische Forschungsprogramm ansehen, das Schafer und seine Mitarbeiter ab Ende der 1960er Jahre ins Werk setzten. In dem interdisziplinären *World Soundscape Project* sollten die charakteristischen Klanglandschaften von bestimmten Gebieten, Dörfern, Städten, Gewerben etc. dokumentiert und untersucht werden, einerseits um Grundkenntnisse für eine „akustische Ökologie" bereit zu stellen, auf deren Basis sich das Akustikdesign der Zukunft entwickeln ließe, andererseits um Geräusche aller Art zu konservieren und zu analysieren, die für irgendwelche Situationen typisch sind oder waren. Von besonderem Interesse sind dabei solche Geräusche oder Klänge, die aufgrund sozialer Veränderungen unmittelbar „vom Aussterben bedroht" sind. In dieser Perspektive wurde unter anderem die Klanglandschaft in Vancouver untersucht, sowie in fünf Dörfern in verschiedenen europäischen Ländern. Werner (1994, S. 53) hat die Leitlinien des *World Soundscape Project* folgendermaßen aufgelistet:

> „1. Dokumentation von akustischen Kontexten und akustischen Umwelten nach deren Häufigkeit und Dichte.
> 2. Exploration der Wirkung von Klang auf Menschen, Überprüfung von verschiedenen Wirkungsmodellen.
> 3. Studien zur mythischen, symbolischen und funktionellen Qualität von Klang; Klang als ‚community signal'.
> 4. Archäologie und Bewahren aussterbender Klänge.
> 5. Produktion und Vertrieb audiovisueller Soundscape-Medien als Anregung für weitere Forschung.
> 6. Interkulturelle Vergleiche von Umwelt-Klanglandschaft.
> 7. Vorbereitung einer Serie ausführlicher Radioprogramme.
> 8. Basisrecherche für Bürgerorganisationen und offizielle Institutionen zu Themen der akustischen Umweltverschmutzung und des akustischen Design."

Als Ausgangspunkt der Forschungen von Schafer und seinen Mitarbeitern wird damit die Annahme erkennbar, dass sich die Klanglandschaften in der Geschichte vielfach geändert haben und auch weiterhin ändern werden. Schafer beschreibt diese Veränderungen in groben Zügen als den Wandel von einer vorindustriellen und ländlichen „Hi-Fi-Klanglandschaft" zu einer postindustriellen „Lo-Fi-Klang-

---

4   Als Schallwelt in der Übersetzung von Schafers früher Arbeit durch Friedrich Saathen (Schafer 1971), als Lautsphäre in der Übersetzung des Hauptwerkes durch Kurt Simon (Schafer 1988, S. 7), als Klanglandschaft später in der Rezeption bei Werner (1994) und Winkler (1995, 1997). Manches spricht für die Übersetzung Lautsphäre, die mit der deutschen Ausgabe von Schafers Hauptwerk an wichtiger Stelle eingeführt wurde und ein allzu konkretes räumliches Bild vermeidet, doch überwiegt hier das Argument, dass Winkler speziell für die geographische Rezeption die Übersetzung Klanglandschaft gewählt hat, worin ich ihm im Weiteren folge.

landschaft". In der ruhigeren Hi-Fi-Klanglandschaft sind einzelne Klänge klar vernehmbar, es gibt eine hohe Wiedergabetreue (*high fidelity*), einen akustischen Vorder- und Hintergrund sowie die Möglichkeit, in die Ferne zu lauschen. Schafer illustriert diesen Zustand mit einem kleinen Klangbild aus der französischen Literatur, nämlich aus dem Roman *Le grand Meaulnes* („Der große Kamerad", 1913) von Henri Alain-Fournier, in dem die ländlichen Gegenden Frankreichs vor dem Ersten Weltkrieg in komprimierter Weise akustisch charakterisiert werden: „...der Klang eines Eimers auf dem Rand des Brunnens und der Knall der Peitsche in der Ferne" (zit. n. Schafer 1988, S. 59).

In der modernen Lo-Fi-Klanglandschaft hingegen werden solche „einzelnen akustischen Signale in einer überdichten Lautanhäufung verdunkelt" (ebd.). In der Großstadt, an einer Straßenkreuzung oder in der Fabrik verschwinden Einzeltöne und Perspektiven in einer andauernden „Lautüberflutung" (ebd., S. 97). Mit der industriellen Revolution nimmt der Lärm der Gewerbe zu, die Maschinen erreichen bald auch ländliche Gebiete, es entstehen neue Klanglandschaften, indem nicht nur lautere, sondern auch qualitativ andere Geräusche sich in der Welt verbreiten. Flach verlaufende „Wanderwellen" der repetitiven und monotonen Maschinengeräusche führen zu einem Hintergrund aus dauerhaften Grundtönen und breitbandigen Lärmwellen, die die informationsreicheren Einzelgeräusche mehr und mehr verdrängen und überlagern: Die ‚Entzauberung' der Welt ist somit auch eine klangliche (ebd., S. 36).

Dabei ist die akustische Umwelt nicht nur eine eigenständige Dimension des gesellschaftlichen Daseins, sondern auch ein „Indikator für gesellschaftliche Zustände, deren Folge sie ist" (ebd., S. 13). Aus ihrer Analyse lassen sich demnach auch Rückschlüsse über die Entwicklung einer Gesellschaft ziehen. Schafers Arbeiten eignet dabei unverkennbar eine zivilisationskritische Grundhaltung, die früheren akustischen Zuständen fast durchgängig freundlicher gesonnen ist als heutigen, und dies gilt auch für die Mehrzahl der Autoren, die sich auf seine Arbeiten berufen. Die heutige Klanglandschaft habe einen „äußersten Punkt an Vulgarität" erreicht, heißt es da schon in der Einleitung (ebd., S. 7) und immer wieder wird die „akustische Verschmutzung" durch Maschinenlärm oder „permanente Musikteppiche" (vgl. Lorenz 2000, S. 42) gegeißelt. Dem lässt sich zwar entgegenhalten, dass etwa die Straßenmusik in Europa schon seit Jahrhunderten ein Quell von Konflikten ist und dass die distinkten Hammerschläge eines mittelalterlichen Schmiedes nicht unbedingt angenehmer zu hören waren als der Ton einer elektronisch gesteuerten Metallpresse. Aber ganz unabhängig von generellen Einschätzungen über die Entwicklung der Klangwelten in der Geschichte und ihren immer subjektiv und situativ gefärbten Bewertungen bietet uns Schafers Konzept einen viel versprechenden Rahmen für die Analyse des Auftretens von Geräuschen in Raum und Zeit.

Im vorliegenden Zusammenhang ist dabei von besonderem Interesse, dass der Musiker Schafer sich schon früh und vom Ansatz her in seinem Werk auch mit dem Problem des Lärms beschäftigt. Der Lärm wird gewissermaßen als negative Kontrastfolie und möglicher Fluchtpunkt aller Klanglandschaften eingeführt, die samt und sonders im „wesenlosen Schall" der Maschinen unterzugehen drohen.

Und Schafer lässt keinen Zweifel daran, welche Art Lärm die zukünftige „Welt-symphonie" beherrschen wird:

> „Die große Lärmflut der Zukunft wird vom Himmel kommen. Soviel ist bereits klar. Bald wird jede Wohnung und jedes Büro in der Welt unter diesem Riesennetz des Ex-pressverkehrs liegen. In den letzten Jahren haben sich die Verwaltungsbehörden einiger Städte für die Bekämpfung der Lärmplage (Hundegebell und dergleichen) zu interessie-ren begonnen; aber die fantasielosen Bestimmungen, die daraus resultierten, können uns nur ein mitleidiges Lächeln abnötigen, solange wir uns gefallen lassen müssen, dass eine unbegrenzte Anzahl von Donnermaschinen uns den Himmel zur Hölle machen, ohne dass es eine bindende Weisung dafür gibt, wie oft und wie gründlich sie das tun dürfen. Die ganze Welt ist ein Flughafen." (Schafer 1971, S. 65)

In seinem späteren Werk berichtet Schafer von den Untersuchungen in einem zentral gelegenen Park in Vancouver, der bereits 1973 von rund 38.700 Überflü-gen im Jahr betroffen war. Messungen der Zeitspanne vom Auftauchen der Flug-zeuge „am akustischen Horizont" bis zu ihrem Verschwinden ergaben, dass die „Park-Klanglandschaft" im Schnitt etwa 27 Minuten pro voller Stunde von Flug-zeuglärm erfüllt war. In wenigen Jahren, so die Prognose, werde „totaler, anhal-tender Lärm herrschen" (Schafer 1988, S. 116). Und dieser Lärm am Himmel, so Schafer weiter, „unterscheidet sich radikal von jeglichem anderen Lärm dadurch, dass er nicht lokalisierbar und körperlos ist. Die hallende Stimme des Flugzeug-motors strahlt direkt hinab auf die Gemeinde, auf Dach, Garten und Fenster, auf Bauernhof und Vorstadt sowie auf das Stadtzentrum." (ebd.)

Schafer schreibt hier dem Fluglärm eine abstrakte und vereinheitlichende Wirkung zu, auf die später noch zurück zu kommen sein wird. Entscheidende An-regung und Hauptfokus seiner Arbeiten ist aber zunächst die Differenzierung und kulturelle Gebundenheit der Klanglandschaften, für die er zahllose lehrreiche und amüsante Beispiele anführt, von der besonderen Liebe der Schweizer zu Glocken über die Gleichgültigkeit von Jamaikanern gegenüber dem Geräusch eines Zahn-arztbohrers bis zur offenbar globalen Phobie gegenüber dem schrillen Quietschen von Kreide oder Fingernägeln auf einer Schiefertafel. Schafer unterscheidet dabei begrifflich die Klanglandschaft weiter in drei verschiedene Aspekte bzw. Arten von Klängen:

1. Das „Lautereignis" als das akustische Ereignis, das „vom menschlichen Ohr als das kleinste selbständige Teilchen einer Lautsphäre wahrgenommen" wird (Schafer 1988, S. 316). Anders als das von dem französischen Musikwissen-schaftler Pierre Schaeffer bereits früher geprägte „Lautobjekt" (*objet sonore*) soll das Lautereignis nicht als „abstraktes akustisches Objekt" verstanden werden, sondern als ein „symbolisches, semantisches oder strukturelles Stu-dienobjekt" (ebd.);

2. Die „Grundtonlaute" (*keynotes*) einer Klanglandschaft, womit er jene Laute bezeichnet, „die von einer bestimmten Gesellschaft dauernd oder oft gehört werden, so dass sie einen Hintergrund bilden, vor dem andere Laute vernom-men werden. Beispiele dafür sind die Meereslaute für eine Gemeinde, die am Meer lebt, oder der Laut von Verbrennungsmotoren in der modernen Stadt" (ebd., S. 313); und

3. Die „Signallaute" (*signals*), die im Vordergrund der Aufmerksamkeit stehen;
   sie sind bestimmbare und begrenzte Einzellaute wie ein vorbeifahrender Zug,
   ein Vogelgezwitscher oder der Klang einer Glocke. Letzterer kann unter bestimmten Umständen auch den Spezialfall eines Signallautes bilden, nämlich
   den „Orientierungslaut" (bzw. die „Klangmarke", *soundmark*), der entweder
   für eine bestimmte Gemeinde einmalig ist oder konkrete „Eigenschaften besitzt, welche die Menschen in dieser Gemeinde dazu bringen, auf ihn besonders zu hören" (ebd., S. 316). Wäre das regelmäßige Schlagen einer Kirch-
   turmglocke demnach als ein Signallaut zu klassifizieren, so kann das unzeit-
   gemäße Dauerläuten derselben Glocke ein Orientierungslaut sein, der einen
   Brand oder einen Sterbefall anzeigt.

Signallaute und Grundtonlaute verhalten sich demnach ähnlich zueinander wie
Figur und Grund in der visuellen Wahrnehmung (ebd., S. 317). Insofern die Ori-
entierungslaute „akustische Wahrzeichen" einer bestimmten Umgebung sind –
soundmarks in Anlehnung an den Begriff *landmarks* –, sind sie mit den typischen
Klangeigenschaften einer Gegend gleichzusetzen (Lorenz 2000, S. 11).

Schafers Ansatz bietet damit ein Begriffsinstrumentarium, das vielerlei Anknüpfungspunkte für die Geographie bietet und vor allem in der englischsprachi-
gen Humangeographie auch immer wieder aufgenommen worden ist (Por-
teous/Mastin 1985; Pocock 1988, 1989; Porteous 1990; Smith 1994). Insbesondere Douglas Pocock, der sich einer humanistischen Geographie zuordnet, hat
dabei die grundlegende Bedeutung des Klangs bzw. des Gehörsinns betont und in
den Kontext einer umfassenderen Geographie der Sinne gestellt (Pocock 1989, S.
199). Paul Rodaway (1994) hat eine solche Geographie weiter ausgearbeitet, wobei er für seine ‚Geographien des Gehörs' (ebd., Kap. 6) vor allem auf die Schriften eines Blinden zurückgreift und dessen Raumwahrnehmungen analysiert. Die
Untersuchung des Lärms spielt aber (auch) bei ihm kaum eine Rolle und geht wenig über Schafers Überlegungen hinaus (ebd., S. 108, 156f.).

In der deutschsprachigen Geographie ist die Einführung des Konzepts der
Klanglandschaft, – bzw. der Lautsphäre, wie es in früheren Übersetzungen noch
geheißen hatte –, vor allem dem Schweizer Justin Winkler zu verdanken (Winkler
1992, 1995, 1997, 1999). Er hat mit einer Reihe von Artikeln und einer (unpubli-
zierten) empirischen Studie über Schweizer Dörfer Schafers Begriffe aufgenommen und in phänomenologischer Perspektive erweitert. Die Klanglandschaft ist
bei ihm, expliziter noch als bei Schafer, grundsätzlich zweifach zurückgebunden,
nämlich einerseits als „Wahrnehmung ... mit Bezug auf ein Subjekt" und andererseits als „Repräsentation ... mit Bezug auf die Gesellschaft" (Winkler 1999, o.S.).
Bleiben auch mit dieser Bestimmung zwar die oben postulierten aktiven Interpretationsleistungen immer noch im Hintergrund, so bietet diese doppelte Charakterisierung doch einen nützlichen Bezugspunkt für die kommende Darstellung, in
dem sie neben der individuellen Wahrnehmung explizit eine gesellschaftliche
Dimension einführt.

Der Vollständigkeit halber sei an dieser Stelle noch erwähnt, dass Schafers
Konzept auch in der französischsprachigen Geographie und Stadtplanung Nach-
hall gefunden hat, sogar weitaus deutlicher als im deutschen Sprachraum, vor al-

lem durch die Arbeiten, die im Umfeld des *Centre de Recherche sur l'Espace Sonore et l'Environnement Urbain* (CRESSON) in Grenoble entstanden sind und weiter entstehen (Bardy 1993; Amphoux 1994, 1995; Leroux 2002), sowie, in geringerem Maße, in der Geschichtswissenschaft (Gutton 2000). Auf einzelne Aspekte dieser Arbeiten wird im Verlauf der folgenden Studie dort eingegangen, wo sie für die Darstellung und Interpretation der Ergebnisse von Interesse sind.

Lärm und zivilgesellschaftliches Engagement

Zur Einordnung des Vorhabens soll in dieser Einleitung noch der Blick auf eine weitere Dimension des Themas gelenkt werden, die zwar nicht selbst Gegenstand der Untersuchung ist, jedoch einige Vorüberlegungen verlangt, da sich hier Bezüge zu dem gewählten theoretischen Rahmen ergeben werden. Mehr als zwei Drittel der Bundesbürger fühlen sich durch Lärm gestört oder belästigt; der Fluglärm liegt (nach dem Straßenverkehrslärm und den Abgasen) heute an dritter Stelle unter den „starken Belästigungen" im Wohnumfeld (Kuckartz 2002, S. 37f.). Wie bei anderen Umweltprobleme auch haben diese Störungen und Belästigungen seit langem verschiedene Formen des zivilgesellschaftlichen Engagements auf den Plan gerufen. Dabei sind einige Kontinuitäten zu erkennen, aber auch Verschiebungen und Brüche, die Beachtung verdienen und schließlich einige Unterscheidungen verlangen, was die Typen dieses Engagements anbelangt.

Bereits 1906 wurde in New York die *Society for the Suppression of Unnecessary Noise* gegründet, und zwei Jahre später rief der Hannoveraner Philosoph und Sozialkritiker Theodor Lessing den *Deutschen Lärmschutzverband* ins Leben, kurz nachdem seine flammende „Kampfschrift" gegen den Lärm erschienen war (Lessing 1908). Während der New Yorker Gesellschaft, die sich vor allem um die Lernfähigkeit der Kinder und die Genesung der Kranken sorgte, schon in den ersten Jahren ein gewisser Erfolg beschieden war, indem etwa Ruhezonen um Krankenhäuser und Schulen durchgesetzt werden konnten, wird der durchaus hoffnungsvoll begonnenen deutschen Lärmschutzbewegung von Historikern „politische Naivität" attestiert, die sie bald „kläglich" habe scheitern lassen (Braun 1998, S. 252; Saul 1996, S. 210).

Vor allem war der Misserfolg der ersten deutschen Organisation der Lärmgegner wohl ihrem „heillos elitären, ja snobistischem Stil" (Radkau 1998, S. 211) zuzuschreiben. Schon der erste Name der Vereinszeitschrift, *Der Anti-Rüpel*, deutet an, dass es den „geistigen Arbeitern", die in dem Verein vor allem vertreten waren, in erster Linie dem Kampf gegen den Lärm des „Pöbels" galt, gegen die „Barbarei" der „vulgären Menschen" – der Lärm sei vor allem eine „Unkultur" und zugleich die „Rache, die der mit den Händen arbeitende Teil der Gesellschaft an dem mit dem Kopfe arbeitenden nimmt, dafür dass der ihm Gesetze gibt" (zit. n. Saul 1996, S. 212). Zwar wurde die Zeitschrift aufgrund von Protesten schon bald in *Das Recht auf Stille* umgetauft (mit dem durchaus von Selbstironie zeugenden Untertitel *Das Antirüpelchen* [vgl. Schick 1999b, S. 2]), doch blieb die Programmatik des Vereins weitgehend auf die öffentliche Kritik individueller

Verhaltensweisen konzentriert und ließ etwa den dringend notwendigen Lärm-schutz in den Industriebetrieben völlig außer Acht. So konnten die immerhin gut tausend Mitglieder, die in den ersten Jahren vor allem in den Großstädten Berlin, München und Frankfurt rekrutiert worden waren, keine wirksamen Allianzen bilden und sahen sich bald sogar Verhöhnung und Spott ausgesetzt; die Spötter reichten vom Kölner Karnevalsverein bis zu Thomas Mann, der den kaum 40-jäh-rigen Lessing als „alternden Nichtsnutz" und „Schreckbeispiel jüdischer Rasse" attackierte. Im Verbund mit finanziellen Schwierigkeiten führte dies bereits 1911 zur Aufgabe von Lessings Engagement und wenig später auch zur Einstellung der Tätigkeiten des Vereins.[5]

Trotz ihres raschen Scheiterns blieb diese erste Lärmschutzbewegung in Deutschland sicher nicht ohne Einfluss auf die weitere Lärmdebatte. Interessant sind in diesem Zusammenhang nicht nur die diskursiven Spätfolgen, die sich mit wenig Fantasie noch in der vorangestellten Romanszene mit dem empfindlichen Prof. Klein ausmachen lassen. Vor allem die durchaus vielfältigen Aktionsformen dieser frühen Bürgervereinigung erinnern daran, dass es schon zu Beginn des letzten Jahrhunderts ein beachtliches Kampagnenwesen gab, das angesichts der heutigen Konjunktur so genannter Nicht-Regierungsorganisationen (non-govern-mental organisations, NGOs) leicht in Vergessenheit gerät. So war der „Antilärm-Verein", wie sich die von Lessing ins Leben gerufene Organisation auch nannte, mit den unterschiedlichsten Mitteln und Ansätzen aktiv: Neben der technischen Information über Lärmschutzmaßnahmen leisteten einige Ortverbände kostenlose Rechtsberatung, ein Aktionsprogramm wurde in 20.000 Exemplaren an Persön-lichkeiten des öffentlichen Lebens verschickt, zugleich wurde mit „direkten Ak-tionen" an vielen Orten Druck auf „Lärmsünder" gemacht. So verbreitete der Ver-ein zeitweise eine standardisierte Beschwerdekarte mit dem Aufdruck „Ruhe ist vornehm", auf deren Rückseite verschiedene Ärgernisse nur noch angekreuzt werden mussten. Zudem wurden sogar „schwarze Listen" von Wohnungsvermie-tern und Hoteliers veröffentlicht, die nichts gegen die Lärmbelästigung unternah-men (Saul 1996, S. 213f.), sowie „Pflasterlisten", in denen Straßen und Plätze genannt wurden, die dringend neuer (Asphalt-)Beläge bedurften (Birkefeld/Jung 1994, S. 52).[6] Wir finden bereits zu diesem Zeitpunkt also charakteristische For-men heutiger NGO-Aktivität, die sich mit den englischen Schlagworten *framing* und *shaming* verbinden: das Bemühen, die Deutungshoheit über ein Thema zu erlangen und anschließend zuständige Personen und Instanzen moralisch bloßzu-stellen (vgl. Soyez 2000, S. 10f.).

Mit dem Ersten Weltkrieg kam diese Bewegung jedoch ganz zum Erliegen und auch in der Zwischenkriegszeit entstand in Deutschland kein direkt ver-gleichbares Engagement. Allerdings wurde das Thema im Laufe der 1920er Jahre vermehrt von den Unfallversicherungen und fachbezogenen Ausschüssen aufge-

---

5   Zum weiteren Werdegang des vielfach engagierten Th. Lessing siehe Marwedel (1987).
6   Während in den deutschen Großstädten die Verkehrswege um die Jahrhundertwende zuneh-mend asphaltiert wurden, nennt Saul (1996, S. 205) Freiburg i.B. als ein Beispiel für jene Städte, in denen „Asphaltstraßen noch unbekannt" waren.

nommen, so etwa in der „Deutschen Gesellschaft für Gewerbehygiene", die Vertreter aus Wissenschaft, Technik, Medizin und Arbeitswelt mit den Sozialversicherungsträgern zusammenbrachte, um die Probleme gewerblicher Lärmschwerhörigkeit zu verhandeln (Braun 1998, S. 255). Ab 1929 wurde die Lärmschwerhörigkeit denn auch erstmals als Berufskrankheit anerkannt, wenn auch zunächst nur in den metallverarbeitenden Betrieben (ebd., S. 256). Auch der Verein Deutscher Ingenieure (VDI) gründete nun einen „Fachausschuss für Lärmminderung" und widmete sich vor allem der Entwicklung eines „objektiven Lautstärkemeßgeräts", das für mittlere Frequenzen empfindlicher war und mit ein bis zwei Phon[7] Abweichung eine wesentlich höhere Genauigkeit besaß als frühere „Audiometer" der amerikanischen *Bell Laboratories* (ebd.). Diese Bemühungen waren technisch bedeutsam, blieben jedoch Stückwerk und gesellschaftlich wenig verankert; dies gilt erst recht für die propagandistisch verkündeten Absichten der nationalsozialistischen Regierung, die 1935 eine „lärmfreie Reichswoche" veranstaltete, in der „die Volksgenossen bis ins letzte Dorf über die Gefahren des Lärms und die Mittel zu seiner Abwehr aufgeklärt werden" sollten (Zeitschrift des VDI 1935, zit. n. Braun 1998, S. 266).

In einer Reihe von anderen Ländern entwickelte sich ab Ende der 1920er Jahre jedoch eine „zweite Welle" von Bürgerbewegungen gegen den Lärm (Bijsterveld 2001, S. 50). Gesellschaften oder Ligen gegen den Lärm entstanden dabei u.a. in Frankreich (1928), Großbritannien (1933), Österreich (1934) und den Niederlanden (1934). Deutlicher noch als am Anfang des Jahrhunderts richteten sich diese Initiativen nun besonders gegen den Verkehrslärm der Automobile, deren Motor- und Fahrgeräusche sowie das exzessive Hupen, welches besonders in Städten mit engen Gassen zum Teil noch von polizeilicher Seite vor jeder Kreuzung empfohlen wurde (ebd., S. 59). Sehr einflussreich waren in diesem Zusammenhang offenbar die ersten größeren Umfragen über den Lärm, die Ende der 1920er Jahre in London, Chicago und New York durchgeführt worden waren und den Verkehrslärm als wichtigsten Störfaktor deutlich machten. In den Niederlanden gelang es den Lärmgegnern dabei, eine sehr effektive Allianz mit dem Königlichen Automobilclub einzugehen, der sich „Ruhe und Ordnung" auf den Straßen auch auf seine Fahnen geschrieben hatte, was in gemeinsamen Konferenzen und Kampagnen resultierte. In verschiedenen Ländern kam es in der Folge dieser und ähnlicher Aktivitäten zu Vorschriften der Schalldämmung an Motoren bzw. Auspuffanlagen und zu Einschränkungen des Hupens. Aus heutiger Sicht etwas überraschend wurde etwa in Rom das Hupen bereits 1935 rund um die Uhr verboten; in Großbritannien galt ab 1934 differenzierter – und langfristig vielleicht auch daher effektiver –, dass in bebauten Gegenden das Hupen zwischen 23 Uhr 30 und 7 Uhr morgens untersagt war, eine frühe Formalisierung der Nachtruhe, wie sie in den späteren Kämpfen um Fluglärm eine große Rolle spielen würde (ebd., S. 57, 52f.).

---

7   Ab 1930 wurde in Deutschland der Schalldruck in Phon gemessen. Ein Phon entspricht dabei dem kleinsten noch hörbaren Lautstärkeunterschied, entsprechend einem Dezibel (dB, Sinuston 1 kHz).

Die vereinzelten Befunde aus der historischen Forschung deuten darauf hin, dass diese Aktivitäten wesentlich von „technischen Eliten" angetrieben wurden, d.h. dass Physiker, Techniker, Ärzte und öffentliche Gesundheitsdienste nun den entscheidenden Part übernahmen. Mit dem Zweiten Weltkrieg wurden diese Bemühungen unterbrochen oder ganz abgebrochen; für zwei Jahrzehnte stand die Lärmschutzbewegung in vielen europäischen Ländern nahezu still (vgl. Braun 1998, S. 158; Bijsterveld 2001, S. 60).

Vergleichsweise groß waren entsprechende Bemühungen in der jungen Bundesrepublik Deutschland, wo bereits Anfang der 1950er Jahre wieder ein neuer Verband entstand, der sich ganz dem Lärmschutz widmete. Der *Deutsche Arbeitsring für Lärmbekämpfung* (DAL), der sich heute explizit in die Tradition von Lessings frühem Lärmschutzverband stellt, wurde bereits 1952 in Köln gegründet. Angetrieben wurde dieser Verein zunächst wiederum vor allem von Lärmexperten aus Naturwissenschaft, Technik und Planung; eingeladen zum Gründungstreffen hatte der Mediziner Gunther Lehmann, Direktor des Max-Planck-Institutes für Arbeitsphysiologie in Dortmund.[8]

Schon im folgenden Jahr 1953 wurde in Hamburg der erste bundesdeutsche „Anti-Lärm-Kongress" durch diese Organisation veranstaltet, auf dem einer der Redner auch über die „Lärmbekämpfung in der Luftfahrt" zu sprechen geladen war (Weise 1955). Zunächst berichtete dieser ganz technisch über die Verfahren der Lärmdämmung an Flugzeugen, die während des Zweiten Weltkriegs aus militärischen Erwägungen erprobt worden waren; der Autor warnte aber bereits in drastischen Worten vor der unmittelbar bevorstehenden Einführung von Düsenflugzeugen bzw. „Strahltriebwerken" in der Zivilluftfahrt: bei diesen werde „man mit einem Lärm rechnen müssen, den man sich kaum vorstellen kann" (ebd., S. 135). Die jüngsten Entwicklungen im Triebwerbereich erzeugten „einen Lärm, der wirklich aller Beschreibung spottet", so der Autor weiter, ja er wisse „nicht, ob man sowas überhaupt noch als Lärm bezeichnen kann." In der anschließenden Diskussion wurde denn auch vorausgesehen, dass dies nicht nur technische Probleme mit sich bringen werde: „Es ist die Frage, wie sich die *Allgemeinheit* in der Umgebung von Flugplätzen *einstellen* wird" (ebd., S. 139, Hv. MF).

Bis auf Weiteres blieb dieses Thema jedoch im Hintergrund. Die thematische „Vorreiterrolle" in Sachen Lärmbekämpfung fiel einstweilen einer weit weniger dramatischen Frage zu: Der Ruhe in Kurorten. „Dem ruhigen Kurort gehört die Zukunft" lautete etwa der Titel einer Tagung in Badenweiler im Jahr 1959, und insbesondere Baden-Baden fand in der örtlichen Verwaltungsspitze wahre Vorkämpfer einer „modernen Lärmschutzpolitik", die später auch wichtige Ämter im DAL bekleideten (DAL 2002, o.S.). Ebenfalls 1959 wurde, wiederum in Dort-

---

8 Lehmann war bereits der Vorgängerinstitution, dem Kaiser-Wilhelm-Institut für Arbeitsphysiologie (gegr. 1912) als Direktor vorgestanden, einer Institution, die sich durch „kriegswichtige" luftfahrtmedizinische Untersuchungen, vor allem aber durch ihre Beiträge zur Leistungsphysiologie von (Zwangs-)Arbeitern in Zusammenarbeit mit der Deutschen Arbeitsfront (DAF) einen unrühmlichen Namen gemacht hat (vgl. Höfler-Waag 1994, S. 165-178, hier S. 173ff).

mund, anlässlich einer medizinischen Tagung die europäische Vereinigung *Association Internationale Contre Le Bruit* (AICLB) gegründet.

So wenig wie in den 1930er Jahren entstanden in dieser Phase jedoch erkennbar „Bürgerinitiativen" oder NGOs in heutigem Sinne, und dies gilt auch für andere europäische Länder wie die Schweiz oder Frankreich. Zwar ist schon in den späten 1950er Jahren vereinzelt von einer „heftige[n] Reaktion der Öffentlichkeit" auf die neuen Düsenflugzeuge die Rede (Furrer 1958, S. 30). Doch erst mit der breiteren Umweltbewegung, die in den 1960er und 1970er Jahren zunächst die Vereinigten Staaten und Westeuropa erfasste, bildeten sich zahlreiche Umweltverbände, die sich mit allen Aspekten der Umweltbelastung und -zerstörung beschäftigten. Anlieger der verschiedensten Störquellen formierten sich nun gehäuft zu Ortsverbänden oder lokalen Initiativen, um ihren Problemen wirksam Gehör zu verschaffen. Stand dabei auch weder der Lärm insgesamt, noch gar speziell der Fluglärm im Zentrum des Interesses, so wird doch der Zusammenhang zwischen der Gesamtentwicklung der Umweltbewegung und der Entstehung einschlägiger Organisationen in historischer Perspektive sehr deutlich.

Von den 1970er Jahren an wurden Flughafenprojekte in den Industrieländern dann generell zum „Politikum" (Rucht 1984). Zahlreiche neue Gruppierungen und zum Teil breite soziale Bewegungen entwickelten sich vor allem in den Konflikten um neue oder erweiterte Flughäfen in London, Tokio, Mailand, Paris, Toronto, München, Frankfurt usw., wobei in der Regel der erwartete Lärm eine zentrale Rolle spielte. Kretschmer u.a. (1984, S. 290f.) kommen auf Basis einer Untersuchung der Konflikte in Stuttgart, München und Frankfurt zur These der Entstehung von „Bürgerinitiativen der zweiten Generation", die in den 1980er Jahren begonnen hätten, die traditionellen und konventionell agierenden Schutzgemeinschaften der Anwohner abzulösen. Die neuen, sozialstrukturell heterogeneren Gruppierungen seien verantwortlich für eine umfassende „Ökologisierung des Flughafenprotests":

> „Mit ihrer Kritik am konkreten Objekt verknüpften diese [neuen Gruppen] die allgemeineren Anliegen von Bürgerbeteiligung und Basisdemokratie, des umfassend verstandenen Umweltschutzes, der Kritik großindustriell-bürokratischer Strukturen und suchten in einem emphatischen Sinne ‚mehr Lebensqualität' einzuklagen." (ebd., S. 291)

Zwei Jahrzehnte später wird man konstatieren, dass die neuen, an weiterreichenden Zielsetzungen orientierten Gruppierungen jedenfalls keineswegs die lokal verankerten *single-issue organisations* verdrängt haben. Mit dem Rückgang der Ökologiebewegung als neuer sozialer (Protest-)Bewegung im engeren Sinne (vgl. Brand u.a. 1983) treten heute vielmehr die ‚konventionellen', lokalen und regionalen Gruppierungen mit engem Zielkatalog wieder sehr deutlich in Erscheinung, freilich ohne dass die entstandenen Dachverbände u.ä. wieder verschwunden wären. Die Zahl der Organisationen, die sich mit Lärm und Fluglärm befassen, ist inzwischen nicht mehr überschaubar. Bei der hessischen Landtagswahl im Februar 2003 kandidierte erstmals sogar eine eigene Partei der Flughafenkritiker (FlughafenAusbauGegner [FAG] Hessen) in einem gesamten Bundesland (Mattes 2003). Auf einschlägigen Internetseiten finden sich heute allein im deutschen

Sprachraum mehr als hundert Organisationen, die sich mit dem Thema Fluglärm befassen (z.B. http://www.fluglaerm.de/bvf/links), und andere europäische Länder können durchaus vergleichbare Zahlen vorweisen.

Um das weit verbreitete zivilgesellschaftliche Engagement vor allem der letzten zwei Jahrzehnte analytisch zu differenzieren, sind einige Unterscheidungen hinsichtlich der Größe, der Verfasstheit und der inhaltlichen Ausrichtung der vielen Organisationen angebracht (vgl. Flitner/Soyez 2000, S. 1-2). Zunächst lässt sich zwischen den großen Umweltverbänden unterscheiden, die in nationaler oder internationaler Perspektive meist eine ganze Bandbreite von Themen verfolgen, und den oft personell kleinen, zum Teil fachlich ebenso hoch qualifizierten Vereinen und Initiativen, die sich ausschließlich einer bestimmten Frage widmen (*single-issue-organisations*). Zweitens lässt sich eine Differenzierung hinsichtlich der Träger und Zusammensetzung dieser Assoziationen vornehmen. Insbesondere ist hier die Frage, ob es sich um bürgerschaftliches Engagement im engeren Sinne handelt, oder ob wirtschaftliche Interessenverbände oder staatliche und parastaatliche Institutionen beteiligt sind, etwa Gebietskörperschaften oder Vertreter aus den Fachbürokratien der Ministerien, wie dies beispielsweise in der *World Conservation Union* (IUCN) der Fall ist. Schließlich lässt sich mit Heins (2001, S. 48) danach fragen, ob diese Assoziationen ihre Serviceleistungen oder advokatorischen Aktivitäten vor allem zugunsten ihrer Mitglieder erbringen, wie Selbsthilfegruppen oder Gewerkschaften, oder vor allem zugunsten von Nichtmitgliedern, wie typische NGOs nach dem Muster von *Greenpeace* oder *Médecins Sans Frontières* (MSF).

Keine der drei Unterscheidungen verlangt zwingend eine ausschließliche Zuordnung im Sinne des ‚Entweder–Oder‘, vielmehr finden sich unter den Umweltgruppen die verschiedensten Übergänge und Mischformen hinsichtlich der genannten Kriterien. Im Blick auf die folgende Untersuchung lässt sich nun jedoch schon etwas differenzierter bestimmen, mit welcher Art von Organisationen wir es vor allem zu tun haben. Im Wesentlichen engagieren sich in der Frage des Fluglärms um den Flughafen Basel-Mulhouse kleinere Assoziationen mit sehr begrenzten organisatorischen Ressourcen; in einigen Fällen sind darin Mandatsträger der Kommunen, zum Teil *ex officio*, vertreten. Wir haben es also in der Mehrzahl nicht mit den großen und bekannten Umwelt-NGOs vom Typus WWF (*World Wide Fund for Nature*) oder *Greenpeace* zu tun. Dies wird umso deutlicher, wenn wir der Definition von Heins folgen, der ein wesentliches Kriterium von NGOs gerade darin sieht, dass diese sich „für die Belange von Nichtmitgliedern einsetzen, deren Lebenslage sich strukturell von der Lebenslage der Organisationsmitglieder unterscheidet" (Heins 2002, S. 46, im Orig. kursiv). Die regionalen Organisationen der Fluglärmgegner rekrutieren sich nach meinen Erkenntnissen dagegen im Wesentlichen aus direkt Betroffenen und sehen sich auch in erster Linie als Vertreter in eigener Sache, die ein Mitspracherecht bei den sie betreffenden Entscheidungen eben aufgrund dieser direkten Betroffenheit einklagen. Nichtmitglieder werden dabei vor allem insofern vertreten, als sie in der selben Region leben und sich damit, im zitierten Sinne, strukturell in einer ähnlichen Lebenslage befinden.

Einige der um den Flughafen Basel-Mulhouse aktiven Organisationen werden
bei der Darlegung der Untersuchungsergebnisse genannt. Doch sind ihre sozial-
strukturelle Anlage und Organisationsform kein Gegenstand der folgenden Erörte-
rungen. Ein Aspekt soll hier jedoch schon erwähnt werden, da er in der jüngeren
Diskussion über den grenzüberschreitenden Charakter von Umweltproblemen viel
Beachtung gefunden hat. Die Mehrzahl der einschlägigen Organisationen sind
nicht nur rechtlich, sondern auch *de facto* in dem Sinne national verfasst, dass ihre
Mitglieder mit seltenen Ausnahmen entweder aus Deutschland oder aus der
Schweiz oder aus Frankreich kommen. Es bietet sich an, in diesem Zusammenhang der Frage nachzugehen, welche Konsequenzen diese Verfasstheit angesichts
eines physisch grenzüberschreitenden Umweltproblems zeitigt – im Hinblick auf
die Forderungen und Aktionen dieser Organisationen, aber auch im Hinblick auf
die kontrovers diskutierte Frage nach den Konvergenzen und Divergenzen in der
Bestimmung und Deutung der Problemlagen (vgl. Beck 1986, Kap. 1; Lipschutz
2000; Heins 2001, 2008). Erschlossen werden diese Problemsichten und Deutungen im Folgenden jedoch allein auf der Basis von Gesprächen mit Individuen, die
zwar häufig entsprechenden Gruppen angehören, die jedoch nicht angehalten oder
gebeten wurden, in ihrer Funktion als deren Vertreter zu sprechen, und die dies
auch in vielen Fällen nicht erkennbar taten.

Zum Gang der Untersuchung

Es ist nun hinreichend deutlich geworden, dass die folgende Untersuchung sich
nicht mit verkehrsgeographischen, raumplanerischen oder regionalwissenschaft-
lichen Fragen im traditionellen Sinn beschäftigen wird, wie sie der Gegenstand
des Flughafens und der Bezug auf eine bestimmte Region nahelegen könnten.
Vielmehr wird hier eine sozialwissenschaftliche humangeographische Untersuchung durchgeführt, die auf Basis qualitativer Interviews dazu beitragen will, den
aktuellen Konflikt um Fluglärm im Gebiet des Flughafens Basel-Mulhouse zunächst einmal verständlicher zu machen. Es bleibt zu zeigen, dass sich dabei auch
einiges über Lärmphänomene und Umweltkonflikte im Allgemeinen lernen lässt.
Wenn die Darlegung in diesem Sinne als Beitrag zu einer „Geographie als Umweltwissenschaft" (Ehlers 1998) einzuordnen ist, so ist damit jedenfalls eine kon-
fliktorientierte Umweltwissenschaft angesprochen, die sich auch mit der kulturellen Bedeutung der Konfliktgegenstände beschäftigen muss, mit der sozialen
Wahrnehmung und den politischen Reaktionsformen in konkreten regionalen und
lokalen Auseinandersetzungen (vgl. Oßenbrügge 1993, S. 315). Im Mittelpunkt
stehen hier die Interpretationen, Deutungshorizonte und Sinnmuster, die anhand
der Argumentationen der in diesem Konflikt engagierten Fluglärmkritiker erschlossen und analysiert werden. Das Vorgehen ist jedoch nicht rein induktiv –
falls dies denn überhaupt möglich wäre. Es ist zugleich auch theoriegeleitet, und
zwar nicht nur in dem impliziten, allgemeinen Sinn, dass die methodologischen
Prämissen in bestimmte Aspekte der Untersuchung eingehen, sondern auch im
konkreten Bezug auf bestimmte Ansätze, Theorien oder theoretische Konzepte der

Sozialforschung. Dieser Bezug wird an vielen Orten der Untersuchung deutlich werden, und er wurde auch bis zu diesem Punkt schon kenntlich.

Ein Konzept, das dabei eine wichtige Rolle spielen wird, ist das der ‚Umweltgerechtigkeit', wie schon der Titel der Arbeit signalisiert. Da dieser Ansatz zwar in der angelsächsischen Geographie der letzten Jahre ein großes Echo gefunden hat, – und vor allem in Nordamerika weit über die Geographie hinaus –, im deutschen Sprachraum aber bisher noch wenig rezipiert worden ist, wird ihm das folgende, zweite Kapitel gewidmet. Zuerst werde ich die Entstehung und Entwicklung dieser Perspektive nachzeichnen, um dann einen erweiterten analytischen Rahmen vorzuschlagen, dem die Darlegung der empirischen Untersuchung später folgt. In der besonderen vorliegenden Variante erhalten wir dadurch zugleich einen theoretischen Hintergrund, vor dem die folgende Untersuchung gelesen werden kann, und einen theoretischen Gegenstand, denn es soll auch die Tragfähigkeit der hier vorgeschlagenen Variante des Ansatzes erprobt und diskutiert werden.

Die folgenden Kapitel (3-6) widmen sich der eigentlichen empirischen Untersuchung sowie der Interpretation ihrer Ergebnisse. Sie stellen sowohl dem Umfang als dem Gehalt nach den Hauptteil der Arbeit dar. Zunächst wird eine kurze Einführung in die Lokalität und Geschichte des Konflikts gegeben, der sich einige Überlegungen und Präzisierungen zur verwendeten Methodik anschließen (Kap. 3). Daraufhin werden die Ergebnisse der Forschung präsentiert, wobei besonderer Wert darauf gelegt wird, die Engagierten, mit denen die Interviews im Umfeld des Flughafens geführt wurden, selbst ausführlich zu Wort kommen zu lassen. In einer ersten Annäherung werden auf dieser Grundlage kritische ‚Lärmsituationen' bestimmt und deren sozialer Charakter herausgearbeitet (Kap. 4). Die weitere Darstellung basiert auf den Unterscheidungen, die in dem Kapitel über den Ansatz der Umweltgerechtigkeit gewonnen wurden. Zunächst werden exemplarische ‚Maßstäbe der Regulierung' betrachtet, wie sie durch die formelle Zuständigkeit sozialer Institutionen entstehen (Kap. 5), nämlich die vom französischen Staat konzipierten Lärmzonen rund um den Flughafen sowie die festgelegten An- und Abflugrouten. Anschließend werden die ‚Maßstäbe der Bedeutung' rekonstruiert, d.h. die größeren Rahmungen, die das Verständnis und die Interpretation der Problemlagen durch die betrachteten Akteure leiten, hier unterteilt in die drei Deutungshorizonte ‚Gefahren', ‚Bedarf' und ‚Nation' (Kap. 6).

Im letzten Teil (Kap. 7) werden die wichtigsten Ergebnisse der Studie kurz zusammengefasst und in ihren praktischen wie theoretischen Konsequenzen erörtert. Mit Blick auf die Methodik wird danach gefragt, welche Praxisrelevanz eine streng qualitativ ausgerichtete Studie im Blick auf die verhandelte Problemlage aufweisen kann, und welche spezifischen Ansatzpunkte sich daraus ergeben, um die Lage aus Sicht der beteiligten Akteure zu verbessern. Im Weiteren werden die theoretischen Befunde vor dem Hintergrund laufender Debatten in der Humangeographie eingeordnet. Bezugspunkt ist dabei ersichtlicherweise die humangeographische Umweltforschung und im Besonderen die Forschungsrichtung, die sich unter der Bezeichnung ‚Politische Ökologie' in den letzten Jahren entwickelt hat. Hier wird dafür plädiert, eine kulturwissenschaftliche Erweiterung dieses Ansatzes anzustreben, und die methodischen und theoretischen Konsequenzen einer solchen Erweiterung werden diskutiert. Dabei werden auch die Perspektiven, die die Forschungen unter dem Konzept der Umweltgerechtigkeit eröffnen, vor dem Hintergrund der Studie zusammenfassend erörtert.

Exposition

„Der Sohn: Was sie Lärm nennen, alle Freunde bestätigen das, ist in Wirklichkeit
gar kein Lärm, Dezibel. Es ist die arabische Musik, die sie nicht mögen, die sie
nicht verstehen, die sie stört... [...] Das ist es, was Krach macht. In Wirklichkeit,
wenn man vergleicht, klingen alle Rocksongs sehr viel lauter als arabische Musik.
[...]

Der Vater: [...] diese Nachbarn beschwerten sich, dass wir zuviel Lärm
machten. Und als ich mit ihnen sprach, habe ich verstanden, warum Lärm, was sie
unter Lärm verstehen. [...] Ich war überrascht, was sie mir sagten. Der Lärm war
in Wirklichkeit der häufige Besuch, den wir hatten. Es stimmt, bei uns ist das so,
so sind unsere Gewohnheiten: Samstag und Sonntag, das war ein einziger Auf-
marsch von Verwandten, von Cousins und Freunden. Besonders zu der Zeit, als es
noch nicht viele Familien in Frankreich gab, kamen all die Männer, die alleine
lebten, zu uns nach Hause, fanden bei uns eine familiäre Atmosphäre. Und natürlich gab's jedes Mal, wenn sie kamen, Geschenke: Früchte, ganze Lammkeulen,
das waren keine Blumensträuße (*Gelächter*), all die Sachen, die wir bei Besuchen
schenken. Und das war's, was sie Lärm nannten, das war das Kommen und Gehen, das war das abendliche Zusammensitzen [...]

Die Tochter: Drei Katzen, richtige Haustiere, die gehören zur Familie. Das ist
übrigens der Grund dafür, dass es Streit gibt, man sich über sie beschwert. Nicht
über die Katzen beschwert man sich... es geht um uns, die Besitzer der Katzen.
Und so ist es möglich, dass meine Katzen, die mir gehören, Lärm machen! Und
wie? Halten Sie sich fest: indem sie die Treppe runtertapsen. [...]

Der Sohn: Wenn es bei all dem etwas zu verstehen gibt, dann das, dass sie
nicht wollen, dass wir hier sind, ganz einfach. [...] Keine Katze, kein Hund, keine
Straße, keinen Garten, keine Kinder. Nichts. Aber dies hier ist trotz allem unser
Zuhause. Es fehlt gerade noch, dass man uns sagt, dass wir unseren Platz nicht an
der Seite unserer Eltern hätten. Ja, im Grunde ist es das: Es geht nicht um unseren
Platz im Haus, in der Siedlung oder in der Stadt, sondern um den Platz in der ganzen Gesellschaft."

Bewohner einer Arbeitersiedlung im Gespräch mit Abdelmalek Sayad. In: Pierre
Bourdieu u.a. (Hg.): *Das Elend der Welt.* Konstanz, 1997, S. 49f.

2 Umweltgerechtigkeit – ein analytischer Rahmen[1]

Umweltprobleme sind häufig mit Fragen der Gerechtigkeit verbunden. Auf unterschiedliche Art und Weise findet sich dies in den Themen, Konzepten und Feldern der gegenwärtigen Umweltforschung reflektiert. So ist etwa die Frage der intergenerationellen Gerechtigkeit bereits im Begriff der Nachhaltigkeit mit angelegt und der ungleiche Zugang zu natürlichen Ressourcen ein Hauptgegenstand der Politischen Ökologie (Almond 1995; Krings 1999). Ebenso spielen Gerechtigkeitserwägungen in einigen Varianten der Humanökologie eine wichtige Rolle (Glaeser 1989); die Natur- und Tierschutzbewegungen haben zudem die Frage der Gerechtigkeit zwischen den verschiedenen Arten von Lebewesen auf die Tagesordnung gesetzt (Stone 1974; Jones 2000). Der engere Begriff der *Umweltgerechtigkeit* ist in der deutschsprachigen Literatur zu Umweltfragen jedoch erst in jüngster Zeit hie und da zu finden (Maschewsky 2001; Flitner 2003; Bolte/Mielck 2004; Kloepfer 2000, 2006). Im englischen Sprachraum, und insbesondere in Nordamerika, hat sich währenddessen unter der Bezeichnung *environmental justice* eine ganz spezifische, vielfältige und umfangreiche Debatte ausgeformt. Diese ist heute in unterschiedlichen akademischen Feldern fest etabliert und hat darüber hinaus erhebliche politische Aufmerksamkeit auf sich gezogen, die von nationalen Kongressen bis zu einer präsidentiellen Verordnung reicht.

Diese Entwicklung und ihre bisher geringe Beachtung in der deutschsprachigen Geographie liefern den Anlass, die Ursprünge und Dimensionen des Konzepts Umweltgerechtigkeit hier vorzustellen und kritisch zu diskutieren. Ausgangspunkt der folgenden Darstellung ist die Einschätzung, dass das Konzept einen nützlichen Rahmen für bestimmte Bereiche der sozialwissenschaftlichen Umweltforschung liefert und bei einer gewissen theoretischen Straffung die Perspektiven der Politischen Ökologie und der Humanökologie gezielt ergänzen kann, vor allem im Bereich der neuen *urban ecology*, sowie generell dort, wo wir es mit relativ ausdifferenzierten Konfliktlagen zu tun haben. Die vorliegende Studie wird dieses Konzept im Weiteren dann an einem konkreten Beispiel in Anwendung bringen, dem besagten Konflikt um Fluglärm.

Zunächst schildere ich im ersten Abschnitt den Beginn und den bisherigen Verlauf der nordamerikanischen Debatte. Dabei wird deren politischer Aus-

---

1   Die Grundgedanken dieses Kapitels wurden erstmals in zwei Vorträgen in Grainau (Deutsche Gesellschaft für Kanada-Studien, 1999) und Hamburg (Institut für Geographie, 2001) skizziert und in einer fortentwickelten Form in Berkeley (Dep. of Environmental Science, Policy and Management, 2003) und Frankfurt (Inst. für Sozialforschung, 2004) zur Diskussion gestellt. Für Kritik und Anregung an den genannten Orten sei hier den Teilnehmenden gedankt; für eine frühere, terminologisch abweichende Fassung s. Flitner (2003); vgl. a. Flitner (2007).

gangsimpuls deutlich gemacht und die starke Ausdifferenzierung der neu entstandenen Forschungsrichtung in den folgenden Jahren gezeigt. Im zweiten und dritten Abschnitt des Kapitels werden zwei analytische Unterscheidungen vorgeschlagen, die der geographischen Diskussion über Maßstäbe (*scales*) und der sozialphilosophischen Diskussion über Gerechtigkeit entspringen. Auf Grundlage dieser beiden Unterscheidungen wird im vierten Teil ein erweiterter und präzisierter analytischer Rahmen entworfen, innerhalb dessen sich Konfliktlagen explorieren und schärfer konturieren lassen, die an der Schnittstelle von Umweltproblemen und Fragen der sozialen Gerechtigkeit angesiedelt sind.

Die Darstellung dieser vier Teile erfolgt insgesamt in einer Weise, die nicht an den vorliegenden Konflikt um Fluglärm gebunden ist. Erst in den folgenden Kapiteln wird der skizzierte Rahmen dann substanziell auf diesen Gegenstand angewandt. Einige theoretische Probleme, die sich bei dieser Anwendung ergeben, werden im Schlusskapitel noch einmal aufgenommen.

Von der sozialen Bewegung zur wissenschaftlichen Perspektive

Als Ausgangspunkt der Debatte um *environmental justice* werden übereinstimmend die Auseinandersetzungen um die Einrichtung einer Giftmülldeponie im Warren County (North Carolina) Anfang der 1980er Jahre genannt. In dem kleinen Ort Afton sollten damals mehrere tausend Tonnen mit polychlorierten Biphenylen (PCB) verseuchte Erde gelagert werden, die auf die Entsorgungspraktiken eines Transportunternehmens zurückgingen, welches die krebserregenden und langlebigen Giftstoffe illegal entlang einiger Landstraßen in dem Bundesstaat ausgebracht hatte. Warren County war nicht nur einer der ärmsten Landkreise im ohnehin nicht wohlhabenden North Carolina, zugleich waren hier zwei Drittel der Bevölkerung *African Americans*. Rasch formierte sich eine Opposition gegen das Vorhaben, und diese zog nach und nach alle Register der politischen Auseinandersetzung, von Eingaben und Klagen bis zu Demonstrationen und direkten Aktionen zivilen Ungehorsams, die in Massenverhaftungen mündeten. Der geplante Standort wurde schließlich zwar ungeachtet der Proteste durchgesetzt, doch zugleich war das Thema nun bis auf die nationale Ebene im Gespräch, nicht zuletzt weil führende Politiker und Vertreter kirchlicher Gleichstellungskommissionen zu den Verhafteten zählten (Bullard 1994, S. 29f.; Cutter 1995, S. 113; Szasz/ Meuser 1997, S. 99).

Die Proteste in Warren County prägten den Begriff *environmental justice* und bestimmten bis auf Weiteres sein Verständnis. Die breiteren Anliegen der Bürgerrechtsbewegung, d.h. Fragen der Diskriminierung von Minderheiten und sozial benachteiligten Gruppen, waren hier erstmals weithin hörbar mit Fragen des Umweltschutzes verknüpft worden. Die Bewegung, die sich daraus in der Folge entwickeln sollte, ging also zunächst von der konkreten Erfahrung aus, dass sich Umweltrisiken auch innerhalb eines hoch industrialisierten und demokratisch verfassten Landes nicht gleich verteilen und keineswegs zwangsläufig eine „egalisierende Wirkung" entfalten, die am Ende gar die ganze „Weltgesellschaft zur Gefahrengemeinde schrumpfen" lässt (Beck 1986, S. 48, 58). Vielmehr wollten Smog, Müll und Lärm offenbar erst einmal ‚demokratisiert' sein, ehe sie auch nur auf nationaler Ebene zu einem generalisierten Modernisierungsproblem werden.

Den Auseinandersetzungen in North Carolina folgte umgehend eine Reihe von empirischen Studien, von denen zwei noch im selben Jahr veröffentlicht wurden. Auf Betreiben eines an den Protesten beteiligten Abgeordneten prüfte der US-Rechnungshof die demographischen Verhältnisse von vier anderen Gemeinden im Südosten der Vereinigten Staaten, in denen größere Giftmülldeponien lagen, mit dem Ergebnis, dass drei unter ihnen wiederum ‚schwarze Gemeinden' waren (US GAO 1983). Eine Untersuchung von Mülldeponien im Raum Houston kam zu noch höheren Anteilen im selben Sinn (Bullard 1983). Auch die größere Folgestudie einer kirchlichen *Commission on Racial Justice*, die auf Basis der Postzustellbezirke die Verteilung von Mülldeponien und Entsorgungsanlagen verschiedenen Typs untersuchte, kam zu ähnlich bedenklichen Aussagen auf breiterer Grundlage. Gemeinden mit einem hohen Anteil von *African Americans* und *Hispanic Americans* hätten insgesamt eine deutlich vergrößerte Wahrscheinlichkeit, Standort solcher Deponien und Anlagen zu sein, hieß es; zudem lebten drei von fünf Zugehörige dieser Gruppen in Gemeinden mit unkontrollierten bzw. ‚wilden' Giftmüllvorkommen (CRJ/UCC 1987, zit. n. Szasz/Meuser 1997, S. 100).

Von diesen ersten Studien ging ein starker Impuls für weitere Aktivitäten aus, die sich mit den so genannten LULUs befassten, den *locally undesired land uses*. Dieser Impuls wurde sowohl auf politischer Ebene wirksam, als auch im wissenschaftlichen Feld, wo er zahlreiche vertiefende Arbeiten inspirierte. Unter den Ereignissen mit politischer Bedeutung ragen während der ersten Hälfte der 1990er Jahre drei heraus:

Im Jahr 1990 entsandte eine Reihe öffentlicher Institutionen, darunter die US-Umweltbehörde (Environmental Protection Agency, EPA), Beobachter zu der in Michigan stattfindenden *Conference on Race and the Incidence of Environmental Hazards*, auf der eine Übersicht über die bis dahin gefertigten Untersuchungen zur Diskussion gestellt wurde (Bryant/Mohai 1992). Die ad hoc gebildete *Michigan Coalition* von Wissenschaftlern und Aktivisten hatte in der Folge Zugang zu verschiedenen staatlichen Stellen und politischen Entscheidungsebenen, so zunächst in einer Reihe von Treffen mit der Leitung der US-Umweltbehörde.

Im folgenden Jahr fand in Washington D.C. der *First National People of Color Environmental Leadership Summit* mit mehr als 500 Teilnehmenden statt. Dort wurde die erste Charta der Umweltgerechtigkeit verabschiedet, die *Principles of Environmental Justice*, die in siebzehn Punkten einen breiten Forderungskatalog bilden, der von Abwehr- und Informationsrechten über Kompensations- und Reparationsforderungen, bis hin zu generellen Fragen der Lebensqualität und der kulturellen Selbstbestimmung reicht (vgl. die Internetseite des *Environmental Justice Resource Center* unter www.ejrc.cau.edu).

Im Februar 1994 schließlich erließ Präsident Clinton eine Verfügung (Executive Order No. 12898, *Federal Actions to Address Environmental Justice in Minority Populations and Low-Income Populations*), die die Bundesbehörden verpflichtet, die Erreichung von Umweltgerechtigkeit in ihren Zielkatalog aufzunehmen. Darin heißt es:

> „In größtmöglichem Umfang ... soll jede Bundesbehörde das Ziel, Umweltgerechtigkeit zu erreichen, in ihre Aufgabenstellung integrieren, indem sie in geeigneter Weise diejenigen Programme, Maßnahmen und Aktivitäten identifiziert und ändert, die unproportional hohe und schädliche Wirkungen auf Gesundheit und Umwelt der Minderheiten und der unteren Einkommensschichten in den Vereinigten Staaten ... zur Folge haben" (ebd., Section 1–101, Üs. MF)

Diese Aufgabe wurde durch verschiedene administrative Maßnahmen und Berichtspflichten abgesichert, sie stellte vorläufig den Höhepunkt der politischen Karriere des Konzepts dar. Der Gesamtverlauf dieser Entwicklungen in den USA, urteilt Cutter (1995, S. 111), überraschte selbst abgebrühte *policy-maker* durch seine Geschwindigkeit und Wucht. Verschiedene weiter reichende Gesetzesvorlagen jedoch sind einstweilen nicht über das Repräsentantenhaus hinausgekommen; so wurde mehrfach ein *Community Environmental Equity Act* (H.R. 1807, 2005) in den Ausschüssen verhandelt und erst jüngst wieder der Entwurf eines *Environmental Justice Act* (H.R. 1103, 2007) eingebracht.

Auf Seiten der Wissenschaft verlief die Entwicklung der folgenden Jahre hingegen weniger geradlinig, als es auf der politischen Ebene in der kurzen Darstellung den Anschein erweckt. Die erste Welle von Forschungsarbeiten war vor allem von Einzelstudien gekennzeichnet, die auf verschiedenen räumlichen Ebenen meist in deskriptiver Weise die ungleiche Verteilung von Umweltlasten beschrieben (vgl. Mohai/Bryant 1992). Daraus entstand eine Reihe von Problemen, die zu einer Erweiterung und Verzweigung des Feldes führten. Die vier wichtigsten Aspekte dieser Veränderung sollen hier kurz aufgegriffen werden:

Erstens ergaben sich aus den frühen Untersuchungen in mehrerer Hinsicht methodische Probleme. Zum einen waren die Auswahl und räumliche Eingrenzung der untersuchten Gebiete bisweilen fragwürdig. Schon die Frage, ob nur Giftmülldeponien oder Müllverbrennungsanlagen oder auf nationaler Ebene festgelegte Altlasten-Sanierungsgebiete, die sogenannten *Superfund Cleanup Sites,* in die Untersuchungen aufgenommen werden, oder etwa alle Arten von (legalen) Entsorgungsanlagen (*treatment/storage/disposal facilities*, TSDF), wirft erhebliche Probleme der Vergleichbarkeit auf (Cutter 1995, S. 114f.; Williams 1999, S. 61). Zudem ergaben sich zum Teil sehr unterschiedliche und teilweise konträre Ergebnisse, je nachdem wie die Daten aggregiert wurden, etwa ob die Bevölkerungszusammensetzung in einzelnen Ortschaften, in Städten, Kreisen, Bundesstaaten oder Regionen zur Grundlage gemacht wurde. Daher erschienen schon bald auch Studien, die die behaupteten Zusammenhänge in Einzelfällen oder grundsätzlich in Frage stellten (Anderton u.a. 1994; Been 1994). Zum anderen waren auch schwierige analytische Unterscheidungen bei der Gefährlichkeit der Anlagen bzw. in Frage stehenden Stoffe zu treffen, um gehaltvolle Aussagen über Verteilungen machen zu können. Die offiziellen Register und Berichtspflichten der Industrie, u.a. nach dem 1986 ins Leben gerufenen *Toxics Release Inventory Program* (TRI), waren nur sehr unvollständig, und die vorhandenen Daten verlangten komplexe Gewichtungsprozeduren (Szasz/Meuser 1997, S. 105f.).

Zweitens stellte sich langsam heraus, dass die einfache Feststellung einer Korrelation zwischen dem Vorkommen von Giftstoffen oder gefährlichen Anlagen und einer bestimmten Zusammensetzung der Bevölkerung in ihrer Aussagekraft doch begrenzt bleibt. Nicht nur in wissenschaftlicher Hinsicht wirft dies bald die tiefer gehende Frage auf, wie es zu diesem Zustand gekommen ist, und weiter, welche Kausalitäten sich in der Entwicklung erkennen lassen. D.h. das Interesse verschob sich allmählich von der Zustandserhebung auf die Ebene der dahinter stehenden Prozesse, und zugleich wurden Modelle und Theoriebezüge gesucht, mit denen sich diese Prozesse und ihre Ergebnisse überzeugend erklären lassen (Weinberg 1998; Cutter 1995, S. 117f.).

Nach Szasz und Meuser (1997, S. 108) können die gängigen Erklärungsansätze zunächst einmal danach unterschieden werden, ob demographischen Faktoren bei der Entstehung der festgestellten Verteilungen von Umweltbeeinträchtigungen überhaupt ein kausaler Einfluss zugebilligt wird. Ist dies nicht der Fall, so könnten eine Reihe von unterschiedlichen Prozessen eine Rolle beim Zustandekommen der Situation gespielt haben: Migrationsprozesse, die erst in der Folge der einschlägigen Ereignisse oder Entscheidungen in Gang kommen, eine Abnahme der Haus- und Grundstückspreise, die eine Veränderung der Bevölkerungsstruktur bewirkt, oder ganz andere Gründe, die nicht mit der Zusammensetzung der Bevölkerung zusammenhängen. Aber auch wenn demographischen Faktoren ein Einfluss auf die Entstehung der Problemlage zugebilligt wird, sind noch unterschiedliche Ursachen im engeren Sinne möglich: Die Gegend könnte gewählt worden sein, weil die ohnehin ärmere Bevölkerung aus Hoffnung auf ökonomische Gewinne ihre Bereitschaft erklärte, mögliche Zusatzbelastungen in Kauf zu nehmen oder weil die Bevölkerung aufgrund ihrer Zusammensetzung geringen politischen Widerstand erwarten ließ. Denkbar ist auch, dass umweltrechtliche Vorschriften in sozial benachteiligten Gebieten schlicht weniger konsequent durchgesetzt werden. Schließlich besteht die Möglichkeit, dass bestehende Vorurteile oder die Absicht der Diskriminierung kausale Faktoren sind. Vor allem für diesen letzten Fall wird in der nordamerikanischen Debatte auch die Bezeichnung „Umweltrassismus" (environmental racism) benutzt (Bullard 1991; Chiro 1998, S. 304; Holifield 2001, S. 83f.). Mit der Diskussion über diese vielfältigen möglichen Ursachen, das ist an dieser Stelle entscheidend, kam fast zwangsläufig auch die ganze Bandbreite sozialwissenschaftlicher Standpunkte und Theorien ins Spiel, darunter nun auch ökonomische Modelle und Beschreibungen ‚rationaler Akteure', mit dem Ergebnis, dass sich das Forschungsfeld in seinen wissenschaftlichen und normativen Annahmen ausdifferenzierte und teilweise polarisierte (Been 1994; Hamilton 1993).

Drittens weitete sich mit der Differenzierung das Feld insgesamt über die Jahre erheblich aus, sowohl was den Gegenstand der empirischen und theoretischen Arbeiten anbelangt, als auch im Bezug auf den geographischen Fokus. Der environmental justice frame (Čapek 1993) lässt sich offenbar auf die verschiedensten Umweltfragen beziehen, wenn wir in seinem Kern zunächst die Forderung nach „diskriminierungsfreiem Umweltschutz" sehen, wie dies ein deutscher Jurist formuliert hat (Kloepfer 2000, S. 752). Dabei ist kein haltbarer Grund zu erkennen, warum dieser Forschungsrahmen auf nordamerikanische Verhältnisse beschränkt bleiben sollte. Zwar finden wir hier mit den segregierten Siedlungsmustern und der Geschichte der Bürgerrechtsbewegung Bedingungen vor, die das *Entstehen* dieser spezifischen Formulierung von Umweltproblemen wohl begünstigen. Das mag auch ein Grund sein, weshalb das Konzept in Europa bisher noch relativ wenig Beachtung gefunden hat. Aber es ist nicht so, dass sich keine parallelen oder analogen Anknüpfungspunkte außerhalb des Entstehungskontextes finden ließen, zumal wenn man den außereuropäischen Raum oder zwischenstaatliche Beziehungen in den Blick nimmt. Wir finden denn heute auch eine zunehmend Zahl von Studien, die sich mit Bezug auf den Begriff Umweltgerechtigkeit mit den unterschiedlichsten Gegenständen und Regionen befassen, so etwa mit der Verteilung von Naherholungsgebieten (Tarrant/Cordell 1999), mit Modernisierungsinvestitionen der Luftreinhaltung (Corburn 2001), mit den ungleichen Lasten in der internationalen Klimapolitik (Harris 2000), den Standortentscheidungen für Entsorgungsbetriebe in Lettland (Dawson 2001) oder den Problemen durch Computermüll in Asien (Iles 2004).

Vielfältige Verbindungsmöglichkeiten ergeben sich dabei auch mit dem *environmentalism of the poor* in Ländern des Südens, zu dem die Kämpfe der Ogoni im Nigerdelta ebenso gezählt werden können, wie die Bewegung der Kautschukzapfer in Amazonien oder die der Aborigines gegen den Uranabbau in Australien (vgl. Martínez-Alier 1997, S. 97f.). Hier scheinen die Übergänge zu Perspektiven und Gegenstand der *Third World political ecology* fließend, ein Bezug, den unter anderen David Harvey (1996, S. 385f.) hergestellt hat. Doch zu Recht hat John Foster (1998, S. 56) darauf hingewiesen, dass die Bewegung, der sich das Konzept Umweltgerechtigkeit verdankt, vor allem lokal und städtisch orientiert ist. Aufgrund dessen seien nicht nur Harveys Hoffnungen auf eine glückliche Verbindung unterschiedlicher politischer Anliegen mit emanzipatorischer Zielsetzung fragwürdig. Auch die Verbindung mit anderen Ansätzen der Umweltforschung dürfte jedenfalls dort schwer fallen, wo diese vor allem auf naturnahe Ökosysteme oder globale (im Gegensatz zu zwischenstaatlichen) Fragen abzielt. Vielleicht lässt sich darin umgekehrt ja gerade eine Stärke und Besonderheit des Ansatzpunktes Umweltgerechtigkeit sehen, dessen Bezug immer schon eine ‚produzierte Natur' in ihrem sozialen Zusammenhang ist.

Viertens schließlich ergab sich im wissenschaftlichen Feld notwendig eine gewisse ‚Disziplinierung' der Fragestellung, indem sich bestimmte Fachgebiete auf ausgewählte Aspekte der Umweltgerechtigkeit konzentrierten und so enger geführte Debatten entstanden. Am deutlichsten ist diese Tendenz im juristischen Bereich zu erkennen, wo sich in den einschlägigen *law journals* eine kaum mehr überschaubare Fachdiskussion etabliert hat. Dort werden unter anderem die Vorsorge- und Informationspflichten der öffentlichen Hand erörtert, Vollzugsprobleme des Umweltrechts, Zugangsrechte, Haftungsfragen und Kompensationsregelungen (u.a. Blank 1994; Mank 1995; Popovic 1996; Milner/Turner 1999). In einer ersten Darstellung für den deutschen Rechtsbereich hat Kloepfer (2000, S. 753f.) die Forderung nach einer „geographischen Umweltgerechtigkeit" ins Gespräch gebracht, die im Blick auf die Verteilung von Lasten zwischen den Gemeinden, den Ländern und dem Bund zu entwickeln sei und die finanzpolitisch unter anderem durch einen „ökologischen Belastungsausgleich" gestützt werden könne (vgl. a. Kloepfer 2006).

Dass ein erheblicher Teil der Diskussion in den Sozialwissenschaften und insbesondere der Soziologie stattfindet, überrascht nach der obigen Darstellung nicht und spiegelt sich auch im Weiteren hinreichend wieder (Bullard 1983; Walsh u.a. 1993; Čapek 1993; Weinberg 1998; Szasz/Meuser 1997; Helfand/James 1999). In deutlich geringerem Umfang ist eine Verdichtung von Beiträgen auch in anderen Feldern zu erkennen, so etwa in der Medizin mit einem Schwerpunkt auf sozial- und berufsmedizinische Fragen (vgl. Robinson 1989, sowie mit einem Überblick für den deutschen Sprachraum Maschewsky 2001) und in der Politikwissenschaft mit Beiträgen zur Verteilungsgerechtigkeit internationaler Umweltabkommen, sowie Fragen der politischen Praxis sozialer Bewegungen (Harris 2000; Schlosberg 1999). Auch in der Geographie, die hier gesonderte Beachtung verdient, ist in den letzten Jahren auf die Umweltgerechtigkeit in wachsendem Maß Bezug genommen worden, bisher vor allem in der politischen Geographie und, wie in den anderen Disziplinen auch, fast ausschließlich im englischen Sprachraum. Neben zusammenfassenden und grundlegenden Darstellungen (Cutter 1995, Harvey 1996, S. 366f., Holifield 2001) gibt es dabei neuerdings auch Versuche, das Konzept auf Problemlagen außerhalb der Vereinigten Staaten anzuwenden (Dawson 2001; Omer/Or 2005). Von besonderem Interesse für die Diskussion in der Geographie sind jedoch vor allem diejenigen neueren Beiträge, die sich mit den politischen Fragen des Maßstabs, den *politics of scale* beschäftigen, worauf im folgenden Abschnitt noch näher eingegangen wird (Williams 1999; Towers 2000; Kurtz 2003; Swyngedouw/Heynen 2003).

An dieser Stelle soll jedoch zunächst noch einmal in zwei Punkten zusammengefasst werden, was der Überblick einstweilen ergab:

1. Aus einer Reihe ursprünglich lokal begrenzter Konflikte um die Verteilung von Umweltlasten erwuchs in den Vereinigten Staaten in kurzer Zeit eine soziale Bewegung für Umweltgerechtigkeit mit beträchtlichem politischen Einfluss, als deren ursprünglicher Kern die Forderung nach einem diskriminierungsfreien Umweltschutz ausgemacht werden kann;

2. Die wissenschaftliche Bearbeitung der einschlägigen Konfliktlagen begann mit Studien, die vor allem zur genaueren Beschreibung von lokalen Zuständen beitrugen. Daneben spielten und spielen juristische Analysen eine eigenständige Rolle. Heute interessiert sich die sozialwissenschaftliche Forschung vor allem für die Prozesse und Zusammenhänge, die zu den unerwünschten Zuständen führen. Die Mehrheit aller Beiträge hat einen Fokus auf urbane oder anderweitig stark überprägte Umwelten und bezieht sich räumlich auf Nordamerika, zunehmend jedoch auch auf andere Regionen sowie internationale Problemlagen.

Maßstäbe der Umweltgerechtigkeit

An einigen Stellen der obigen Darstellung ist deutlich geworden, dass die Diskussion über Umweltgerechtigkeit vom Ansatz her eng an Fragen des ‚Maßstabs' geknüpft ist. Das scheint zunächst einmal in dem ganz einfachen Sinn zu gelten, dass die Konflikte, die das Konzept geprägt haben, in der Regel auf einer begrenzten, lokalen Ebene ihren Ausgang nahmen, dass es sich um ‚lokal unerwünschte Landnutzungen' handelte, denen sich ebenso lokale *grassroots*-Bewegungen entgegenstellten. Doch stockt einem gewissermaßen die Tastatur, überhaupt eine solche Aussage zu treffen. Denn auf einen zweiten Blick wird schnell deutlich, dass eine Charakterisierung der Konfliktlagen als ‚lokal' kaum einleuchtend durchzuhalten ist. Die Umweltbeeinträchtigungen, die es da zu verteilen gilt, sind in ihrer Entstehung meist in vielfältige größere Zusammenhänge eingebunden, die nicht selten bis auf die Ebene internationaler Standortentscheidungen reichen; ebenso wird ihre Verteilung in Institutionen auf unterschiedlichstem Niveau geregelt; zumal sind die Diskriminierungen, die mit jener Verteilung gegebenenfalls einhergehen, in aller Regel nicht allein von lokalen Gegebenheiten herzuleiten. Vielfältige Verflechtungen sind schließlich in der politischen Aktivität von Anbeginn gegeben: So erweist sich auch das gerne in kritischer Absicht bemühte NIMBY-Syndrom – *not in my backyard* – bei näherem Hinsehen häufig als maßstäblich weiter gehende Kritik von Produktionsformen – *not in anyone's backyard* –, manchmal als prozedural orientiertes ‚So nicht', oder zusätzlich auf die Gruppe bezogenes ‚So nicht mit uns'. Kurz, die Frage der Maßstäbe und Größenordnungen ist methodologisch wichtig und politisch brisant, sie verlangt folglich nähere Betrachtung.

In der jüngeren geographischen Diskussion hat sich die Sichtweise etabliert, als Maßstäbe (*scales*) nicht nur, und nicht einmal in erster Linie, Größenverhältnisse der kartographischen Repräsentation zu bezeichnen. Geographische Maßstäbe werden hier vielmehr als sozial ‚gemachte' und zugleich produktive Größen aufgefasst, generiert und generativ in dem Sinne, dass die Verdichtung und Durchsetzung bestimmter Maßstäbe machtgeladene Voraussetzungen und Konsequenzen hat. Die Etablierung des Nationalstaates mit einer das Privateigentum garantierenden Grundordnung wird hier ebenso als Beispiel genannt wie die Hervorbringung einer Ebene des Städtischen oder der globale Maßstab kapitalistischer Ökonomie (Smith 1984; Delaney/Leitner 1997; Swyngedouw 1997a, 2004).

Der spezifische, post- oder neomarxistische Theorie-Hintergrund, dem die Vordenker dieser Perspektive wie Henri Lefebvre, Neil Smith oder Erik Swyngedouw verbunden sind, tritt heute jedoch oft in den Hintergrund. Zu ganz ähnlichen Schlüssen bezüglich der (Nicht-)Gegebenheit geographischer Maßstäbe werden vielmehr die meisten Theorietraditionen kommen, die im weitesten Sinne als sozialkonstruktivistisch charakterisiert werden können. Unterschiede zwischen den Positionen bestehen dann vor allem darin, welcher erkenntnistheoretische Stellenwert der spezifischen kapitalistischen Verfasstheit gegenwärtiger Gesellschaften eingeräumt wird, und das heißt vor allem, welche Eigenheiten der gesellschaftlichen Hervorbringung von Maßstäben wie *zu erklären* sind – also etwa, ob eine bestimmte Artikulierung des produktiven Maßstabs ‚Europäische Union' generellen Modernisierungsimperativen oder den bestehenden Produktionsverhältnissen im Besonderen zugerechnet werden soll, welche Rolle dabei die Wahrnehmung und die Handlungen einzelner Akteure spielen, welche Rolle bestimmte Akkumulationsregime usw. (vgl. Heeg/Oßenbrügge 2002).

Robert Williams (1999) hat mit direktem Bezug zu Fragen der Umweltgerechtigkeit die besondere Bedeutung der generierten und generativen Maßstäbe in dem genannten Sinn herausgestellt. Er unterstreicht und illustriert dabei den Befund, dass die Ebene, auf der ein soziales Problem entsteht, häufig nicht mit derjenigen übereinstimmt, auf der es möglicherweise politisch zu lösen wäre. Genau in diesem Spannungsfeld sei das Politische angesiedelt, als *scalar politics*, in denen es vor allem darum geht, welche Akteure welche *scales* durchzusetzen vermögen und wie geschickt sie es verstehen, diese bei Bedarf zu wechseln oder zu kombinieren, um Hegemonie bei der Deutung eines Konflikts zu erlangen (ebd., S. 56). In dieser Perspektive kritisiert Williams diejenigen wissenschaftlichen Studien, welche die Entstehung von Problemen der Umweltgerechtigkeit systematisch mit den Mechanismen des Marktes erklären wollen. Da die Ungleichheiten damit lokalisiert würden und schlicht den Bedingungen des jeweiligen Marktes zu entspringen schienen, werde auch die politische Lösbarkeit der Frage auf ausschließlich lokaler Ebene suggeriert (ebd., S. 66). Der Autor liefert damit zwar ein überzeugendes Plädoyer gegen die Verkürzung und ‚Skalenfixierung' bestimmter Ansätze, die implizit normativ aufgeladen sind. Seine Sorge scheint jedoch insofern begrenzt, als er sich ihrer mit einer Transformation auf die höheren Ebenen von Nationalstaat und kapitalistischem System weitgehend entledigt sieht. Er unterschätzt dabei die zum Teil widersprüchliche Verschachtelung politischer Maßstabsebenen, denn auch die Generalisierung oder Abstrahierung von Problemlagen kann den ‚lokal' Betroffenen oftmals zum Nachteil gereichen, wie die bisweilen lähmenden Debatten um Weltmarktzwänge illustrieren. So bleibt Williams uns schließlich einen Rahmen schuldig, wie die Forschung das Problem der geographischen Maßstäbe etwas systematischer betrachten könnte.

Einen Schritt weiter führen an dieser Stelle die Überlegungen von George Towers (2000). Auch er baut auf den generellen Überlegungen zur Frage des Maßstabs in der politischen Geographie auf. Er entwickelt daraus jedoch zu analytischem Zweck eine Unterscheidung zweier verschiedener Arten von ‚Maßstäben', die er *scales of regulation* und *scales of meaning* nennt, was sich im Deutschen nur etwas ungelenk als ‚Maßstäbe der Regulierung' und ‚Maßstäbe der Bedeutung' wiedergeben lässt.[2] Als Maßstäbe der Regulierung fasst Towers ‚Landschaften', die durch die formal gesetzten Zuständigkeiten bestimmter Entscheidungsgremien entstehen (ebd., S. 26). So werden im politischen Prozess gesetzli-

---

2   In dieser direkten Übersetzung können zu starke Anklänge an einen Maßstab im Sinne eines Beurteilungsstandards entstehen; ich habe daher an anderer Stelle den neutraleren Begriff der Sphäre verwendet, der zugleich die kartographischen Assoziationen vermeidet (Flitner 2003); Heeg (2004) spricht von ‚Maßstäblichkeiten', was den objektivierenden Aspekt im Gehalt des Begriffs gut anzudeuten vermag, mir aber sprachlich noch weniger überzeugend scheint.

che Zuständigkeiten bestimmter Bürokratien festgelegt, die zum Beispiel die Sied-
lungsplanung in einer Stadt betreffen, die Waldnutzung in einer Gemeinde, oder
den Immissionsschutz in einem Land. Aber auch private Akteure erzeugen solche
Maßstäbe, sei es, dass sie ihr operatives Geschäft regional und sachbezogen gliedern, etwa in spezialisierten Tochterfirmen, sei es, dass sie die Wahrnehmung
bestimmter Interessen an besondere Institutionen delegieren, wie die Vereinigung
der chemischen Industrie Europas oder den Verkehrsclub Deutschland. Die Bestimmung von gewerkschaftlichen Tarifbezirken wäre ein Beispiel dafür, dass
auch Akteure unterschiedlicher Herkunft und Interessen entsprechend komplexe
Maßstäbe der Regulierung hervorbringen können.

Die Maßstäbe der Bedeutung sind hingegen Produkte sozialer Sinngebung,
die nicht formalen Zuständigkeiten entsprechen, sondern in offenerer Weise das
Verständnis und die Interpretation ‚kultureller Landschaften' betreffen (ebd.).
Eine Bedeutungssphäre der Umweltgerechtigkeitsbewegung kann etwa ‚Seveso'
oder ‚Bhopal' sein, oder ein lokaler Kinderspielplatz, mit dem es Probleme gab,
oder noch weit abstrakter: eine Diskriminierungserfahrung in einem Bereich, der
scheinbar nichts direkt mit den in Frage stehenden Landnutzungsentscheidungen
zu tun hat. Towers (2000, S. 26) nennt als ein weiteres Beispiel den ‚Planet Erde',
der besonders in tiefenökologischen Argumenten eine große symbolische Bedeutung hat. Auch diese Maßstäbe können also sehr wohl konkrete räumliche Referenzen enthalten; anders aber als bei den Maßstäbe der Regulierung können diese
Referenzen mit der sachlichen Problemdiskussion oftmals nicht direkt in Einklang
gebracht werden in dem Sinne, dass es hier formale Zuständigkeiten, systematische Emergenzen oder direkte institutionelle Bezüge gäbe.

Am Beispiel der Auseinandersetzung um die Trassenführung einer neuen
Hochspannungsleitung in West Virginia zeigt der Autor, wie diese Unterscheidung nützlich zu machen ist. Bestimmte Maßstäbe der Regulierung entstanden
hier mit der Zuständigkeit von Behörden des Bundes sowie des Staates West Virginia. Der ‚Maßstab des Bedarfs' (*scale of need*) fiel formell in die Zuständigkeit
der *Public Service Commission* von West Virginia, die den Nachweis zu erbringen
hatte, dass überhaupt neue Stromleitungen benötigt werden. Der ‚Maßstab der
Routenführung' (*scale of route*) schloss u.a. eine Beteiligung des *U.S. Forest Service and National Park Service* ein, da die vorgeschlagenen Trassen Ländereien
im Bundesbesitz queren mussten. Nun gelang es den Gruppen, die das Vorhaben
ablehnten, kurz zusammengefasst, den Maßstab der Routenführung mit bestimmten Maßstäben der Bedeutung zu überlagern bzw. in Beschlag zu nehmen. Dabei
wurden u.a. erfolgreich Heimatgefühle in Bezug auf einen bestimmten Berg mobilisiert und die ‚wilde Schönheit' eines kleinen, aber kaum zu umgehenden Ge-
wässers in den Vordergrund gerückt, das im Ergebnis auch formal den Status
„wild and scenic" erhielt, was schließlich zum Stolperstein für die Trasse wurde
(ebd., S. 28–32).

Die Maßstäbe der Bedeutung entfalteten sich hier in Prozessen, die im
Zusammenhang mit Prozessen des zivilgesellschaftlichen Engagements verschiedentlich als *framing* oder Rahmung beschrieben worden sind (u.a. Soyez 2000, S.
10; vgl. a. Kurtz 2003). Die Stärke von Towers' Formulierung liegt darin, dass sie

es erlaubt, diesen Prozess ausgehend vom Konzept der *scale* in einen theoretischen Zusammenhang mit stärker institutionalisierten Praktiken bzw. stabileren
‚Regionalisierungen' zu bringen und so ein zusammenhängendes Feld zwischen
den beiden Aspekten sichtbar zu machen. Die Maßstäbe der Bedeutung und die
Maßstäbe der Regulierung sind dabei beide gleichermaßen Produkte kontingenter
gesellschaftlicher Prozesse, und sie überschneiden sich auch vielfach, im geographischen wie im politischen Sinn. Wohl daher hat Towers selbst einige Mühe,
seine Unterscheidung konsequent durchzuhalten und bleibt in seinem Beispiel
nicht immer ganz klar. So übersieht er etwa die Wendung, dass die Bedeutungs-
ebene ‚wilde Natur' ihrerseits zu einem Maßstab der Regulierung wird in dem
Moment, als das Gebiet formal diesen Status (*wild and scenic*) zugesprochen bekommt (ebd., S. 32f.). Der Ansatz scheint unabhängig davon sehr nützlich, denn –
anders als in Williams' Überlegungen – finden sich hier keine pauschalen Annahmen über die Vorteile eines *scaling up* oder *scaling down*. Zudem wird mit der systematischen Etablierung des Bedeutungsaspektes das Feld in einer Weise aufge-
spannt, die das Hineintappen in eine „territoriale Falle" (Agnew 1994) von vorneherein vermeidet.

Verteilung und Anerkennung

Haben wir damit bereits eine nützliche Unterscheidung gewonnen, um Konflikte
um Umweltgerechtigkeit zu analysieren, so bleibt ein anderer zentraler Aspekt
dieser Perspektive noch sehr unbestimmt. Was soll im vorliegenden Zusammenhang unter Gerechtigkeit verstanden werden? Lassen sich auch diesbezüglich
nützliche Unterscheidungen treffen, die die Bearbeitung einschlägiger Problemlagen strukturieren könnten? Nach den obigen Ausführungen liegt es nahe, auch
dabei kurzerhand zwischen formalen Geltungsansprüchen, wie sie im Rechtssy-
stem institutionalisiert sind, und weiteren Vorstellungen und Formulierungen von
Gerechtigkeit zu unterscheiden, wie sie von unterschiedlichen Akteuren vorgebracht werden. Ich halte jedoch eine andere Unterscheidung für weiter führend
und will dies im Folgenden nur kurz entwickeln, nämlich die Unterscheidung zwischen der Dimension der *Verteilung* und der Dimension der *Anerkennung*.[3]

Betrachtet man die Diskussion zum Gegenstand der Gerechtigkeit, wie sie in
Beiträgen zu Fragen der Umweltgerechtigkeit bisher geführt worden ist, so fällt
zunächst auf, dass sich nur wenige Autorinnen und Autoren dieser Frage überhaupt ausführlicher widmen (Almond 1995; Shue 1996; Harvey 1996; Dobson
1998). Implizit dagegen nehmen natürlich alle Beiträge eine Position ein, die
mehr oder weniger deutlich und kohärent vorgebracht wird, in der Regel jedoch
ohne Theoriebezüge auskommt. Im Ergebnis findet sich sowohl bei den längeren

---

3 Den Stellenwert dieser Unterscheidung hat mir zuerst Volker Heins verdeutlicht, dem an dieser Stelle gedankt sei. Jüngst hat auch Schlosberg (2003) diese Perspektive aufgenommen und
   auf das größere Gebiet der 'ökologischen Gerechtigkeit' (*ecological justice*) ausgedehnt; vgl. a
   Watts/Bohle (2003, S. 78).

Versuchen als auch bei den kurzen Bemerkungen im Zentrum fast durchgängig die Frage der Verteilungsgerechtigkeit und zwar gleichgültig, ob nur ein materialer oder auch der prozedurale Aspekt von Gerechtigkeit genannt wird.

Das Vorherrschen der Verteilungsperspektive mag ganz vielfältige Gründe haben, die hier nicht diskutiert werden sollen. Zunächst ist dieser Zugriff ja auch einleuchtend, da es doch in vielen Fällen um nichts anderes zu gehen scheint, als um die physische Verteilung von Belästigungen oder, nachgeordnet, um die Verteilung von Maßnahmen der Eingrenzung, Entschädigung und Kompensation. Zudem steht auch in vielen theoretischen Versuchen der Bestimmung von Gerechtigkeit die Frage der Verteilung im Kern der Betrachtung. So schreibt etwa John Rawls in seiner einflussreichen *Theorie der Gerechtigkeit,* der erste „Gegenstand der Gerechtigkeit" sei „die Art, wie die wichtigsten gesellschaftlichen Institutionen Grundrechte und -pflichten und die Früchte der gesellschaftlichen Zusammenarbeit *verteilen*" (Rawls 1979, S. 23, Hv. MF). Die gerechte Verteilung von Gütern inklusive negativen Gütern (*goods and bads*, wie sich im Englischen schön sagen lässt), beschäftigt weite Teile der philosophischen Debatte von der Tugendlehre über utilitaristische und formale Ansätze bis zu ökonomischen Perspektiven.

Nun haben in den letzten Jahren verschiedene Autorinnen und Autoren vorgeschlagen, neben die Frage der Verteilung die Frage der Anerkennung zu stellen (Taylor 1992; Honneth 1992; Fraser 1997). Die Substanz dieser Unterscheidung, ihre Tragweite und das Verhältnis der beiden Dimensionen zueinander werden dabei unterschiedlich konzipiert; Einigkeit herrscht einstweilen vor allem in dem Ausgangspunkt, dass eine zu starke Orientierung der Gerechtigkeitsdebatte an Verteilungsfragen Probleme aufwirft und dass es sinnvoll ist, Prozesse gesondert in den Blick zu nehmen, die sich um die Anerkennung von Individuen und Gruppen drehen sowie um die kulturellen Strukturen, Regeln, Normen und Symbole, die den Umgang mit Identität und Differenz in der Gesellschaft prägen.

Nancy Fraser charakterisiert die Art von Ungerechtigkeit, die als mangelnde Anerkennung gefasst werden kann, in Abgrenzung von sozioökonomischer Ungerechtigkeit auf die folgende Weise:

> „Das zweite Verständnis von Ungerechtigkeit ist eine kulturelles oder symbolisches. Hier ist die Ungerechtigkeit in den sozialen Mustern der Repräsentation, der Interpretation und der Kommunikation verankert. Beispiele dafür sind kulturelle Domination (Mustern von Interpretation und Kommunikation unterworfen zu sein, die mit einer anderen Kultur verbunden werden und der eigenen fremd und/oder feindlich gegenüberstehen), Nicht-Anerkennung (unsichtbar gemacht zu werden durch machtgeladene kulturelle Praktiken der Repräsentation, Kommunikation und Interpretation); und Respektlosigkeit (routinemäßig verleumdet oder herabgesetzt zu werden in stereotypen öffentlichen kulturellen Repräsentationen und/oder in den Interaktionen des alltäglichen Lebens)." (Fraser 1997, S. 14, Üs. MF)

Gehen wir zunächst einmal von dieser Definition aus – die von anderen Autoren in ähnlicher Form gegeben wird –, so wird deutlich, dass die Ungerechtigkeit mangelnder Anerkennung in weit reichenden kulturellen Prozessen und Strukturen wurzelt, die nicht leichterdings mit einer ökonomischen Umverteilung aus der

Welt zu schaffen sind. Der notwendige kulturelle Wandel könnte vielmehr so komplexe Prozesse beinhalten wie die Umwertung von kulturellen Symbolen, bzw. eine grundlegende Transformation gesellschaftlicher Muster der Repräsentation, der Interpretation und der Kommunikation, wovon letztlich auch die Selbstwahrnehmung aller Individuen berührt wäre (ebd., S. 15).

Fraser betont, dass die Unterscheidung der Verteilungs- und Anerkennungsgerechtigkeit für sie rein analytischer Natur ist. In der Praxis seien beide Typen verknüpft, denn einerseits habe jede ökonomische Institution konstitutiv eine kulturelle Dimension und sei durchwirkt von Bedeutungen und Normen, andererseits habe auch jede diskursive Praktik materiale und sozioökonomische Voraussetzungen. Der Ausgangspunkt ihrer Unterscheidung scheint vor allem in dem empirischen Befund zu liegen, dass die sozialen Bewegungen in den Vereinigten Staaten, und nicht nur dort, immer stärker ‚identitätspolitische‘ Anliegen vertreten, die in einer klassischen politisch-ökonomischen Perspektive kaum beschreibbar sind. So zielt der Kampf um Anerkennung gemeinsamer Wertüberzeugungen und geteilter Lebensformen nicht selten auf eine Stärkung von Differenz im Sinne von Gruppenbesonderheiten, während die klassische Verteilungsgerechtigkeit traditionell eher eine Entdifferenzierung durch ökonomischen Ausgleich im Auge hat (ebd., S. 15f.).

Aus unterschiedlichen Positionen sind diese Grundgedanken aufgenommen, kritisiert und variiert worden. So hat etwa Axel Honneth (2003, S. 139f.) die starke Orientierung von Frasers Rahmen an identitätspolitischen Anliegen kultureller Minderheiten kritisiert, die bereits sehr publikumswirksam in der politischen Öffentlichkeit repräsentiert sind, wie bestimmte ethnische Minderheiten oder sexuelle Minoritäten. Damit drohten all die ‚stummen‘ sozialen Ausgrenzungen aus dem Blick zu geraten, an deren Einschluss einer tiefer gehenden Gerechtigkeitsdebatte besonders gelegen sein müsse. Er unternimmt dagegen den Versuch, die kapitalistische Gesellschaft insgesamt als eine institutionalisierte „Anerkennungsordnung“ zu interpretieren und damit letztlich auch die klassischen Verteilungskonflikte als Kämpfe um Anerkennung zu deuten (ebd., S. 159ff.).

Im vorliegenden Zusammenhang scheint es mir nicht notwendig, dieser Debatte in ihren Verästelungen zu folgen und sich im Resultat auf eine spezifische theoretische Deutung des Verhältnisses von Anerkennungs- und Verteilungsgerechtigkeit festzulegen. Dagegen scheint es mir evident, dass die primäre analytische Unterscheidung in die genannten zwei Pole von Gerechtigkeit (oder zwei Perspektiven auf Gerechtigkeit) für die Betrachtung der Konflikte um Umweltgerechtigkeit gewinnbringend ist. Dies lässt sich sowohl an zentralen Dokumenten der Bewegung für Umweltgerechtigkeit zeigen, wie auch an empirischen Studien, die während der letzten Jahre entstanden sind.

Eine gute Illustration hierfür bieten die oben bereits erwähnten *Principles of Environmental Justice*, die 1991 in Washington auf einem großen Kongress verabschiedet wurden, von der Wissenschaft aber merkwürdig unbeachtet geblieben sind (vgl. Holifield 2001, S. 82). Bei einer genaueren Betrachtung zeigt sich, dass dieser Katalog von Prinzipien und Forderungen nicht nur „bis hin zu generellen Fragen der Lebensqualität und der kulturellen Selbstbestimmung reicht“, wie ich oben etwas vereinfachend geschrieben habe. Im Licht der eingeführten Unterscheidung lässt sich vielmehr erkennen, dass es hier eine ganze Reihe von Punkten gibt, die Fragen der Verteilung bestenfalls indirekt berühren und wesentlich treffender als Themen der Anerkennung charakterisiert werden können. Und diese Punkte sind in keiner Weise nachgeordnet oder pauschal vorangestellt, sondern als zentrale und eigenständige Aspekte formuliert worden. So lautet etwa der zweite Punkt der Erklärung, Umweltgerechtigkeit erfordere eine Politik, die „auf gegenseitigem Respekt und Gerechtigkeit für alle Völker aufbaut und frei ist von jeglicher Form der Diskriminierung oder Voreingenommenheit". Im fünften Punkt wird u.a. das Grundrecht kultureller Selbstbestimmung bekräftigt, was im elften Punkt mit Blick auf die Rechte der indianischen Bevölkerung näher bestimmt wird. Im sechzehnten Punkt wird schließlich eine Erziehung jetziger und kommender Generationen gefordert, die „auf einer Wertschätzung unserer unterschiedlichen kulturellen Perspektiven gründet". In der Summe finden sich mindestens ebenso viele Punkte, die sich auf tiefer gehende gesellschaftliche und kulturelle Forderungen beziehen, wie solche, die sich im Kern als Anliegen der gerechten Verteilung von Umweltschäden deuten lassen.

Stella Čapek (1993, S. 9) sieht als tieferes Motiv der meisten einschlägigen Konflikte ein „tiefes Gefühl des Betrogenseins", das Empfinden „Bürger zweiter Klasse" zu sein, ausgeschlossen von dem kleinen (nicht nur) amerikanischen Traum, irgendwo in Würde ein anständiges Leben führen. Und auch in den empirischen Studien finden sich verschiedentlich Hinweise, wie wichtig Themen der Anerkennung zu nehmen sind: so wird immer wieder der mangelnde „Respekt" beklagt, der den Mitgliedern einer bestimmten *community* entgegengebracht wird, als *African* oder *Hispanic Americans*, als Frauen, als Laien – und oftmals alles zugleich (Schlosberg 2003, S. 17f.).

In den verschiedenen Versuchen, die Frage der Gerechtigkeit im Kontext der vorliegenden Debatte zu konzeptualisieren, wird in diesem Zusammenhang regelmäßig von dem Anspruch auf prozedurale Gerechtigkeit gesprochen, der neben den materialen Ansprüchen eine wichtige Rolle spiele (Harris 2000, S. 54; Holifield 2001, S. 81). Dies ist zweifelsohne richtig und beschäftigt in besonderem Maße die staatlichen Behörden bei der Umsetzung der politischen Vorgaben aus der genannten *Executive Order*. Formale Rechte der Information und der Partizipation sind von entscheidender Bedeutung, um bestehenden Ungleichheiten zu verringern bzw. neue im Ansatz zu verhindern. Doch wie gezeigt geht der „Kampf um Anerkennung" (Honneth 1992) über prozedurale Fragen weit hinaus. In den konkreten Entscheidungsprozessen bezüglich einer lokalen Landnutzung stehen die tiefer gehenden Ursachen und Zusammenhänge sozialer Differenz kaum zur Debatte; die Erfahrung sozialer Missachtung ist daher rein prozedural hier auch nicht aufzulösen, wie zutreffend bemerkt worden ist (Čapek 1993, S. 14f.).

Felder der Untersuchung

Auf Grundlage der getroffenen Unterscheidungen – im Bezug auf die Maßstäbe der Umweltgerechtigkeit sowie im Bezug auf die gegenwärtige sozialphilosophische Debatte – lässt sich zu einem analytischen Raster gelangen, das es erlaubt, die Konflikte vom vorliegenden Typus systematischer zu erschließen. Die folgende Tabelle 1 stellt die sich ergebenden vier Felder dieses Rasters dar, die hier noch kurz erläutert werden sollen.

Im ersten Schnittfeld (Maßstäbe der Regulierung/Verteilungsgerechtigkeit) finden wir die Dimensionen wieder, die ungeachtet methodischer Probleme typischerweise relativ leicht in allen Konflikten um Umweltgerechtigkeit auszumachen und zu bestimmen sind: Es geht hier um eine Analyse der ‚materialen Gerechtigkeit' im Sinne der ‚gleichmäßigen' Verteilung von umweltbezogenen Lasten, um die formal dafür zuständigen bzw. systematisch damit befassten Institutionen und Akteure, im Grenzfall also um Fragen, die sich weitgehend in Immissionswerten, behördlichen Maßnahmen, Standortentscheidungen von Firmen und Kompensationssummen ausdrücken lassen. Die meisten bisherigen Studien zur Umweltgerechtigkeit haben hier ihren analytischen Schwerpunkt.

Im zweiten Schnittfeld (Maßstäbe der Bedeutung/Verteilungsgerechtigkeit) wird die Perspektive geöffnet auf die weiteren Sinnhorizonte, die sich im Zusammenhang der Verteilung ergeben, aber nicht direkt Fragen der Regulierung des Problems betreffen. Es geht also um die ‚Rahmungen', die die verschiedenen Akteure einbringen und die sich aus einem weiten Fundus gesellschaftlichen Wissens speisen, das zwischen den Gruppen unterschiedlich sein kann und auch gruppenspezifischen Deutungsmustern unterliegt. So könnte eine Untersuchung über den Bau einer Chemieanlage in einem Wohngebiet ergeben, dass verschiedene Gruppen ihre Besorgnisse mit dem Schlagwort ‚Bhopal' markieren. Eine genauere, gruppenspezifische Untersuchung würde eventuell zusätzlich feststellen, dass die Chiffre ‚Bhopal' für weiße Umweltschützer der Mittelschicht und Vertreter der Umweltbehörden generell das große Gefahrenpotential der Chlorchemie signalisiert und in einer lockeren Reihe mit ‚Seveso' und ‚Sandoz' steht. Die Mitglieder einer ärmeren *hispanic community* könnten dagegen mit diesem Emblem vor allem auf die ungleiche Behandlung von Menschen unterschiedlicher Herkunft verweisen, die in den mangelhaften Sicherheitsstandards einer nordamerikanischen Firma an einem indischen Standort zum Ausdruck kommt. Hier ist also eine differenzielle Analyse des sozialen Sinns gefordert, den sich einzelne Akteure von dem Konflikt machen, weitgehend unabhängig von faktischen und formalen Bezügen. Ich spreche hier versuchsweise von ‚symbolischer Gerechtigkeit', weil die sinnhaften Bezugspunkte der Verteilung von Umweltbeeinträchtigungen analytisch gleichberechtigt zu rekonstruieren sind, was auch heißt, dass es keine Privilegierung bestimmter Wissenstypen oder institutionalisierter Wissensordnungen geben kann.

Im dritten Schnittfeld (Anerkennungsgerechtigkeit/Maßstäbe der Regulierung) geht es um eine Analyse der Anerkennungsverhältnisse, die die Institutionen und Prozesse in einem gegebenen Konflikt implizieren. Im Kern lassen sich

diese als Probleme ‚prozeduraler Gerechtigkeit' fassen. Der Zugang zu Umweltin-
formationen von privater und öffentlicher Hand ist hier zu betrachten, Zugang
aber auch zu den weiteren Prozessen der politischen Willensbildung, insbesondere
zu den Medien, die Formen der Partizipation in Planungsverfahren, Mediationen
u.ä., schließlich die Modi politischer Entscheidungen inklusive des Schutzes von
Minderheiten. Čapek (1993, S. 12f.) hat einige wichtige Aspekte dieses Feldes im
Detail dargelegt und kritisch diskutiert.

	Maßstäbe der Regulierung	*Maßstäbe der Bedeutung*
Verteilungs-gerechtigkeit	Analyse der Institutionen und Pro-zesse im jeweiligen Konfliktfeld im Blick auf ihre Verteilungswirkungen ›Materiale Gerechtigkeit‹	Analyse der im Kontext der Vertei-lung eröffneten Sinnhorizonte und kollektiven Deutungsmuster ›Symbolische Gerechtigkeit‹
Anerkennungs-gerechtigkeit	Analyse der Anerkennungsimplika-tionen der Institutionen und Prozesse im jeweiligen Konfliktfeld ›Prozedurale Gerechtigkeit‹	Analyse der kulturellen und struktu-rellen Diskriminierungen Beteiligter jenseits des spezifischen Konflikts ›Kulturelle Gerechtigkeit‹

Tabelle 1: Analytischer Rahmen: Aspekte der Umweltgerechtigkeit

Im vierten Schnittfeld (Anerkennungsgerechtigkeit/Maßstäbe der Bedeutung) geht
es schließlich um Fragen, die scheinbar kaum noch mit dem konkreten Konflikt
um Umweltlasten oder mangelnden Zugang zu Ressourcen zu tun haben und tatsächlich weit darüber hinausgehen. Auf einer tieferen Ebene kommen hier die
Momente zum Vorschein, ohne die die spezifische Ausformung der gegenwärtigen Konfliktlagen oft gar nicht verständlich werden kann. Erst in dieser Perspektive wird nachvollziehbar, wie sich vom *civil rights movement* ausgehend der politische Impetus entwickelte, der weite Teile heutiger Identitätspolitiken und die
Bewegung für *environmental justice* in den Vereinigten Staaten noch beeinflusst.
In internationalen Umweltfragen sind analog die Anerkennungsbemühungen indi-
gener Völker in zahlreiche Konfliktfelder tief verwoben, wie sich dies etwa an
den Debatten um Nutzung und Erhalt der biologischen Vielfalt zeigen lässt (Bryant 2000, Flitner/Heins 2002). In diesem Schnittfeld lassen sich zudem die
grundlegenden kulturellen Implikationen in den Blick nehmen, die – je nach Perspektive – patriarchale, kapitalistische oder feudale Gesellschaftsstrukturen mit
sich bringen, die Generierung symbolischen und kulturellen Kapitals im Sinne
Bourdieus. Erschöpfend werden sich die weit reichenden Fragen der ‚kulturellen
Gerechtigkeit' folglich auch kaum je bei der Analyse eines einzelnen Falls behandeln lassen; diese Perspektive ist gewissermaßen der Pol, der das Gebiet der Untersuchung aufspannt und so das zweite und dritte Feld erst zur Gänze sichtbar
werden lässt.

In dem folgenden Versuch, den Konflikt um Fluglärm in der Umgebung des Flughafens Basel-Mulhouse genauer verständlich zu machen, lasse ich mich von der Unterscheidung in diese vier Felder leiten, wobei ich in der Form der Darstellung von den zwei Typen von Maßstäben ausgehen werde, die auf Basis der erhobenen Befunde konkretisiert werden. Bei der Abhandlung der einzelnen Maßstäbe der Regulierung und der Bedeutung werden jeweils sowohl die Verteilungs- als auch die Anerkennungsimplikationen des Konflikts untersucht. Die theoretische Reflexion über diesen Rahmen wird dann im Schlusskapitel dieser Arbeit noch einmal aufgenommen. Dort soll auf Basis der empirischen Studie ein vorläufiges Fazit gezogen werden, welche Stärken und Schwächen der Ansatz aufweist und welche spezifischen Probleme sich dabei in der vorliegenden Untersuchung ergeben haben.

Durchführung

„Schon bei der Diskussion in der Gemeinderatssitzung war die Frage laut geworden, was denn geschehen soll, wenn der Lärm (viele sprachen übrigens statt von
Lärm nur von Geräusch) die zulässige Marke überschritten habe? Ob man dann an
den Staat Italien, also Rom, schreiben wolle mit der Bitte, die Autobahn zuzusper-
ren? Diese Wortmeldung des Stadtrats Moreth führte zu einer gewissen amüsier-
ten Stimmung bei der Fraktion der Antragsgegner. Einige hielten diesen Antrag
für überflüssig, andere für ärgerlich. Man stritt zum Beispiel darüber, ob man in
dem Antrag überhaupt von Lärmemission und nicht vielleicht vielmehr lediglich
von Geräuschemission sprechen müsse, denn ob das, was der *Schwerlasttransportbereich* (manche sagten *Schwerlasttransportsektor*) dort oben auf der Autobahn von sich gab, Lärm oder lediglich Geräusch sei, war für einige nicht ausgemacht. Das Wort Lärm, sagten die einen, interpretiere die Geräusche bereits, ob-
gleich die Messungen doch erst feststellen sollen, ob diese Geräusche überhaupt
Lärm seien. Andere gerieten durch diese teilweise in belustigtem Ton vorge-
brachten Sophismen in Erregung und sagten, natürlich sei es Lärm, was von der
Autobahn her zu hören sei, was soll es denn sonst sein, wenn man nicht einmal
mehr bei geschlossenem Fenster zum Eisack hinaus schlafen könne. Sofort wurde
wild durcheinander gesprochen. Dann soll der Betreffende doch zur anderen Seite
hinaus schlafen, hieß es vom Stadtrat Mitterrutzner. Oder: Der Betreffende sei
eine nervöse Person, das habe mit dem Schwerlasttransportbereich nichts zu tun,
das sei vielmehr seine eigene nervöse Störung. Der Betreffende sei schon früher
als Querulant aufgefallen. Er habe an allem etwas auszusetzen... [...]

Die Argumente der Antragsbefürworter waren zuerst etwa folgende: der Lärm
müsse eingedämmt werden, die Wohnqualität müsse für die Klausner erhöht werden. Die Gegenfraktion: Klausen habe eine sehr hohe Lebensqualität, Lärm sei
nicht vorhanden. Die Antragsfraktion argumentierte nun mit ärztlichen Gutachten,
in denen etwas von Nervenschädigungen *etcetera* stand, und fügte den Hinweis
an, dass auch der Tourismus eine Lärmberuhigung der Stadt erfordere. Je leiser es
sei, desto mehr Touristen kämen in die Stadt, und das sei gut für die Wirtschaft.
Die andere Seite lehnte dieses Argument rundweg ab und sagte, es sei in Klausen
an den allermeisten Stellen vollkommen ruhig, niemand habe Nervenschädigungen, man höre gar nichts, und es sei ein vollkommen falsches Signal an die Wirtschaft, wenn man den Lasttransport einschränke. [...]

Am nächsten Tag wurde im Haus des Stadtrats Taschner die Bürgerinitiative
Lärmschutz Klausen gegründet."

Andreas Maier: *Klausen.* Roman. Frankfurt/M., 2002, S. 70ff

3 Fluglärm in der trinationalen Agglomeration Basel

Der Flughafen Basel-Mulhouse, oder mit dem eingetragenen Warenzeichen, der „Euro-Airport Basel-Mulhouse-Freiburg" liegt, was jedenfalls die zweite dieser Bezeichnungen kaum vermuten lässt, unmittelbar vor den Toren der Stadt Basel, in einem Abstand von nur etwa vier Kilometer Luftlinie von der Stadtgrenze, jedoch zugleich schon jenseits der Landesgrenze auf französischem Territorium, zwischen den Orten Saint-Louis und Hésingue im Süden, Blotzheim im Westen und Bartenheim-la-Chaussée im Nordosten.

Die Region, in der sich der Flughafen damit befindet, ist Teil des südlichen Elsass, genauer der Kanton Huningue, Kreis Mulhouse, im Département Haut-Rhin, in jenem ‚Dreiländereck' am Oberrhein gelegen, das heute in einer latinisierten Wortneuschöpfung auch als *Regio TriRhena* bezeichnet wird.[1] Die Geschichte und Geographie dieser Region oder auch nur des engeren Gebietes nordwestlich von Basel (bzw. des südöstlichen Sundgaus) kann und soll hier nicht einmal in ihren Grundzügen rekapituliert werden. Im Großen muss kaum daran erinnert werden, dass diese Region mindestens seit den napoleonischen Kriegen eine lange Kette von Feldzügen und territorialen Umordnungen bzw. nationalen Neuzuordnungen über sich ergehen sah, deren grausame Höhepunkte die beiden Weltkriege des 20. Jahrhunderts bildeten. Auch dass zu der ideologischen Vorbereitung oder jedenfalls Untermauerung dieser letzten Kriege nicht zuletzt Volkskundler und Geographen beitrugen, indem sie verschiedentlich passende, ‚natürliche' Ordnungen des Raumes am Oberrhein postulierten, ist erforscht und bekannt.[2]

Einige speziellere Aspekte bzw. Produkte dieser Geschichte, die die Umgebung des Flughafens und die umliegenden Dörfer betreffen, sollen hier in aller Kürze jedoch erwähnt werden. Zunächst sind die materiellen Zeugen dieser kon-

---

1 *Regio TriRhena* ist zugleich der Name eines regionalen Wirtschaftsförderungsverbandes, dessen Rat Vertreter aus Körperschaften Südbadens, der Nordwestschweiz und des Départements Haut-Rhin angehören und der offiziell 1995 am symbolischen Ort des Flughafens gegründet wurde. Zu Vorläufern, Terminologie und räumlichen Bestimmung s. Schröder (2000, S. 3) sowie Leimgruber (1999, S. 208f.).

2 Zu nennen wäre hier aus gegebenem Anlass der Geograph und zeitweilige Rektor der Freiburger Universität, Friedrich Metz, der aus der postulierten „Einheit des Volkstums" in der Region deutsche Gebietsansprüche abzuleiten wusste (Metz 1925; Metz 1939, S. 398f.); auf französischer Seite spielte der heute weniger umstrittene Paul Vidal de la Blache eine wichtige Rolle, insbesondere mit seinem Werk *La France de l'Est* (Vidal de la Blache 1920 [1994], s. dort auch die Einleitung von Yves Lacoste). Zur Volkstumsforschung s. Fahlbusch (1999), zu Metz jüngst Seemann (2002, S. 172-180, mit weiteren Verweisen), vgl. zu der Auseinandersetzung auch Kaiser (1998, S. 397ff.).

fliktreichen Geschichte allgegenwärtig, von den Vauban'schen Festungsstädten, die Ludwig der XIV. erbauen ließ (u.a. Neuf Brisach), im weiteren Umkreis, bis zu den Überresten der Maginot-Linie, jenem vergeblichen Versuch, die mindestens seit dem 18. Jahrhundert empfundene „offene Flanke im französischen Sicherheitsdenken" (Deisenroth 2000, S. 18) mit viel Stahlbeton zu verschließen. Noch heute ist etwa die Landstraße (D 12^{b}) entlang des Flughafens zwischen Hégenheim und Blotzheim in beeindruckender Weise von militärischen Unterständen bzw. kleinen Bunkern gesäumt, die einst eine Widerstandslinie im *Secteur Fortifié d'Altkirch* bilden sollten (Wahl 1995). Anders als die ursprüngliche Maginot'sche Befestigung wurden diese Unterstände erst nach Beginn des Zweiten Weltkriegs fertig gestellt: Im unmittelbaren Grenzgebiet zur Schweiz hatte seit dem Wiener Kongress von 1815 der Neutralität wegen ein Befestigungsverbot gegolten, nach welchem „drei Wegstunden" (entsprechend ca. zwölf Kilometern) um Basel keine Befestigungsbauten erlaubt waren (ebd.). Aufgrund dieses Verbots lag etwa Hégenheim, einer der Orte, die heute am stärksten durch Fluglärm betroffen sind, schon im Ersten Weltkrieg in der ‚neutralen Zone', durch einen Elektrozaun vom Rest des Elsass getrennt; im Zweiten Weltkrieg wurden mehrere Dörfer des Gebiets sogar komplett in den Südwesten Frankreichs (u.a. nach Mézos/Landes) evakuiert, ein einschneidendes Ereignis, das einige Zeitzeugen in den Dörfern noch heute eindrücklich schildern können.

Zweitens, weiter gehend, ist diese konfliktreiche Geschichte mit ihren teils bizarren Verwerfungen in höchstem Maße in den Köpfen der Bevölkerung präsent, ganz sicher jedenfalls in den gedruckten Zeugnissen und Ausdrucksformen des Denkens von literarischen Arbeiten über wissenschaftliche Artikel bis zur Tagespresse. Das Elsass gilt nicht nur als französischer Erinnerungsort, als nationaler *lieu de mémoire*, und spezifischer als *mémoire-frontière*, an deren Schicksalsorte französische Politiker in geschichtsträchtigen Momenten der europäischen Integration gerne zurückkehren (Mayeur 1986). Die spezifische, vermeintliche oder tatsächliche Identität der Region bzw. ihrer Bewohnerinnen und Bewohner kommt in den meisten einschlägigen geographischen oder historischen Arbeiten zur Sprache (stellvertr. Kleinschmarger 1999; Wackermann 2000; s.a. Bischoff 1993, 1998; Rauh-Kühne 2001; Grandhomme 2002). Erst in jüngster Zeit ist etwa die Geschichte der zwangsrekrutierten Elsässer (*les ‚malgré nous'*) erneut in den Vordergrund gerückt worden, denen südwestlich von Straßburg eine neue Gedenkstätte errichtet wird; wenige Kilometer entfernt, nahe dem ehemaligen Konzentrationslager Struthof (Natzweiler), ist im November 2005 ein „Europäisches Zentrum des Widerstands und der Deportation" (*Centre européen du résistant déporté*) eröffnet worden.

Diese historische Aufladung der Region wird besonders dann relevant, wenn sie – überwiegend auf französischer Seite – Bezugspunkte für Interpretationen der gegenwärtigen Lage liefert. Dabei ist nicht nur an die politische Lage im engeren Sinne zu denken, die mit den mehrfachen Wahlerfolgen des rechten *Front National* und den fast schon zum Ritual gewordenen Ausschreitungen in den Vorstädten von Mulhouse und Strasbourg nach Deutungsangeboten verlangt. Auch die im Zuge der Europäisierung vielerorts gängigen wirtschaftlichen Verschiebungen und Verflechtungen erfahren hier häufig entsprechende Deutungen. So konstatiert etwa Rudolf Michna (2002, S. 136) in einer Studie über Wohnsitzverlegungen und Immobilienkäufe im südlichen Elsass, dass „der Zuzug von Deutschen in diesem *lieu de mémoire*, wo die Staatsgrenze aufgrund der geschichtlichen Reminiszenzen eine ausserordentlich hohe psychische und ideologische Bedeutung besitzt, aussergewöhnlich empfindsam registriert" werde.

Damit wären wir, drittens, bei der geschichtlichen und gegenwärtigen wirtschaftlichen Verflechtung des Raumes angelangt, mit der sich verschiedene Autoren während der letzten Jahre detailliert befasst haben (u.a. Krüger/Mohr 1991; Füeg 1997; Schröder 2000; Eder/Sandtner 2000; ADEUS 2000). Trotz einer stetig wachsenden Verknüpfung und gegenseitigen Durchdringung der Region zu einem „grenzüberschreitenden Wirtschaftsraum" (Schröder 2000), der insgesamt durch seine verkehrsgeographische Lagegunst und hochrangige Forschungs- und Technologieeinrichtungen gekennzeichnet werden kann, bleiben die nationalen Grenzen als „Sprungstellen der Ökonomie" (Eder/Sandtner 2000, S. 15) bis heute wirksam. Im vorliegenden Zusammenhang sind dabei besonders drei Faktoren zu nennen:

Erstens bewirkt das Arbeitsplatzangebot im Verbund mit den unterschiedlichen Lohnniveaus gerade im Bereich der Agglomeration Basel massive *Grenzgängerströme*, die ganz überwiegend in die Schweiz gerichtet sind, zur Zeit der Untersuchung etwa in der Größenordnung von 30.000 Pendlern aus dem Oberelsass zuzüglich etwa 5.400 nach (Süd-)Baden (vgl. Mohr 2000, S. 36, 28).[3] Zweitens werden vor allem im Elsass in beträchtlichem Maße *Immobilien* an Deutsche und Schweizer verkauft. Dies gilt besonders in den Regionen, die nahe an größeren Städten jenseits der Grenze liegen (Karlsruhe, Baden-Baden, Freiburg und Basel); hier liegen die Anteile der Käufe von Deutschen und Schweizern zum Teil über 50 Prozent (Michna 2000, S. 127). Drittens besteht ein beträchtlicher *Einkaufstourismus* in der Region auch für Güter des alltäglichen Bedarfs, der im unmittelbaren Umland von Basel in Form zahlreicher Supermärkte und *Outlet-Center* vor allem auf deutscher Seite sichtbar wird, aber auch viele Südbadener und Elsässer ins größere Basel zieht, Basler Schnäppchenjäger bis nach Freiburg und Freiburger Feinschmecker wiederum auf den Markt von Mulhouse etc.

Susanne Eder und Martin Sandtner haben diese Tendenzen pointiert in dem Satz zusammengefasst, ein „idealer ‚homo oeconomicus regionalis' würde aufgrund der bestehenden Gefälle im Elsass wohnen, in Deutschland einkaufen und in der Schweiz arbeiten" (Eder/Sandtner 2000, S. 24). Dem sind freilich nicht nur kulturelle und psychische Schranken gesetzt, schließlich bietet auch die EU-Außengrenze zur Schweiz bisher noch einige Hürden, was Arbeitserlaubnis und Wohnsitznahme anbelangt. Für unsere Zwecke jedoch in völlig ausreichender, qualitativer Weise fassen die Autoren die durch ökonomische Gefälle und rechtli-

---

3 Nach Daten der französischen Sozialbehörde, der Bundesanstalt für Arbeit und des Schweizer Bundesamtes für Ausländerfragen liegt die Zahl der elsässischen Pendler nach Baden insgesamt in der Größenordnung von 27.000, die Zahl badischer Pendler in die Nordwestschweiz bei 21.000 (vgl. *Badische Zeitung*, 14. Dez. 1999).

che Einschränkungen geformten, grenzüberschreitenden Ströme in der Regio TriRhena in der folgenden Abbildung prägnant zusammen.

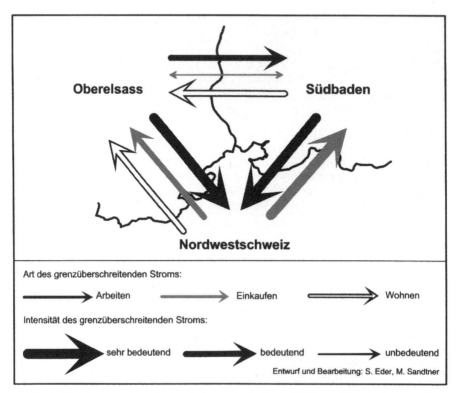

Abb. 1: Wichtige grenzüberschreitende Ströme in der Regio TriRhena (Eder/Sandtner 2000)

Was heißen diese nur kurz skizzierten Befunde für die Region, in welcher der Fluglärm am stärksten kritisiert wird? Im Einzelnen wird sich dies erst bei der Darstellung der Interviews ermessen lassen, die im Folgenden auszugsweise wiedergegeben und diskutiert werden. Darin scheinen die verschiedenen genannten Aspekte immer wieder auf. Vorab soll hier als Ausgangspunkt festgehalten werden, dass wir es im weiteren Basler Umland, in der so genannten *Trinationalen Agglomeration Basel* (TAB) mit einem Geflecht aus grenzüberschreitenden Beziehungen zu tun haben, das durch erhebliche historische Belastungen und ebenso erhebliche ökonomische Verwerfungen gekennzeichnet ist. Aktuell ist dabei eine bedeutende Arbeitsmigration der sichtbarste Faktor, und dies gilt ganz besonders für die grenznahen Gebiete in der Umgebung des Flughafens. Aus den Dörfern der Region pilgern alltäglich Tausende von Pendlern in Richtung Basel, was vor allem in den für viele kaum zu umgehenden Dörfern Hésingue, Hégenheim, Blotzheim und Bourgfelden jeden Morgen und Abend zu einem dichten Strom des Autoverkehrs führt, der sich zum Teil mitten durch die Ortschaften schiebt.

Und dieses Phänomen, darauf soll schließlich explizit hingewiesen werden, ist keineswegs nur den jüngeren ökonomischen Entwicklungen geschuldet. Vielmehr hat das über Jahrhunderte prosperierende und politisch vergleichsweise sehr stabile Basel schon seit langer Zeit enge ökonomische Bindungen ins deutsche, bzw. österreichische, markgräflich-badische, und ins französische „Hinterland"[4] gehabt, oft asymmetrische Bindungen, wie sie sich beispielhaft in der langen Tradition der in Basel tätigen Hausangestellten aus dem Wiesental verkörpert finden (vgl. Kaiser 1998, S. 393). Mit dem Beginn der Industrialisierung in der Region wurde Saint-Louis zur Arbeiterstadt, die Bahnstrecke St. Louis-Basel (1844) war Frankreichs erste grenzüberschreitende Bahnlinie und für die Schweiz die erste Bahnlinie überhaupt; allnächtlich wurde damals noch das eigens in die Ringbefestigung der Stadt eingefügte Eisenbahntor vor Sankt Johann geschlossen (vgl. Müller 1955): ein symbolträchtiger Vorbote jener Pore in der Grenzmembran, die heute die Zollstraße zum Flughafen bildet.

Über Blotzheim, auf dessen Gemarkung der Flughafen 1946 zu liegen kam, schreibt ein Lokalhistoriker Anfang des letzten Jahrhunderts, es sei damals eines „der gefälligsten und hübschesten Dörfer des Sundgaus" gewesen, „Mittelpunkt der Landwirtschaft im östlichen Sundgau ... in vortrefflicher Lage", in Sichtweite der „Türme und Thore der reichen Stadt Basel, die mit den nahen anliegenden Ortschaften ein Häusermeer bildet, über dessen endlose Ferne der Blick mit Bewunderung hinschweift" (Schmidlin 1906, S. 4f.). Und wir können dem Autor in dieser kursorischen Regionalskizze auch das vorläufige Schlusswort überlassen, das im metaphorischen Sinn bereits die Schatten ahnen lässt, die am Himmel über Blotzheim herannahen:

> „Ein gesunder, echter Bauernschlag, der mit Stolz auf seine angestammte Rechte hält, weilt in dieser friedlichen, aber vom Strom eines feindlichen Fortschritts immer mehr bedrohten Gegend [...]. Wer mit dem Abendzug von Basel nach Blotzheim kommt und das Heer der Arbeiter und Arbeiterinnen zählt, die täglich in den Fabriken von St. Ludwig ihr Brot verdienen, kann sich nicht verhehlen, mit wie raschen Schritten die ehedem so blühende Bauerngemeinde einem wesentlich veränderten Gepräge zueilt, welche Gefahren aber auch für das sittliche und religiöse Wohl des Dorfes am Horizonte stehen." (Schmidlin 1906, S. 8)

Zur Vorgeschichte des Konflikts

Am heutigen Ort liegt der Flughafen Basel-Mulhouse, wie gesagt, seit 1946, genauer seit dem 15. April 1946, als dort als erstes Flugzeug eine De Havilland *Leopard Moth* im Besitz der Basler Genossenschaft „Aviatik beider Basel" zur Landung niederging. Am Steuer der Maschine saß in Person von Charles Koepcke der langjährige Direktor des alten Basler Flugplatzes am Sternenfeld im Osten der

---

4   „... c'est à Riedesheim, aux environs de Mulhouse, que finit l'Alsace, dit-on, et que commence l'hinterland de Bâle", hieß es schon Anfang des Jahrhunderts wegen der engen geschäftlichen und familiären Bindungen der Basler Kaufleute in diesen Ort (Kaiser 1998, S. 394).

Stadt, und von dort kam der kurze Flug auch her (Peyer 1996, S. 32). Deutlicher hätte kaum zum Ausdruck gebracht werden können, dass dieser Flughafen vor allem ein Basler Flughafen ist, *der* zukünftige Basler Flughafen, der den alten, im Südosten der Stadt gelegenen ersetzen sollte.

Am Jahrestag der *Libération*, dem 8. Mai 1946, wurde die Anlage offiziell eingeweiht. In nur zwei Monaten war das Terrain präpariert und eine provisorische Metallpiste von französischen Arbeitern verlegt worden, zeitweise verstärkt von einem Kontingent deutscher Kriegsgefangener aus einem Lager bei Mulhouse (Schwarz 1947, S. 162). Von einem „Wunder" war angesichts der schnellen Fertigstellung die Rede – *le miracle de Blotzheim* –und in der Tat mutet es fast wie ein Wunder an, in welch kurzer Zeit hier ein Problem vorerst gelöst werden konnte, das die Basler Politik seit Ende der 1920er Jahre intensiv beschäftigt hat. In kaum einem Jahr waren die wichtigsten Verhandlungen in Paris geführt, ein Terrain bestimmt und eine Piste eingerichtet worden, eine späte Rettung in höchster Not, wie wir sehen werden, und dazu ein notwendiger Rückblick:

Das Flugzeitalter war in Basel wie anderenorts auch schon etwa um 1910 angebrochen, wie sich der ausführlichen Darstellung der frühen Schweizer Luftfahrtgeschichte von Tilgenkamp (1942) entnehmen lässt. Das erste Flugzeug, das überhaupt in Basel landete, war zugleich auch das erste, das aus dem Ausland in den schweizerischen Luftraum einflog; es kam hindernisreich aus Darmstadt über Baden-Oos gen Basel geflogen. Ein erster Flug durch die Regio! Theatralisch schildert Tilgenkamp die letzte Etappe dieses Flugs mit der erhebenden Ankunft:

> „Ein heftiges Gewitter zwang [den Kavallerie-Leutnant Theo Real] bei Heitersheim bei Freiburg i.B. neuerdings zu einer Notlandung und zum Abwarten bis in die Abendstunden. Just, als die Sonne mit ihren letzten Strahlen die Spitze des Münsters aufglühen ließ, schwebte die Maschine, als erstes Flugzeug, über der Stadt der vornehmen Bankiers am Knie des Rheins und landete auf dem Schlachtfeld bei St. Jakob an der Birs." (Tilgenkamp 1942, S. 150f.)

Der geplante Weiterflug über den Jura scheiterte – was nicht der Symbolik, sondern der Vollständigkeit halber erwähnt sei: Er endete ebenso kläglich wie glimpflich an einem Birnbaum nahe dem Unteren Hauenstein. Es sollte noch ein gutes Jahrzehnt dauern, ehe in Basel ein regelmäßiger und zuverlässigerer Flugverkehr beginnen würde. Ab 1923 wurde das bereits erwähnte ‚Sternenfeld' im Stadtteil Birsfelden von einer britischen Linie regelmäßig angeflogen, im Jahr darauf entstand unter Beteiligung der beiden Basler Kantone die Flugplatzgenossenschaft „Aviatik beider Basel" als erstes kommerzielles Flugplatzunternehmen der Schweiz (ebd., S. 349; Peyer 1996, S. 18). 1925 gründete sich schließlich mit der „Balair" eine eigene Basler Fluglinie.

Den Anstoß zu dieser Gründung hatte paradoxerweise eine deutsche Gesellschaft gegeben. Die „Badisch-Pfälzische Luftverkehrsgesellschaft" wollte im Sommer 1925 eine regelmäßige Verbindung auf der Linie Frankfurt – Mannheim – Karlsruhe – Baden-Baden – Freiburg – Basel etablieren und geriet damit in politische Schwierigkeiten, „weil dabei die entmilitarisierte 50-km-Zone rechts des Rheines überflogen werden musste und die Maschinen sich aus meteorologischen Gründen gelegentlich genötigt sahen, den Rhein zu überqueren und französisches

Gebiet zu überfliegen" (ebd., S. 349; vgl. a. Lanzenauer 1999, S. 42). Die Schweizer hatten dieses Problem nicht und so übernahmen die Basler zunächst eine Maschine der Gesellschaft in ein neues, eigenes Unternehmen. Ab 1926 entwickelte sich daraufhin ein ansehnlicher Linienverkehr von und nach Basel, und nur drei Jahre später gab es schon regelmäßige direkte Verbindungen nach Mannheim, Stuttgart, Zürich, Biel, Genf, Paris und Brüssel (Tilgenkamp 1942, Flugnetzpläne, o.S.).

Doch in diesem Jahr 1929 ergaben sich bereits weitreichende Probleme mit dem Flughafen. Die Flugpiste wurde für die neuen, schwereren Maschinen langsam zu kurz, vor allem aber verdichteten sich die Pläne, im Bereich des Sternenfeldes ein Kraftwerk und eine Schiffsschleuse zu bauen und unmittelbar oberhalb des Kraftwerkes anschließend einen neuen Rheinhafen. An eine Ausweitung des Flughafens, die hier technisch ohnehin kaum zu bewerkstelligen gewesen wäre, war nun nicht mehr zu denken und so begann die „fieberhafte Suche" nach einem geeigneten Ersatz, einem größeren Platz für den Flughafen, der auch für die projektierten zukünftigen Entwicklungen ausbaufähig sein sollte (Peyer 1996, S. 20f.).

„Es mag nur wenige Eingeweihte geben, die über die unendlich mühsamen und kräftezehrenden Anstrengungen für die Schaffung eines neuen Basler Flugplatzes ... Bescheid wissen", schreibt ein Chronist des Schweizer Flugwesen, der an den Entscheidungen als Präsident der Flugplatzgenossenschaft beteiligt war (Dietschi 1971 zit. n. Peyer 1996, S. 21). Umso dankenswerter ist die Tatsache, dass zu diesem Thema die (unveröffentlichte) Lizentiatsarbeit eines Basler Historikers vorliegt (Löw 1989), denn hier lassen sich einige Details jener „fieberhaften Suche" finden, die im Hinblick auf den späteren Standort durchaus von Interesse sind und die bisher nur selektiv rezipiert wurden, was die hier untersuchten Fragen betrifft.

In ihren Grundzügen kann die Suche nach einem neuen Flughafengelände in drei Phasen unterteilt werden, die sich als das Abstecken des Radius, die Konkretisierung und Diskussion einzelner Varianten und schließlich der offene politische Konflikt charakterisieren lassen. Sie sollen hier kurz im Blick auf spätere Debatten resümiert werden. Zunächst wurden bereits 1930 vom damaligen Flugplatzdirektor Koepcke drei Möglichkeiten für einen neuen Basler Flughafen in die Diskussion gebracht. Erstens wurde ein Projekt auf der *Hard* vorgeschlagen, einem großen, bis heute weitgehend geschlossenen Waldgebiet unmittelbar südöstlich des alten Flughafens auf dem Sternenfeld. Bemerkenswerter aus der regionalen Perspektive waren jedoch zunächst die beiden Alternativen, nämlich ein Projekt *Allschwil-Burgfelden*, das nordwestlich der Stadt großenteils auf französischem Gebiet zu liegen kommen sollte, und ein Projekt *Weil-Leopoldshöhe*, vollständig auf deutschem Gebiet (Peyer 1996, S. 21). In mehrere Richtungen wurden also bereits damals grenzüberschreitende Projekte anvisiert, die zwischenstaatliche Abkommen oder einen Gebietsaustausch vorausgesetzt hätten. Das Projekt in Deutschland erwies sich jedoch rasch als zu aufwändig und hätte wohl auch mit den dortigen Planungen der Zeit kollidiert, die vorsahen, den Bereich Leopoldshöhe zur neuen Ortsmitte zu entwickeln. Das Projekt auf der Hard hätte hingegen

Abholzungen in einer Größenordnung von 200 ha vorausgesetzt, so dass zunächst die Variante Allschwil-Burgfelden am erfolgversprechendsten schien. Zeitgleich mit der Entwicklung der Debatte um den Standort änderten sich jedoch auch die politischen Verhältnisse, und als die Basler Flugplatzgenossenschaft schließlich Mitte der 1930er Jahre diese Variante dem Bundesrat in Bern vorlegte, wurde dort wegen der aktuellen „handelspolitischen Probleme" mit Frankreich abgewunken (ebd.).

Nun kamen in einer zweiten Phase ab 1936 eine ganze Reihe zusätzlicher Varianten im Osten und Süden Basels ins Spiel, die uns hier nicht im Einzelnen beschäftigen sollen, zumal die meisten unter ihnen aufgrund topografischer oder meteorologischer Verhältnisse schon bald wieder ausschieden (vgl. Löw 1989, Peyer 1996). Zugleich wurden jedoch die Projekte in Allschwil-Burgfelden und auf der Hard in verschiedenen Varianten planerisch konkretisiert und stießen dabei auf neue Widerstände. Gegen das Projekt auf der Hard und besonders gegen die dort geplante Abholzung mobilisierten umgehend vor allem die Basler Sektionen des Schweizerischen Heimatschutzes und der (ebenfalls nicht-staatlichen) Schweizerischen Naturschutzkommission. Sie legten noch im selben Jahr in Bern eine Petition mit 12.000 Unterschriften vor und argumentierten in einer Eingabe an die Regierungsräte in Stadt und Landschaft Basel mit landesplanerischem Weitblick:

> „Mit fortschreitender Bebauung der Umgebung der Stadt Basel, der Gemeinden Binningen, Birsfelden und Muttenz nimmt die Notwendigkeit zu, bestimmte Landschaften, wie Wälder, Uferpartien, Aussichtspunkte usw. zu Schutzgebieten zu erklären und der Bevölkerung planmässig und dauernd als Erholungsgebiete zu erhalten, der Bebauung zu entziehen und den Bedürfnissen entsprechend zu erschliessen" (StABS Av C2a, zit. n. Löw 1989, S. 101)

Auch in Allschwil regte sich bereits Opposition. Eine Anfrage des Allschwiler Gemeinderats bei den Amtskollegen in Birsfelden hatte kein positives Bild der dortigen Erfahrungen ergeben: der Flugplatz beschränke die bauliche Entwicklung der Gemeinde, hieß es von dort, und außerdem seien auch die *Lärmimmissionen* als negativer Faktor in Rechnung zu stellen (Löw 1989, S. 28). Dieses Argument machte sich auch der Allschwiler Gemeindepräsident bald zu eigen und informierte den Baselbieter Regierungsrat im Jahr darauf, „der Verlust wertvollen Kulturlandes und die zu befürchtenden Lärmimmissionen seien für die ablehnende Haltung [der Gemeinde, MF] verantwortlich" (ebd.). In jedem Fall verlangte die Gemeinde einen ökonomischen Ausgleich. Neben einer Beteiligung am Flughafen wolle man auch einen Ausgleich für die zu erwartenden Steuereinbußen, die durch den Wegzug einkommensstarker Schichten zu erwarten seien — auch dies ein Argument, das uns später wieder begegnen wird. Unterstützung erhielten die Allschwiler von Quartiersvereinen aus dem Basler Westen, und wiederum wurde dabei der zu erwartende Lärm als ein Grund genannt, wobei besonders die notwendige Ruhe der Krankenhäuser und der psychiatrischen Klinik Friedmatt hervorgehoben wurde (ebd., S. 29).

Die Basler Regierung kam damit in eine schwierige Lage, und der Konflikt trat in seine entscheidende, dritte Phase. Das bevorzugte, grenzüberschreitende

Projekt war politisch kaum mehr opportun, auch wenn bis zum Kriegsbeginn immer wieder Vorstöße zur Verhandlung unternommen wurden. Neu aufgelegte, kleinere Varianten, die in Allschwil nur auf der Schweizer Seite gebaut werden sollten („Allschwil-Schweizerteil"), ließen umso weniger Begeisterung bei der dortigen Bevölkerung erwarten. So wurde nun doch wieder das Projekt auf der Hard favorisiert, in einer stark verkleinerten Variante („Hard C") und nur als „Übergangslösung" gedacht.

Während jenseits der Grenze der Krieg tobte, entwickelte sich in Basel nun ein ganz ziviler, aber dennoch erbittert geführter Kampf um den geplanten Flugplatz auf der Hard, der schließlich in einer Volksabstimmung endete. Die Befürworter schlossen alle Parteien mit Ausnahme des Landesrings der Unabhängigen ein, Redaktionsmitglieder aus allen vier damaligen Basler Tageszeitungen, die nationale Fluglinie Swissair (in der die Basler Balair inzwischen aufgegangen war) und viele Vertreter aus Industrie und Handel, zusammengeschlossen in dem *Aktionskomitee für den Flugplatz Hard C* (Löw 1989, S. 117f., Peyer 1996, S. 27). Die Gegner formierten sich wohl überwiegend aus den Kreisen, die schon früher für den Hardwald gekämpft hatten, ein Reigen von unterschiedlichen Vereinen, der von den Basler Sektionen der Naturforschenden Gesellschaft und des Bundes schweizerischer Pfadfinder und Pfadfinderinnen über den Ruder-Club bis zur Ornithologischen Gesellschaft reichte (Löw 1989, S. 101, Fn. 20). Ihr Zusammenschluss firmierte zunächst als *Komitee für einen Grossflugplatz und die Hard*, was verdeutlichen sollte, dass man sich mit dem Eintreten für den Erhalt des Hardwaldes keineswegs generell gegen die Idee eines „Großflugplatzes" für Basel stellte, sondern im Gegenteil gerade in der Zwischenlösung auf der Hard eine Sackgasse oder gar einen ‚Berner Trick' vermutete, um die diesbezüglichen Basler Ambitionen zu hintertreiben.[5] Bald benannte man sich jedoch um in *Basler Aktion*, was es anders motivierten Gegnern des Projekts erleichtert haben mag, sich anzuschließen. Denn umstritten war nicht „einzig der Standort", wie Löw (1989, S. 122) etwas missverständlich und entgegen der eigenen Darstellung summiert, sondern auch die fragwürdige Finanzierung des Vorhabens, die aus dem so genannten Arbeitsrappenfonds erfolgen sollte, einem 1936 in Basel eingerichteten Fonds, aus welchem vor allem im Baugewerbe Maßnahmen der Arbeitsbeschaffung zugunsten sozialer Institutionen finanziert werden sollten (Meier 1984). Dadurch kam auch die angesichts der Rezession ohnehin brisante soziale Frage ins Spiel, denn der zuständige Arbeitsbeschaffungsrat zweifelte seine Zuständigkeit für den Flughafen offen an. Die Arbeiter, so hieß es, seien für den Flughafen kaum zu begeistern:

> „Wir [Arbeiter] brauchen ihn nicht; wir fliegen nicht. Das ist ein Sport für Leute mit Geld. Und wenn man [die Arbeiter] auf die grosse Bedeutung des Flugplatzes für Handel und Industrie hinweist, so werden sie antworten: Dann soll nicht der Arbeitsrappen bezahlen." (Arbeitsbeschaffungsrat 1943, zit. n. Löw 1989, S. 54)

---

5 Die oberste Behörde der schweizerischen Zivilluftfahrt hatte sich in den 1930er Jahren gegen die Basler Pläne für einen Großflughafen ausgesprochen, nun aber die Hard C-Variante befürwortet, freilich unter ganz anderen Bedingungen (Löw 1989, S. 118f.).

Die beiden Komitees führten ihren Kampf mit Inseraten, Artikeln, Plakaten, Flug-schriften und Informationsveranstaltungen mit zunehmender Erbitterung, die kurz vor der entscheidenden Volksabstimmung noch dadurch gesteigert wurde, dass die wichtigsten Tageszeitungen (Basler Nachrichten, Arbeiter Zeitung und National-Zeitung) sich weigerten, Anzeigen der Gegner auf ihren Seiten zu drucken (ebd., S. 121, vgl. folgende Abbildungen 2 und 3).

Abb. 2: Propaganda zur Abstimmung über das Flughafenprojekt auf der Hard, 1943 (Schweizeri-sches Wirtschaftsarchiv, WWZ Basel, Verkehr D2). Die inserierte Graphik zeigt im Vordergrund die gefällten Bäumen des Hard-Waldes und dahinter das Basler Münster, dessen charakteristische Silhouette auch von heutigen Fluglärmgegnern in der Region noch als Emblem genutzt wird, so etwa vom „Forum Luftverkehr Basel-Stadt" (Bulletin 3 vom März 2001). Die optische Symbolik der in den Himmel ragenden Kirchtürme ist offensichtlich; mit Raymond Schafer (vgl. Kap. 1, S. 20f.) können wir zudem einen dezenten Hinweis auf die akustische Symbolik der Kirchenglocken erkennen, die historisch als Signallaute und *soundmarks* eine herausragende Rolle spielen.

Doch ging diese Rechnung am Ende nicht auf: Zum Schrecken der Befürworter und vor allem der (sozialdemokratischen) Regierung wurde das Hard C-Projekt von den Basler Wählern in der Abstimmung am 20. und 21. März 1943 in aller Deutlichkeit abgelehnt. Die von fast allen Parteien und der Regierung befür-worte Flugplatzvorlage erhielt nur 34 Prozent Zustimmung und wurde in jedem ein-zelnen Wahllokal der Stadt außer dem Rathaus klar verworfen, am deutlichsten in den ‚Arbeiterbezirken', in denen kaum ein Viertel für das Projekt stimmte (ebd., S. 123).

Die Basler Presse beklagte unisono mit dem Aktionskomitee diese herbe Nie-derlage, mit der Basels Rolle im „Nachkriegsflugverkehr" leichtfertig verspielt worden sei. Die Schuldzuweisungen waren noch kaum verstummt, so wurde bereits eine neue Expertenkommission ins Leben gerufen, die neue Zwischenlösungen prüfen sollte. Wiederum kam dabei Allschwil ins Spiel und mit dem Paradieshof oberhalb Binningens zudem eine weitere Variante im Basler Süden. Doch mit den Erfolgen der Alliierten rückte nun vermehrt auch die grenzüberschreitende Option „Allschwil-Burgfelden" wieder in den Blick, und man bemühte sich noch vor Kriegsschluss um neue Verhandlungen.

Abb. 3: Anzeige der Befürworter des Hard C-Projektes (und Gegner eines möglichen Flughafens im Raum Allschwil) im ‚Tagblatt' mit Datum der Abstimmung, in der u.a. bereits mit der Rettung der Ruhe im Basler Westen argumentiert wird (Schweizerisches Wirtschaftsarchiv, WWZ Basel, Verkehr D2).

Diese Verhandlungen wurden, wie oben erwähnt, nach dem Kriegsende in kürzester Zeit vom Erfolg gekrönt. Statt einem physisch grenzüberschreitenden Flughafen, dem lange Zeit bevorzugten Projekt Allschwil-Burgfelden, wurde in wenigen Wochen ein noch günstigeres Gelände auf französischem Boden gefunden, das östlich von Blotzheim ganz auf der Niederterrasse (der oberelsässischen Rheinebene) gelegen war und durch eine Zollstraße an Basel bzw. an die Schweiz leicht angebunden werden konnte.

Günstiger war diese Lösung nicht allein aus flugtechnischen Gründen (vgl. Peyer 1996, S. 29). Auch das ursprünglich anvisierte Projekt Allschwil-Burgfelden hätte eine erhebliche Verlängerung der Flugpisten nach Nordwesten in derselben Ausrichtung zu einem späteren Zeitpunkt erlaubt. In Richtung Süden bzw. Südosten wären bei der damaligen Besiedelung nicht mehr Anwohner in einer geraden Flugschneise gelegen als dies bei dem Blotzheimer Flughafen der Fall war. Es liegt daher nahe, noch einen zweiten Grund für die erneute Verlagerung in Betracht zu ziehen und damit zugleich die Quintessenz dieser Vorgeschichte zu ziehen. Zwischen 1929 und 1945 war in Basel der Standort des Flughafens zu einem „Politikum" (Rucht 1984) geworden. Lassen wir noch einmal Thomas Löw zu Wort kommen, der am Schluss seiner Ausführungen zusammenfasst:

> „Der Entscheid des Basler Stimmvolkes gegen einen Übergangsflugplatz hatte d[ie] möglichen ‚Flugplatzgemeinden' in ihrem Widerstand weiter bestärkt. *Die Sensibilisierung der Bevölkerung gegen* [sic] *einen Flugplatz war in den letzten zehn Jahren markant angestiegen, ihre Opferbereitschaft sukzessive zurückgegangen.* Dass ein Flugplatz [lokal] nur geringe wirtschaftliche Vorteile im Vergleich zu seinen Nachteilen bringen würde, war [inzwischen] allgemein bekannt. Da nun auch der Basler Souverän sich gegen den Übergangsflugplatz in der Hard gewendet und stattdessen einen Wald bevorzugt hatte, sah man in den Gemeinden der Landschaft [des Halbkantons Basel-Land] nicht ein, weshalb gerade sie nun in die Bresche springen sollten." (Löw 1989, S. 126f., Hv. u. Erg. MF)

Ein Flughafen auf Basler Gebiet wäre nun ganz sicher nicht mehr in wenigen Monaten zu haben gewesen, und zwar gleichgültig an welchem Ort. Das gilt auch für Allschwil, dessen Gemeinderat schon zehn Jahre zuvor seine Besorgnisse bezüglich des Lärms geäußert hatte. Der langjährige und aus mehreren Quellen gespeiste Konflikt hatte die Probleme, die ein Flughafen in Nähe der Stadt mit sich bringen würde, „allgemein bekannt" werden lassen: Eben diese Vorgeschichte und die daraus resultierende „Sensibilisierung" gab es in Blotzheim und der französischen Umgebung nicht. Zudem fehlten hier auch die entsprechenden institutionellen Möglichkeiten und sozialen Ressourcen, um ein solches Vorhaben abzuwehren, zumal in der schwierigen Situation unmittelbar nach dem Krieg. So galt damals wohl ganz besonders der Unterschied, den die *Neue Zürcher Zeitung* noch viele Jahrzehnte später anlässlich eines Konflikts um den Flughafen hervorhebt: „Auf französischer Seite können politische Entscheide rascher gefällt werden, in Basel müssen die demokratischen, oft zeitraubenden Verfahren eingehalten werden" (e.r., *NZZ* v. 24. Okt. 1990, S. 23).

Der ‚günstige Moment', der in allen Darstellungen beschworene *kairos*, der das *Wunder von Blotzheim* und damit den heutigen Flughafen Basel-Mulhouse möglich machte, war demnach nicht nur das erlösende Ende des Zweiten Weltkriegs und der Beginn einer neuen Ära der europäischen Kooperation. Spezifischer war er auch ein produktiver Effekt der konkreten zeitgeschichtlichen kulturellen *und* politischen Grenze, die im ganz genauen Sinne den *Diskurs über Flughäfen* sozial und geographisch zerteilte. Diese Teilung und die mit ihr verbundenen Ungleichzeitigkeiten und Asymmetrien würden sich auch in der weiteren Geschichte des Flughafens als produktive Größe erweisen, oder in Foucault'scher

Terminologie: als Machteffekte, die spätere Konflikte entscheidend prägen sollten.

Die weitere Geschichte des Flughafens Basel-Mulhouse am derzeitigen Standort ist von Peter Peyer (1996) angesichts des 50-jährigen Jubiläums in einem reich bebilderten Band dargestellt worden; dort finden sich zahlreiche Einzelheiten über das mühsame, nicht stetige, aber über die Jahrzehnte doch erhebliche Wachstum des Flughafens, über markante Einzelereignisse, technische Veränderungen und die einzelnen Etappen des Ausbaus. Andreas Walker (1995) hat zudem die ökonomische Bedeutung des Flughafens basierend auf einer Reihe von Expertenbefragungen ausführlich behandelt. Auf einige Facetten dieser Darstellungen wird im Folgenden noch einzugehen sein, soweit sie für die hier betrachteten Fragen direkt von Bedeutung werden. Insbesondere die späteren Konflikte um die verschiedenen Ausbaupläne und -etappen der 1960er und 1970er Jahre werden uns im Zusammenhang mit der Regulierung des Fluglärms genauer beschäftigen (vgl. Kap. 5).

Einführung und Methodik der Fallstudie

Die folgende Fallstudie untersucht die aktuellen Konflikte, die sich in den letzten Jahren um den Fluglärm im Gebiet des Flughafens Basel-Mulhouse entwickelt oder jedenfalls verstärkt haben. Diese aktuellen Konflikte lassen sich hier in einer ersten Annäherung kurz charakterisieren, um die folgenden Darlegungen leichter verständlich zu machen; die Annäherung soll an dieser Stelle jedoch nur sehr knapp und konsensorientiert erfolgen, um vorab möglichst wenig Färbungen in die später dargelegten Interpretationen hineinzutragen:

Der Flugverkehr am Flughafen Basel-Mulhouse hat im Lauf der 1990er Jahre stark zugenommen. So stieg die Zahl der kommerziellen Flüge von ca. 50.000 im Jahr 1990 auf über 120.000 im Jahr 2000. Sie liegt auch nach dem starken Einbruch des Flugverkehrs in den Untersuchungsjahren 2001 und 2002 mit gut 100.000 noch etwa doppelt so hoch wie Anfang der 1990er Jahre. Zugleich sind während dieser Zeit verschiedene bauliche Maßnahmen am Flughafen durchgeführt worden (neue Abfertigungsbauten, Verlängerung der ‚kleinen' Piste in Ost-West-Richtung). Schließlich wurden mehrfach Änderungen an den An- und Abflugrouten vorgenommen, wobei besonders die im Jahr 2000 vorgenommenen Verlagerungen von Korridoren bzw. virtuellen Funkfeuern sehr weitreichende Auswirkungen mit sich brachten. Damit stieg die am Flughafen erzeugte Schallenergie während der 1990er Jahre nicht nur insgesamt an, sie stieg auch sehr ungleichmäßig an, bzw. an einigen Orten im Umkreis des Flughafens sehr viel deutlicher als an anderen.

Verschiedene Initiativen, die teilweise schon seit vielen Jahren die Expansion des Flughafens kritisch begleiten, teilweise aber auch erst im Zusammenhang mit den jüngeren Entwicklungen entstanden sind, haben dies zum Anlass genommen, ihre Aktivitäten zu verstärken und durch Protestschreiben, Lobbyarbeit und öffentliche Aktionen die politische Aufmerksamkeit für ihre Anliegen zu vergrößern. Im Juni 2001 wurde eine Demonstration mit ca. 1.500 Teilnehmern aus dem näheren Umland am Flughafen durchgeführt; eine größere, explizit trinationale Demonstration war für den Oktober 2001 geplant (vgl. Abb. 4, folgende Seite); sie wurde jedoch aus Sicherheitsgründen in Folge der Ereignisse des 11. September 2001 vom zuständigen Präfekten des Département Haut-Rhin untersagt und bisher meines Wissens nicht wieder beantragt.

Parallel zu den Entwicklungen am und um den Flughafen Basel-Mulhouse verstärkten sich auch die Konflikte um den Fluglärm in der weiteren Region, nämlich im Bereich des größten Schweizer Flughafens in Zürich-Kloten, dessen Einflugschneisen und Warteräume sich zum Teil auch in den süddeutschen Raum (v.a. das deutsche Klettgau) erstrecken. Beträchtliche Aufmerksamkeit in den Medien erfuhren in diesem Zusammenhang vor allem die Bemühungen, in einem deutsch-schweizerischen Staatsvertrag zu einer einvernehmlichen Regelung zu finden, mit dem Ziel, die weitere Zunahme von Fluglärm im betroffenen Gebiet zu begrenzen und in bestimmten Zeiten wieder etwas zu verringern, ohne die Berechtigung der betreffenden Einflugschneise grundsätzlich in Frage zu stellen. Nachdem der im Jahr 2002 ausgehandelte Vertrag nicht die notwendige Zustimmung des schweizerischen Parlamentes fand, wurden im April 2003 einseitige Maßnahmen der deutschen Seite zur Begrenzung der Anflüge in Richtung Zürich in den Randstunden sowie an Wochenenden beschlossen, die bis heute Bestand haben. In Deutschland, vor allem aber in der Schweiz hat dieser Konflikt große Beachtung erfahren, wie sich etwa den führenden schweizerischen Tageszeitungen entnehmen lässt, auf nationaler Ebene weit größere Aufmerksamkeit als die Auseinandersetzungen um Basel-Mulhouse, nicht zuletzt weil das Wohlergehen dieses Großflughafens mit dem Schicksal der schweizerischen Luftlinie Swissair bzw. Swiss International Airlines eng verknüpft schien. Doch wie in einem Brennglas bündeln sich wesentliche Dimensionen des auf Zürich-Kloten bezogenen Konflikts auch in Basel und können dort in kleinerem Maßstab modellhaft betrachtet werden: die anhaltende Diskussion um verschiedene Varianten von An- und Abflug; die Frage, wie viel Flugverkehr hier insgesamt ökonomisch notwendig oder wünschenswert ist; und vor allem die Thematik der zwischenstaatlichen Verteilung von Fluglärm, die hier sogar drei Nationen ganz direkt betrifft.

Um die aktuellen Konflikte rund um den Flughafen Basel-Mulhouse, die damit grob umrissen sind, näher zu untersuchen, wurde eine qualitative sozialwissenschaftliche Erforschung durchgeführt. Sie sollte sich gerade auf diejenigen Gebiete und Fragestellungen erstrecken, die in der bisherigen Lärmforschung vergleichsweise wenig Beachtung gefunden haben. An die Stelle quantitativer, repräsentativer Befragungen, technischer Messungen oder verkehrsgeographischer Untersuchungen in planerischer Absicht trat der Versuch, den schwer fassbaren Gegenstand der Lärmbelästigung genauer auszuleuchten, indem vor allem den subjektiven Deutungen und Bedeutungszuschreibungen nachgegangen wird, indem die symbolischen Gehalte untersucht werden, die in diesen Konflikt eingehen und darin womöglich auch transformiert werden. Der Schwerpunkt sollte dabei auf der ‚Welt' der Fluglärmgegner liegen, wofür die theoretischen Forschungsinte-

Abb. 4: Flugblatt zur untersagten trinationalen Demonstration im Oktober 2001. Zu den zahlreichen Unterstützern des Aufrufs gehörten verschiedene Gemeinden, Bürgerinitiativen aus allen drei Ländern, Hauseigentümer- und Mietervereine, sowie regionale Sektionen politischer Parteien und größerer Umweltverbände (Verkehrsclub Schweiz, World Wide Fund for Nature).

ressen bzw. Vorüberlegungen sprachen, wie sie im vorigen Kapitel (2) im Hinblick auf Fragen der Umweltgerechtigkeit und der geographischen ‚Maßstäbe' dargelegt wurden.

Im Kern der empirischen Untersuchung standen mehr oder weniger ausführliche Interviews mit Personen, die sich im Zusammenhang mit den skizzierten Konflikten engagiert haben und sich bereit fanden, darüber zu sprechen. Die Interviews wurden grundsätzlich sehr offen und mit geringer Intervention von meiner Seite durchgeführt, sie sind im Sinne der üblichen Klassifikationen als semistrukturierte, problemzentrierte Interviews zu bezeichnen, insofern eine vorgegebene Orientierung durch allgemeine Fragen rund um den Fluglärm in dem Gebiet vorlag und den Befragten dieses Erkenntnisinteresse auch transparent war (vgl. Flick 1995, Bohnsack 1999, S. 20f., vgl. a. Crang 2002). Über die vorgängige Analyse der regionalen Presse und einiger leicht zugänglicher Verlautbarungen der einschlägigen Organisationen waren eine ganze Reihe von Deutungsmustern bereits bekannt: Gerade sie sollten jedoch von meiner Seite vermieden bzw. jedenfalls nicht von meiner Seite in die Gespräche eingebracht werden. So wurde insbesondere die Frage der Rolle unterschiedlicher Nationalitäten, nationaler Zuständigkeiten bzw. der Grenze überhaupt in den Gesprächen von meiner Seite nicht aufgebracht (außer versehentlich in einem Fall). Ebenso wurden Suggestionen, konkrete Nachfragen nach bestimmten Belästigungen, Ereignissen o. ä. generell vermieden, so weit die Pflege eines insgesamt freundlichen Gesprächsklimas von meiner Seite dies irgend zuließ. Das heißt, die gesamte Gesprächsführung orientierte sich von Seiten des Interview-Führenden daran, die jeweils befragte Person möglichst *ihre* Geschichte und *ihre* Sicht des Konfliktes darlegen zu lassen, Bezüge selbst herstellen zu lassen usw. Denn im offenen Interview geht es gerade darum,

> „die Befragten ein Thema in deren eigener Sprache, in ihrem Symbolsystem und innerhalb ihres Relevanzrahmens entfalten zu lassen; nur so können es die Interviewer(innen) und Beobachter(innen) vermeiden, in die Einzeläußerung Bedeutungen hineinzuprojizieren, die ihr nicht zukommen" (Bohnsack 1999, S. 21).

Dabei muss eventuell auch einmal hingenommen werden, dass bestimmte Dinge, die den Fragenden interessieren, nur kurz oder gar nicht zur Sprache gebracht werden. Die Dauer der Gespräche von meist über einer Stunde ließ jedoch genügend Raum für Wiederholungen, Abschweifungen, Pausen und allgemeine Nachfragen von dem Typus ‚Können Sie das genauer erklären?' oder ‚Können Sie diese Entwicklung bitte noch einmal zusammenfassen?', u.ä.

Eine spezifische Herausforderung ergibt sich angesichts der Themenstellung aus der besonderen sprachlichen Situation (vgl. Skelton 2001; Valentine 1997, S. 124). Gerade die durchaus bedeutungsvolle Frage der Grenze bzw. der Nationalität wurde durch meine Person implizit immer schon in die Gesprächssituationen hineingetragen, zumal in den Fällen, in denen es sich um Interviewpersonen aus der Schweiz oder aus Frankreich handelte. Probleme können sich dabei auf zwei Ebenen ergeben: Zum einen ist das kulturelle Hintergrundwissen des Interviewenden hier deutlich geringer, was sich schon im Laufe des Gesprächs auswirken kann, besonders aber der späteren Interpretation bestimmter Interviewpassagen von vornherein Grenzen setzt. Zum zweiten entsteht damit eine weitere Zuordnung der gesamten Interviewsituation, die in einzelnen Fällen spürbar strategisches Antwort- bzw. Erzählverhalten provoziert. Neben dem Etikett des ‚Wissenschaftlers' (und damit der Achse Wissenschaft – Laienwissen) brachte ich in den Gesprächen in Frankreich und der Schweiz auch das Etikett des ‚Deutschen aus Freiburg' mit und damit immer auch die Achse Nation – Region, und das, wohlgemerkt, auch ohne diese Dimensionen explizit durch meine Fragen ins Gespräch zu bringen.

,Dem Deutschen' wird in mancherlei Hinsicht Neutralität in dem konkreten Konflikt unterstellt, so mein genereller Eindruck, der sich in der folgenden Darstellung noch erhellen wird; die Stadt Freiburg wird allerdings vor allem von den deutschen Fluglärmgegnern aus dem südbadischen Raum etwas kritisch betrachtet, wie ich mehrfach zu hören bekam, weil jedenfalls die offiziellen Vertreter der Stadt als ‚Trittbrettfahrer' gelten, die sich aus Gründen des Renommees gerne mit dem Namen der Stadt am Flughafen beteiligen, ohne von dessen negativen Folgen spürbar berührt zu werden: „Es ist kein Problem für die Freiburger, so einen Flughafen zu unterstützen, weil: die profitieren nur davon" (Xm, Z. 460)[6], heißt es, oder: „Die tragen die Kosten nicht ... sie haben den Lärm nicht, die können einfach nur Werbung damit betreiben" (Vw, Z. 851). Und in einem Fall stieß auch ein französischer Gesprächspartner ins gleiche Horn. Es gebe reichlich Institutionen, die sich um den Flughafen scharten, ohne sich um den Lärm zu kümmern: „.... à Freiburg, il y en a beaucoup."[7] (VIIm, Z. 64).

Die resultierenden methodischen Probleme wären nur mit Verfahren ganz zu umgehen gewesen, die ihrerseits wieder Fragen aufwerfen, nämlich durch unterschiedliche, jeweils muttersprachliche Interview-Führende in den drei Ländern und ggfs. zusätzlich eine Verdunkelung der Herkunft bzw. des institutionellen Zusammenhangs der Untersuchung. Ein solches Vorgehen wäre nicht nur forschungsethisch bedenklich, auch scheint der erhebliche Aufwand hier kaum zu rechtfertigen und dies umso weniger, wenn man in Rechnung stellt, dass einige der Interviewpartner ursprünglich elsässisch sprechen, andere verschiedene alemannische Dialekte und wiederum andere ein schweizer-jurassisches Französisch, das Eingeweihte durchaus von ‚französischem Französisch' zu unterscheiden vermögen. Es kann in dieser Situation schon aus praktischen Gründen kaum darum gehen, den eigenen sprachlich-kulturellen Standort ganz unkenntlich zu machen. Wichtiger aber ist, dass dies auch aus theoretischen Gründen kaum wünschenswert ist, denn gerade im Falle der qualitativen Forschung wird die Produktion von „situiertem Wissen" (Haraway 1995) nicht nur in Kauf genommen, sie ist vielmehr integraler Bestandteil der Forschungsstrategie bzw. des Selbstverständnisses der Forschenden (Ley/Mountz 2001, Butler 2001; vgl. a. Merrifield 1995, Lossau

---

6   Zitierweise und Regeln zur Transkription der Interviews finden sich im Anhang erklärt.

7   In Freiburg gibt es viele davon. – Fremdsprachliche oder stark dialektgefärbte Zitate werden jeweils in einer Fußnote übersetzt, wobei Auslassungen, Sonderzeichen (wie Anschlüsse etc.) fehlen und auch keine An- und Abführungszeichen Verwendung finden.

2002). Mit akzeptablen Sprachkenntnissen im Französischen und Schweizerischen lässt sich die anfängliche Zuordnung im Gesprächsverlauf mildern, und letztlich muss das Vertrauen, nicht in dieser Zuordnung aufzugehen bzw. zu verharren, ohnehin jeweils in den einzelnen Gesprächen hergestellt werden (vgl. Bourdieu 1997). Im Ergebnis ergibt sich aus der sprachlichen Situation daher nicht mehr als die Mahnung zu einer gewissen Vorsicht bezüglich ‚tiefer' Interpretationsverfahren (vgl. u.).

Insgesamt wurden 34 Interviews unterschiedlicher Länge geführt. 18 dieser Interviews waren ausführliche Gespräche mit Engagierten oder ‚Aktivisten' im Bereich Fluglärm, die in der Regel zwischen 45 und 90 Minuten dauerten. Die Auswahl dieser 18 Personen erfolgte über gezielte Erstkontakte und weiter in einer Mischung des so genannten Schneeball-Prinzips (vgl. Valentine 1997, S. 116) mit Elementen einer überlegten, schrittweisen Auswahl (Flick 1995, S. 87f.). Ausgehend von vorhandenen Informationen und Unterlagen – im Wesentlichen aus Presse und Internet – wurde mit einer geringen Zahl von Informanten und Informantinnen begonnen und von dort mit Empfehlungen, neuen Informationen etc. weitergearbeitet. Erste Erkenntnisse und offene Fragen aus den Gesprächen konnten so in der weiteren Auswahl bereits berücksichtigt werden; dabei wurde darauf geachtet, dass im Ergebnis die Geschlechter annähernd gleich vertreten sind, dass möglichst verschiedene soziale Lagen und Altersgruppen Berücksichtigung finden und dass das Gebiet auf allen Seiten des Flughafens einigermaßen gleichmäßig abgedeckt wird. Dies geschah nicht etwa in der Absicht, eine repräsentative Gruppe aus der Bevölkerung rund um den Flughafen, oder auch nur aus den Reihen der Fluglärmaktivisten zu bilden, sondern in der Annahme, dass gerade eine möglichst diverse Gruppe zu einer vielfältigeren und interessanteren Exploration führen würde, die das Verständnis der Situation vertiefen könnte bzw. im Sinne der theoretischen Perspektive einen möglichst weiten Einblick in das symbolische Universum der Personen erlaubt, die sich in der Region für eine Begrenzung des Fluglärms engagieren.

Die anderen 16 Interviewpersonen sollten diese Auswahl von Engagierten ergänzen: hierunter finden sich einerseits Vertreter und Vertreterinnen verschiedener Berufsgruppen, die mit dem Flugverkehr zu tun haben (Speditionswesen, Reiseveranstalter, Mitarbeiter der Flughafenverwaltung u.ä.), andererseits verschiedene Menschen aus der Region, die im Umkreis des Flughafens wohnen, ohne sich erkennbar mit dem Fluglärm zu befassen. Letztere wurden zufällig in dem Sinne ausgewählt, als sie von mir meist unbekannterweise auf der Straße, im Garten oder in öffentlichen Einrichtungen angesprochen wurden und sich dann zu einem längeren Gespräch bereit fanden.

Zu allen Interviews wurden möglichst genaue Notizen gefertigt; die ausführlichen Gespräche mit Personen der zuerst genannten Gruppe wurden großenteils mit einem handelsüblichen Diktiergerät aufgenommen und vollständig transkribiert, woraus sich ein Textkorpus von ca. 320 Seiten ergibt (14 Interviews, darunter sechs in französischer Sprache, acht in schweizerdeutsch und deutsch; vgl. nähere Informationen im Anhang). Die Interpretation dieser Texte wurde in einem mehrschrittigen Verfahren vorgenommen, das im Wesentlichen aus einer sowohl am Inhalt wie am Gesprächsverlauf orientierten Sequenzierung sowie der nachfolgenden genaueren Analyse einzelner Passagen bestand. Das Vorgehen orientierte sich dabei an theoretischen Überlegungen, wie sie in verschiedenen Bereichen der sozialwissenschaftlichen Hermeneutik verbreitet sind, so vor allem in der wissenssoziologisch inspirierten dokumentarischen Methode (Bohnsack 1999, Kap. 3) und in neueren Varianten der Diskursanalyse (Keller 1997). Im humangeographischen Kontext sind die grundlegenden Prinzipien der qualitativen Interpretation jüngst von Crang (1997), Jackson (2001), Dwyer/Limb (Hg., 2001) und anderen dargelegt worden; Baxter/Eyles (1997) haben in diesem Zusammenhang die Probleme einer angemessenen methodischen Kontrolle thematisiert. In der ‚reflektierenden Interpretation' wurde im vorliegenden Fall nicht nur nach inhaltlichen Kriterien vorgegangen, sondern in Anlehnung an Bohnsack (1999, S. 150ff) auch jenen Passagen besondere Beachtung geschenkt, die sich durch große metaphorische Dichte auszeichneten („Focussierungsmetaphern"), sowie den „Vergleichs- und Gegenhorizonten" der Gesprächspartner, innerhalb derer das Thema situiert und abgehandelt wird. Dies wird sich besonders deutlich in den Abschnitten zeigen, welche der Rekonstruktion der ‚sozialen Lärmsituationen' und der ‚Sphären der Bedeutung' gewidmet sind (Kap. 4 u. 6).

Die Interpretation wurde dabei insgesamt relativ vorsichtig und möglichst transparent vorgenommen. Dies findet sich in der Darstellung insofern wieder, als in der Regel auch dort erkennbar in mehreren Schritten vorgegangen wird; zunächst werden dabei eng am transkribierten Text die naheliegenden Bedeutungsgehalte eruiert, ehe eine etwas weitere Situierung der Passage im Gesprächsverlauf und sodann im ‚Diskurs' des Fluglärms erfolgt. Erst dann fließen zusätzliche theoretische Überlegungen in die Interpretationen ein. Aufgrund der oben diskutierten Probleme beschränke ich mich bei der vertieften Interpretation vor allem bei den fremdsprachlichen Zitaten, wo schon die textliche Arbeit mit zusätzlichen Risiken behaftet ist und erst recht die weitere kulturelle Situierung größere Probleme aufwirft. In kritischen Fällen wurden jeweils muttersprachliche und kulturell besser vertraute Personen zu Rate gezogen, um die Plausibilität eigener Interpretationen abzusichern.

4 Lärmsituationen

Bei einer Annäherung an den Gegenstand Fluglärm auf Basis der Interview-Transkripte fällt zuerst auf, dass der Lärm für sich genommen darin überhaupt nur wenig beschrieben oder genau qualifiziert wird. So hält sich beispielsweise die Zahl der einschlägigen Substantive ebenso in Grenzen wie die Attribute und die Häufigkeit ihrer Verwendung. Meist ist im Deutschen einfach von „Lärm" die Rede, seltener von „Krach" oder vereinzelt von „Geräuschen", die durch verschiedene Adjektive von „störend" über „unglaublich" bis „nervtötend" näher spezifiziert werden. Oft heißt es auch nur schlicht, es sei „laut" oder „sehr laut". Vergleichbar wird im Französischen meist von „bruit" und „bruyant" gesprochen, manchmal eher technisch von „nuisances sonores" oder „gêne sonore", klanglichen Störungen im engeren Sinne. Und auch hier sind die Attribute wenig überraschend oder spezifisch, jedoch im Einzelnen etwas stärker: „pas supportable" (nicht erträglich) oder „intenable" (un[aus]haltbar) hieß es mehrfach, „effroyable" (schrecklich), immerhin zweimal auch „infernal" (höllisch). Wohl ist der Lärm als Gegenstand insgesamt schwer zu fassen und zu beschreiben, oder spezifisch zu charakterisieren. Doch wurde dies ja in den Gesprächen nicht direkt verlangt oder herausgefordert, und es muss daher auch nicht angenommen werden, dass dies von den Sprechenden überhaupt angestrebt wurde. Naheliegender ist die Annahme, dass der Lärm gar nicht als weiterer Qualifikation oder Erläuterung bedürftig angesehen wird. Da ist Fluglärm, es ist schlicht und einfach zu laut: was gibt es da genauer zu erklären oder wortreich auszumalen?

Eine weiter gehende Analyse, die sich von den einzelnen Wörtern entfernt und die entsprechenden Gesprächspassagen und jeweiligen inhaltlichen Kontexte in den Blick nimmt, fördert jedoch zutage, dass der Fluglärm auf andere Weise näher bestimmt wird. Und zwar geschieht dies zuerst und vor allem durch eine Situierung der Lärmereignisse, durch örtliche und zeitliche Referenzen. Diese Referenzen oder Bezugspunkte sollen auf den folgenden Seiten bestimmt werden; im Anschluss daran erfolgt eine detailliertere Interpretation einzelner Sequenzen, die den sozialen Gehalt des Fluglärms weiter verdeutlichen wird. Im Begriff der *sozialen Lärmsituationen* werden diese Erkenntnisse vorläufig gefasst.

Orte und Zeiten des Lärms

Eine der häufigsten *örtlichen Referenzen* bei denjenigen, die sich gegen den Fluglärm organisieren, ist zunächst der Garten bzw. Balkon oder Terrasse. So berichtet etwa ein Lehrer, der seit vielen Jahren in einem Dorf westlich des Flughafens lebt, von den Einschränkungen, die durch den Fluglärm verursacht werden:

> Ja, das ist nicht nur das draußen Essen. Also, sie können
> einfach den Garten als Raum nicht mehr benützen. Wenn sie
> fliegen, wenn's losgeht, dann geh ich rein. Ich kann z.B.
> meine Korrekturen draußen nicht machen. Ich hab da unten
> einen Balkon und einen Tisch. Sehr oft habe ich [früher]
> meine Korrekturen dort gemacht und hab' das genossen, aber
> das können Sie nicht mehr, Sie können sich nicht mehr kon-
> zentrieren. Und dann komm ich 'rein, ich schließe Türen und
> Fenster, und das ist natürlich im Sommer sehr, sehr stö-
> rend. Und dann ist von morgens 6 Uhr bis abends 10 Uhr, 10
> Uhr 30, 11 Uhr, da gibt's eine Menge von Flügen, die eben
> nicht richtig fliegen, weil sie keine Einrichtung haben.
> Oder, alle die anfliegen, südwärts, die fliegen ohne Anlei-
> tung, Supervision. (XVm, Z. 441-451) [1]

Der Platz an dem Tisch auf dem Balkon wird in zweifacher Hinsicht zugleich auch *zeitlich* situiert, nämlich im Tagesverlauf, während bestimmter Abschnitte des Tages, sowie in den Jahreszeiten, hier in Gestalt des Sommers. Diese Kombination von Garten/Terrasse und Sommer taucht immer wieder auf, so auch bei einer Frau, die seit Langem viel weiter entfernt vom Flughafen im Markgräfler Land lebt, und dort seit einigen Jahren mehr und mehr von Fluglärm gestört wird. Sie nimmt die explizit subjektive Definition der Störung zum Ausgangspunkt ihrer Überlegungen und kontrastiert ihre Bedürfnisse schließlich mit denjenigen eines Nachbarn, der sich durch den Fluglärm nicht stören lässt, indem er sich, um in der gewählten Terminologie zu bleiben, materiell anders situiert:

> Auf diese ganzen Lärm-Mess-Diskussionen da darf man sich
> gar nicht so einlassen. Das ist einfach [die Frage]: Beläs-
> tigt es mich oder nicht? Und dieser Motorenlärm [der Flug-
> zeuge], der ist so herausragend, weil sonst hier einfach
> nix los ist. Und im Sommer kriegt man den natürlich beson-
> ders gut mit. Hier ist ja alles recht gut isoliert, aber
> wenn sie direkt hier rüberfliegen, dann hör ich's, aber
> z.B. das Phänomen, dass sich die Hauptaktivitäten weiter
> südlich von uns abspielen, das höre ich natürlich bei ge-
> schlossenem Fenster nicht. Aber ich hab ja auch einen gro-
> ßen Garten und den wollte ich eigentlich nicht in der Ein-
> flugschneise haben.
> (MF:)   Ja, man sieht ja auch diese ganze Situa-
> tion hier [der Wintergarten, in dem das Gespräch geführt
> wird] ist sozusagen offen.
>   Ja, man möchte ja nicht auf dem
> Dorf wohnen und dann eingebunkert sein. Und Lärmschutzfens-
> ter brauch' ich da auch nicht, und alles zuhalten.(P,2)
> Aber es ist hier so ein Nachbar, der kommt hier aus dem
> Dorf und hat in Eigenarbeit ein Riesen-Haus hingestellt,
> also alle Achtung, und wenn man den darauf angesprochen

---

1   Zur Darstellung der Interviewauszüge siehe die Angaben im Anhang. Französische (und in einigen Fällen schweizerdeutsche) Zitate werden jeweils in einer Fußnote sinngemäß übersetzt, sprachliche Feinheiten bei genaueren Interpretationen ggf. im laufenden Text diskutiert.

```
hat: Hey, ist dir das nicht auch aufgefallen? Also dem ist
nichts aufgefallen: Ja, i hann e Huus, nach de neueschte
Gesichtspunkte isoliert, des macht mir nix aus! [(lacht)]
(IVw, Z. 455-474)
```

Etwas variiert tauchen diese Elemente wiederum in der Erzählung eines Rentners auf, der sein ganzes Leben in einem elsässischen Dorf unmittelbar am Flughafen verbracht hat und dessen Entwicklung schon seit drei Jahrzehnten kritisch begleitet. Er nimmt die bekannte Situierung als Ausgangspunkt seines Berichts über die Anfänge des politischen Engagements in der Region:

```
Oui bon, c'est très ancien. Les bruits - les gens ont tou-
jours été un peu gênés puisqu'on est en campagne, on vit
beaucoup dehors, donc notamment l'été on est dehors, on a
les fenêtres ouvertes, on a donc toujours été sensibles aux
bruits. Maintenant il y a eu, je pense que je ne peux pas
vous dire les dates exactes, mais la première sensibilisa-
tion importante ça a été lors du projet d'allongement de la
piste [dans les années 1970]. [...] Et donc c'est là qu'on
a eu les premières documentations et où la population, on a
à ce moment-là commencé à réagir un peu plus coordonné, si
vous voulez. (VIIm, Z. 8-23)[2]
```

Der Sommerabend im Freien und die häufig offen stehenden Fenster werden hier quasi als Vorbedingung formuliert, als Zustand der Empfindsamkeit oder der Hellhörigkeit, von der ausgehend die soziale Energie mobilisiert wird, sich zu informieren und zu koordinieren. Im selben Gespräch wird später auch hier die Terrasse noch eingeführt, wiederum im Sommer, des Abends, nun ausgehend von der kurzen Nachtruhe, die der Flughafen gönnt:

```
Pour l'aéroport la nuit c'était de zéro a cinq heures du
matin, quoi, à cette époque-là. Or, pour dormir normalement
c'est pas cette phase qui est suffisante. Alors que le soir
entre dix heures et vingt-quatre heures, ou vingt heures et
vingt-deux heures, il y a quand même énormément de départs.
Et encore l'été quand on était au soir à la terrasse, il y
a plein d'appareils, c'était bruyant donc et gênant à ce-
moment-là. (VIIm, Z. 123-127)[3]
```

---

2   Ja, gut, das ist eine alte Sache. Der Lärm - die Leute waren schon immer ein bisschen gestört, da wir auf dem Land sind, da lebt man viel draußen, also vor allem im Sommer ist man draußen, da hat man die Fenster offen, wir waren daher immer schon geräuschempfindlich. Nun gab es, ich glaube ich kann Ihnen da nicht die exakten Daten nennen, jedenfalls die erste wichtige Sensibilisierung gab es anlässlich des Projekts zur Pistenverlängerung [in den siebziger Jahren]. [...] Und da haben wir die ersten Unterlagen bekommen und da hat die Bevölkerung, hat man zu dem Zeitpunkt begonnen, ein bisschen koordinierter zu reagieren, wenn Sie [so] wollen.

3   Für den Flughafen war die Nacht von null [Uhr] bis fünf Uhr morgens, nicht wahr, zu der Zeit damals. Zum Schlafen ist das normalerweise nicht eine Dauer, die ausreicht. Zumal abends zwischen zehn Uhr und 24 Uhr, oder 20 Uhr und 22 Uhr, da gibt es schließlich enorm viele Starts. Und dann im Sommer, wenn man abends auf der Terrasse war, da gibt's jede Menge Maschinen, das war laut und störend, dann [in diesem Moment].

Der letzte Satz dieses Zitats bringt die Situierung auf den Punkt und unterstreicht im allerletzten Satzteil genau deren Effekt – der Sommerabend auf der Terrasse ist, wenn und da man draußen ist, nicht nur laut, sondern auch gestört, in genau diesem Zusammentreffen: „...à ce-moment-là".

Ein weiterer Ausschnitt aus einem Gespräch betont wiederum Ort und Zeit in einer nur leicht abgewandelten Variante, in der explizit die *Wochenenden* hervorgehoben werden. Die Interviewpartnerin führt dabei aber noch ein weiteres Zeit-Motiv ein, das sich auch häufig in anderen Zusammenhängen findet, nämlich den Abstand bzw. *Takt* der Flugzeuge. Das Gespräch findet in der Küche statt und dreht sich gerade um neue Flugrouten, als es durch ein lautes Flugzeug unterbrochen wird:

```
Vous entendez là, hein? Vous entendez? Et on est dedans, on
a des doubles vitrages. Si vous êtes sur la terrasse le sa-
medi après-midi, ou dimanche après-midi, à partir de quatre
heures c'est comme ça toutes les 30 secondes.
(MF:)                                            Oui, alors,
alors ça veut dire [p,1]
                       Je peux vous montrer quand on va
regarder [(steht auf, geht zum Fenster und zeigt)] quand on
a un grand trafic, vous êtes là sur la terrasse, les samedi
après-midi, en principe vous voyez un avion là-bas au bout
[(zeigt nach rechts)], et quand il est là [(zeigt nach
links)], le suivant est déjà là-bas [(zeigt wieder nach
rechts)].(Iw, Z. 55-62)⁴
```

Sommer, Terrasse oder Garten, Wochenende oder Feierabend, diese oder ähnliche Situierungen tauchen in sehr vielen Gesprächen auf, und man kann in dieser Situierung eine erste soziale Präzisierung des Fluglärms finden. Der Fluglärm bricht in bestimmte, mehr oder weniger eng definierte Raum-Zeit-Situationen ein. Prototyp dieser Situationen ist der sommerliche Nachmittag oder Abend auf der Terrasse.

Implizit oder explizit wird dabei ein *Gegenhorizont* entworfen, der mit der lärmigen Situation kontrastiert und stark positive, sinnliche Konnotationen hat. Ein Bild aus dem zuletzt zitierten Gespräch, das in einem Dorf sehr nahe am Flughafen stattfand, bringt dies deutlich zum Ausdruck:

```
Oui, franchement, quand vous regardez dehors, c'est le pa-
radis. On est vraiment bien, je veux dire avec [cela?:] on
est dans les champs, on est tranquille, il y a juste ce
bruit d'avion. Autrement c'est vraiment super. (Iw, Z. 201-
203)⁵
```

---

4   Hören Sie das, hä? Hören Sie? Und wir sind drinnen, wir haben Doppelfenster. Wenn Sie auf der Terrasse sind am Samstagnachmittag, oder Sonntagnachmittag, dann ist das ab vier Uhr alle dreißig Sekunden so. / MF: Ja, also das heißt... / Ich kann Ihnen zeigen, wenn wir schauen gehen, [also] wenn da großer Verkehr ist, und Sie sind da auf der Terrasse, Samstag nachmittags, sehen sie im Prinzip ein Flugzeug da am Ende [[zeigt nach rechts)], und wenn es dort ist ([zeigt nach links)], ist das Folgende schon [wieder] da [[zeigt wieder nach rechts)].

5   Ja, offen gesagt, wenn Sie rausschauen, das ist das Paradies. Wir haben es wirklich gut, damit

Einzig der Fluglärm stört hier das „Paradies". Ansonsten *„on est tranquille"*, was selbsterklärend wäre, wenn man es nur akustisch zu verstehen hätte. Aber wie vergleichbare Wendungen im Deutschen kann das auch im Französischen etwas mehr heißen: Ansonsten haben wir unsere Ruhe hier, leben wir hier in Frieden, haben wir hier keine Probleme.

Und auch noch viel weiter entfernt, im Markgräfler Land, werden ähnlich friedliche und zufriedene Gegenhorizonte entworfen, mit den klassischen Elementen einer vormodernen Klanglandschaft hoher Klangtreue, einer „Hi-Fi-Lautsphäre", wie sie Schafer beschrieben hat. Die dramatische Wende folgt hier gleich auf dem Fuße:

> Ich glaube, da war ich mal beim Unkrautjäten und dann hab
> ich gedacht: Mein Gott, ist das herrlich hier - die Vögel,
> die Kirchturmuhr und der Wind in den Blättern. Und dann
> ging's hier [los], ganz deutlich, also wo mir's schlagartig
> auffiel, das war Mai 2000. Immer so Wellen, also so mittags
> um zwölf oder nachmittags um vier, immer so eine halbe,
> dreiviertel Stunde, einer am anderen, so Drei-Minuten-Takt.
> Und der Grund war, da sind wir erst hinterher drauf gekom-
> men, da wurde Bremgarten aufgelöst und das war ja früher
> eine Sperrzone, und dann konnten die das nicht nutzen, und
> dann war die Sperrzone aufgelöst und dann hat sich für die
> das ganze Markgräfler Land erschlossen. (IVw, Z. 7-16)

In diesem Zitat finden wir den oben erwähnten Takt der Lärmereignisse noch einmal wieder, ergänzt um die Benennung des größeren Rhythmus' im Tagesverlauf, nämlich der Wellen, die morgens, mittags, und abends eine Verdichtung des Lärms bringen. Vor allem aber finden wir hier ein geradezu klassisches literarisches Motiv in dem ,schlagartigen' Umkippen der friedlichen Situation.

Der Historiker Leo Marx hat in seinem in methodischer und thematischer Hinsicht immer noch lesenswerten Buch *The machine in the garden* (1964) gezeigt, wie eine Reihe der führenden amerikanischen Schriftsteller des 19. Jahrhunderts die Werte eines vorindustriellen „pastoralen Ideals" beschworen, und in ihren Beschreibungen verschiedentlich akustische Signale der Moderne eine entscheidende Rolle spielten (vgl. Bijsterveld 2001). Besonders der Pfiff der Lokomotiven stand dabei für das aggressive Hereinbrechen der industriellen Welt in die ländliche Idylle. So schreibt etwa Nathaniel Hawthorne (1844) in einer paradigmatischen Passage, wie er am Rande einer Waldlichtung sitzend aus seinen entspannten und beglückenden Beobachtungen, aus Gerüchen und Geräuschen brutal herausgerissen wird. Die Klanglandschaft, die er dabei evoziert, entspricht ganz derjenigen, die oben Raymond Schafer beschrieben hat (vgl. Kap. 1): Neben den Geräuschen der Vögel und Insekten gehören durchaus auch ,traditionelle' anthropogene Geräusche zur angenehmen und friedlichen akustischen Welt, die erst durch die Errungenschaften der modernen Technik jäh zerrissen wird:

---

will ich sagen: wir sind auf dem Land, wir haben unsere Ruhe, es gibt nur diesen Flugzeug-
lärm. Ansonsten ist es wirklich super.

„A bird is chirping overhead, among the branches... . Insects are fluttering about. The cheerful, sunny hum of the flies is altogether summerlike. ... Now we hear the striking of a village-clock, distant, but yet so near that each stroke is distinctly impressed upon the air. This is a sound that does not disturb the repose of the scene; ... we hear at a distance mowers whetting their scythes; but these sounds of labor, when at a proper remoteness, do but increase the quiet of one who lies at his ease, all in a midst of his own musings. There is the tinkling of a cow-bell – a noise how peevishly dissonant, were it close at hand, but even musical now. *But, hark!* There is a whistle of the locomotive - the long shriek, harsh, above all other harshness, for the space of a mile cannot mollify it into harmony. It tells a story of busy men, citizens, from the hot street, who have come to spend a day in a country village; men of business; in short of all unquietness; and no wonder that it gives such a startling shriek, since it brings the noisy world into the midst of our slumbrous peace." (Hawthorne 1844 [1972], S. 246-249, Hv. MF)

Dieses Motiv bleibt noch weit ins 20. Jahrhundert hinein aktuell, und wenn Hawthorne hier auch nur von einer ganz bestimmten, damals noch jungen Erfindung spricht, der Eisenbahn, so geht es doch in einem weiteren Sinne um die Bedrohung der ländlichen Welt als Ganzes, und zwar um deren moralischen Wert, in Leo Marx' Worten „nicht einfach um die ländliche Ökonomie, sondern um ihre behauptete moralische, ästhetische, und in gewissem Sinne metaphysische Überlegenheit gegenüber den städtischen, kommerziellen Kräften, die sie bedrohen" (Marx 1964, S. 99, Üs. MF).

In diesem Zusammenhang ist erwähnenswert, dass die Interviewpartnerin, von der das längere Zitat mit dem „schlagartigen" Wechsel von angenehmer Ruhe zu den Lärmwellen stammt, betont, sie und ihr Mann hätten das Leben auf dem Lande gerade wegen der größeren Ruhe gewählt:

```
Wir haben uns bewusst entschieden, aufs Land zu gehen, ein-
fach weil man da diesen Lärmpegel, den man immer hat in der
Stadt, ich den hier nicht habe. (IVw, Z. 5-7)
```

Dies war allerdings eine Ausgangslage, die mir in den Gesprächen nur selten begegnet ist, dass also vorgängige Lärmerfahrungen oder der generelle Lärm der Stadt dazu geführt hätten, überhaupt erst in die Gegend zu ziehen. Dementsprechend ist in solchem Fall auch die Sensibilität besonders hoch – das mag übrigens in gewisser Weise auch schon auf die ‚Erfinder' dieses Motivs von Thoreau bis Hawthorne zutreffen, die in ihre nordamerikanischen ländlichen Welten zivilisationskritische Gedanken bereits mit einbrachten. Der Gegensatz von Stadt und Land, auf den die zitierte Passage Bezug nimmt, wird uns später noch in anderem Zusammenhang beschäftigen, vor allem im Hinblick auf die Verteilung von Risiken. An dieser Stelle bietet er zunächst den Anlass, auf eine bemerkenswerte Leerstelle hinzuweisen, die in den Gesprächsprotokollen festzustellen ist. Obwohl ein Großteil aller Gespräche in Dörfern stattfand, spielt ‚das Dorf' in der Beschreibung der Lärmereignisse fast keine Rolle. Dasselbe gilt für ‚mittlere' räumliche Einheiten wie etwa die Straße, ein Quartier, den Dorfplatz oder ähnliches. Vereinzelt tauchen zwar Formulierungen auf wie „sie fliegen auch direkt übers Dorf" (Vw, Z. 106), doch werden daran nicht die dramatischen Beschreibungen von Lärmerfahrungen geknüpft, wie wir sie bereits gesehen haben. Nachdem dieser geringe Bezug zum Dorf, zum erweiterten Wohnort und zu öffentlichen Plätzen schon in den ersten Interviews auffällig wurde, wurde in den späteren Gesprächen von mir einige Male direkt danach gefragt, ob und wie sich denn die genannten Ereignisse auf das dörfliche Leben auswirkten. Das Ergebnis blieb mager, entweder direkt in abschlägiger Antwort („Je pense que c'est plutôt une chose privée" [XIIw, Z. 239]), oder indem andere Aspekte ins Spiel gebracht wurden, die das dörfliche Leben stärker verändert hätten. Im folgenden Fall ist dies der wachsende Kraftfahrzeugverkehr, der gleichfalls Lärm erzeugt:

```
(MF): Et [est-ce que] ça a aussi changé la vie en générale
dans le village, en quelque manière?
                              Non, je [ne] pense pas,
la vie en général [p,1], je [ne] pense pas, non. Parce que,
bon, nous avons aussi du bruit, nous avons aussi un axe,
c'est pas un grand axe routier mais [...]nous avons deux
douanes: une qui va directement sur Bâle, une qui va sur
Allschwil, donc le flux frontalier qui est quand même im-
portant dans la région. Il y en a beaucoup qui passent dans
le village, donc l'intérieur du village a peut-être été, la
vie du village même a été peut-être plus modifiée par ce
phénomène que par [le trafic aérien]. (VIIm, Z. 193-201)[6]
```

Von sich aus stellte jedoch keiner der Interviewten vergleichbare Bezüge zur Entwicklung des Dorflebens her. Die Lärmsituationen im bisher entwickelten Sinn bewegten sich durchgängig auf einer kleinräumigeren Ebene in und um Wohnung, Haus und Garten.

Ehe wir uns dem spezifischen Gehalt dieser Ebene sowie den verschieden gearteten Bindungen an die ‚Dimensionen' des Wohnorts zuwenden, sollen hier jedoch noch die zeitlichen Aspekte der Situierung etwas weiter verfolgt werden, die in den Gesprächen deutlicher zum Tragen kommen. Vor allem zwei weitere soziale Zeiten finden verschiedentlich explizit Erwähnung, nämlich die *Arbeitszeit* als entscheidende Strukturierung des Tages mit Bezug auf den Lärm, sowie damit zusammenhängend die Zeit im Sinne des *Lebensalters*. Die Rolle der Arbeitszeit wird etwa in dem Gespräch deutlich, dem auch die oben zitierte „Paradies"-Episode entnommen wurde. Die während der halben Woche berufstätige Frau und Mutter eines Kindes zeichnet darin die unterschiedliche Störung im Vergleich mit ihrem voll berufstätigen Ehemann nach:

```
[...] j'ai déjà pensé à partir, parce que moi, le bruit ça
m'incommode beaucoup. Mon mari moins parce que lui il tra-
vaille toute la semaine. Donc il part tôt le matin et ren-
tre en général parmi 7 heures et 8 heures le soir, alors le
```

---

6   MF: Und hat das hier auch im allgemeinen das Leben im Dorf verändert, in irgendeiner Weise? / Nein, ich glaube nicht, das Leben im allgemeinen, ich glaube nicht, nein. Denn, gut, wir haben auch Lärm, wir haben auch eine Trasse hier, keine große Verkehrstrasse, aber [...] wir haben zwei Grenzübergänge: einer der direkt nach Basel geht, einer der nach Allschwil geht, daher ein Strom von Grenzgängern, der doch ganz ordentlich ist in der Region. Da kommen viele durch das Dorf, und daher ist das Innere des Dorfes, das Leben im Dorf selbst vielleicht mehr durch dieses Phänomen verändert worden, als durch den [Luftverkehr].

seul pour l'embêter c'est le samedi et le dimanche. Les au-
tres jours ça ne le dérange pas.
(MF:)   Ah oui, pendant la journée.
Et le soir quand il est rentré?
                                    Ben, oui, quand il est en
train de regarder un film et que tout à coup il y a tout
qui bouge parce qu'il y a un gros avion qui décolle et
qu'on n'entend plus rien pendant deux minutes, là, ça le
dérange.
(MF:) [Mais] pendant la journée il travaille dans un en-
droit où ça n'importe pas, ou c'est juste trop loin de
l'aéroport.
                    Mais moi aussi, je dis, je travaille à [...] en
Suisse, et la journée quand je travaille ça [ne] me dérange
absolument pas. Mais le mercredi, jeudi, le vendredi, quand
je suis dehors et il y a toutes les deux minutes un avion
qui passe, moi, ça me dérange. (Iw, Z. 169-182)[7]

Der meist bis in den frühen Abend Werktätige wird später am Abend, zur besten
Fernsehzeit, vielleicht durch einige größere Flugzeuge gestört; die Frau, die jedenfalls einige Tage nachmittags zu Hause bzw. mit ihrem Kind draußen ist, fühlt
sich in weit größerem Maße beeinträchtigt. Und wenig später im selben Gespräch
ergänzt sie:

Et les gens qui sont les plus incommodés, c'est les person-
nes âgées, les retraités, qui sont toute la journée à la
maison et qui ne supportent plus ce bruit. Parce que c'est
pas les jeunes, - qu'est-ce qu'ils font pendant toute la
journée? Ils travaillent, donc ça les dérange moins. Mais
arrivé à un certain âge, et quand vous avez toujours habité
la région, que vous êtes là depuis toujours, et que du jour
au lendemain, bien, vous [ne] pouvez même plus profiter
d'une belle terrasse, parce que vous avez un avion qui vous
passe au-dessus d'vous toutes les 30 secondes, ben, ces
gens-là, ils [ne le] supportent plus. (Iw, Z. 220-227)[8]

---

7   [...] ich habe schon daran gedacht wegzugehen, denn mich, mich stört der Lärm stark. Meinen
    Mann weniger, denn der arbeitet die ganze Woche. Also geht er früh morgens los und kommt
    im allgemeinen zwischen sieben und acht Uhr abends wieder, und daher nervt es ihn einzig
    am Samstag und Sonntag. An den anderen Tagen stört es ihn nicht. / MF: Ah ja, während des
    Tages. Und abends, wenn er zuhause ist? / Gut, ja, wenn er dabei ist einen Film anzuschauen
    und plötzlich bewegt sich alles, weil ein großes Flugzeug abhebt und man für zwei Minuten
    nichts mehr hört, das stört ihn dann. / MF: Aber tagsüber arbeitet er an einem Ort, wo es
    nichts ausmacht, oder schlicht zu weit weg vom Flughafen. / Aber ich auch, sage ich, ich ar-
    beite in [...] in der Schweiz, und tagsüber, wenn ich arbeite, stört es mich absolut nicht. Aber
    Mittwochs, Donnerstags, Freitags, wenn ich draußen bin und alle zwei Minuten ein Flugzeug
    vorbeikommt, da stört es mich.
8   Und die Leute, die am meisten gestört werden, sind die Älteren, die Pensionäre, die den gan-
    zen Tag zuhause sind und den Lärm nicht mehr aushalten. Denn es sind nicht die Jungen, -
    was machen die [denn] während des Tages? Sie arbeiten, also stört sie das weniger. Aber
    wenn man ein bestimmtes Alter erreicht hat, und wenn man immer in der Region gewohnt
    hat, wenn man schon immer hier ist, und von einem Tag auf den anderen kann man nicht mal

Die abstrakte Lebenslage des Pensionsalters verbindet sich hier mit bereits bekannten Elementen, mit dem kurzen Takt der Flugzeuge und wiederum mit dem Ort der Terrasse. In ähnlicher Weise wird die besondere Betroffenheit älterer Menschen als Kontrast zur eigenen Lage auch von einer Jugendlichen hervorgehoben, die vor einem Einkaufszentrum in Hégenheim mit Freunden den Nachmittag vertrödelt und mit der ich ein ungeplantes Gespräch über die Situation am Ort führe. Sie fühlt sich durch den Fluglärm insgesamt kaum gestört, was sie unter anderem auf ihre Jugend zurückführt, die es mit sich bringt, dass sie wenig von ihrer freien Zeit zuhause verbringt:

```
Moi, personnellement, ça [ne] me dérange pas, parce que je
suis rarement à la maison. C'est plutôt, bon, pour les per-
sonnes qui sont à leur domicile, donc qui entendent le
bruit [?] ça [ne] me dérange pas trop. Si on est en fa-
mille, dehors sur la terrasse, le dimanche, là c'est em-
bêtant, mais sinon, ça va, quoi - pas dérangeant, pas pour
moi. Les jeunes. (p) Les personnes agées [par contre], ça
les embête. (XXIIw, o.Z.) [9]
```

Von Kindern und Jugendlichen wurde eine solche subjektive Unempfindlichkeit mehrfach artikuliert, zum Teil auch von Erwachsenen über sie behauptet, ob im Vergleich mit älteren Menschen oder ohne diesen Bezug. So berichtet eine überwiegend nicht berufstätige Frau wiederum aus dem Markgräflerland von der Altersabhängigkeit bestimmter Lärmerfahrungen, die sich mit den verschiedenen Phasen von Jugend und Kindheit ändern können oder jeweils eine spezifische Form annehmen aus Sicht und in der Erfahrung des Elternteils:

```
(MF:) Und wen hat das zuerst am meisten gestört?
                                              Ja, eigent-
lich mich, weil die Kinder sind natürlich mit vielen ande-
ren Dingen beschäftigt.
(MF:)                    Sind auch viel weg?
                                          Sind in der
Schule auch, aber dann, als das mehr wurde (?2), die Kinder
sind dann manchmal nachts um elf aus dem Bett hochge-
schreckt, weil ein Flieger sehr niedrig über uns weg ist.
(MF:) Ja?
         Ja, wir haben eine sehr gute Isolierung hier im
Haus, [...] also die Kinder sind aufgeschreckt und haben
gesagt, das muss man aufschreiben, das kann man nicht so
hinnehmen, also die sind ja jetzt auch schon etwas älter.
Und die ganz kleinen Kinder damals noch in [X, dem nahe ge-
legenen früheren Wohnort], die waren natürlich anderweitig
beschäftigt.
```

---

mehr von einer schönen Terrasse profitieren, weil man alle dreißig Sekunden ein Flugzeug hat, das über einen drüberfliegt, also, diese Leute, die halten das nicht mehr aus.

9   Mich persönlich stört das nicht, weil ich selten zuhause bin. Das ist mehr für die Leute, die in ihrem Heim sind, die also den Lärm hören. [?] das stört mich nicht so sehr. Wenn man im Kreise der Familie ist, draußen auf der Terrasse, sonntags, da ist es lästig, aber sonst geht es, nicht störend, nicht für mich. Die Jugendlichen. Die alten Leute, die stört es.

```
(MF:) Im mittleren Alter hat sie's also mehr gestört?
                                                      Ja,
jetzt, so mit 12, 13 [Jahren], obwohl die selber natürlich
auch Lärm machen. (Vw, Z. 261-276)
```

Wir finden in diesem Zitat des Weiteren schließlich die Nacht eingeführt, die vielleicht wichtigste ‚Tageszeit', die fast in allen Gesprächen eine bedeutende Rolle spielt. Für eine erhebliche Zahl der von mir befragten Personen ist die nächtliche Ruhestörung die gravierendste und das Übel, dessen Eingrenzung bzw. klare und konsequente Beschränkung insgesamt am Dringendsten erwünscht wird. Dabei kommt häufig der Schrecken zur Sprache, das Aufschrecken wie in diesem Zitat, oder generell verschiedene Angst erweckende Momente des Flugverkehrs. Und naheliegenderweise ändern sich auch die örtlichen Bezüge – statt der Terrasse und des Balkons tritt jetzt das Innere des Hauses und im Besonderen das Schlafzimmer in den Vordergrund.

Die Beschreibungen nächtlicher Störung haben meist einen extremen, gesteigerten Charakter, sie sind durch starke sprachliche Hervorhebungen und Superlative gekennzeichnet, und die Erzählungen sind oft ereignishaft, gleich ob sie sich tatsächlich auf singuläre Vorkommnisse beziehen oder auf bestimmte, regelmäßig wiederkehrende Flüge. Die folgende, etwas längere Gesprächspassage entstammt einer Unterhaltung mit der Bewohnerin eines badischen Dorfes, deren Haus unter Lärmgesichtspunkten einen Extremfall darstellt, da in unmittelbarer Nähe sowohl die Rheintal-Autobahn (A5) als auch die sehr stark genutzte Haupttrasse der Bahn verläuft. Die berufstätige Mutter zweier Kinder ist eine Zufallsbekanntschaft, die ich bei Recherchen in der Region machte; sie hat sich nach eigenen Angaben bisher nicht gegen den Lärm engagiert und hält auch insgesamt wenig von den „so genannten Umweltleuten". Sie beklagt aber den Lärm insgesamt und präzisiert dabei die Störung durch den Fluglärm:

```
(MF:) Bei der Lärmbelastung, welche Rolle spielt denn da
der Fluglärm?
            Also, eigentlich nachts, nachts am Schlimm-
sten, so um Viertel vor zehn, zwischen Viertel vor neun und
Viertel nach neun, glaub' ich, da kommt ein Flugzeug, ich
glaub', das fliegt ganz anders als die andern und kommt von
Frankreich rüber, und das fliegt dann so über unser Haus
und macht extremen Lärm, ist sehr niedrig, und da meint
man, das fliegt in unser Haus, also das ist extrem.
(MF:)                                            Und nur
das Einzelne?
            Das ist immer nur dieses Einzelne, [...] das
um diese Zeit nachts unterwegs ist. Irgendein Frachtflug-
zeug wahrscheinlich. [...] seit ungefähr einem halben Jahr
isch es so, schätz ich jetzt mal.
(MF:)                                Hat Sie der vorher schon
gestört, der Fluglärm?
                  Nein, gegen die Autos und den Zug,
nee.
(MF:) Hier hört man die Autobahn mehr, hier oben?
```

```
Ja, auch nachts. Ist sehr viel Verkehr auf der Autobahn
nachts.
(MF:)  Und was ist der Unterschied, wenn Sie die Lärmtypen
vergleichen, wenn es nachts eh' laut ist, [...] was ist der
Unterschied bei diesem einen Ding?
                         Weil er einfach sehr be-
ängstigend ist und sehr, sehr laut. Also, der ist sehr viel
lauter und es geht einfach ziemlich lang, also das geht
mindestens fünf Minuten, wo man den hört, "also das ist
schon eine lange Zeit".
(MF:)              Der kommt dann hier [(zeigt schräg
nach oben)] in einer Schleife tief über den Ort geflogen?
Ja! Genau hier, und hier so drüber [(zeigt direkt über das
Haus)]. Und das ist eine ganz andere Richtung als die ande-
ren alle fliegen. Weil die kreisen ja alle.
(MF:)                            Und die normalen
Kreise, die stören nicht so?
                       Nein, und die sind auch nicht
so niedrig wie der, das ist der Einzige, also mehr wissen
wir auch nicht.
(MF:)          Und früh morgens?
                       Nö nö, [(kopfschüttelnd)]
also das ist für uns das geringste Problem, der Fluglärm.
(XIVw, Z. 47-82)
```

Das angstbesetzte einzelne Ereignis am späten Abend tritt hier umso deutlicher hervor, als generell der Fluglärm überhaupt nicht als Problem erachtet wird, wie in dem Gespräch mehrfach hervorgehoben wurde. Zudem herrscht hier selbst nachts permanent ein beträchtlicher Geräuschpegel, so dass hier nicht, wie in anderen Fällen, eine generelle nächtliche Ruhe durchbrochen wird. Hier steht das Unkontrollierbare im Vordergrund, das besonders tiefe, einzelne Flugzeug, „sehr laut ... und sehr beängstigend", von dem man meint, „das fliegt in unser Haus".

Dieses direkte Gefühl der Bedrohung taucht auch in anderen Gesprächen mehrfach auf, gerade wenn es um die nächtliche Ruhestörung geht. Ein weiteres Zitat soll dies illustrieren, das zunächst noch einmal die Generationenfrage aufnimmt, dabei jedoch die gemeinsame Betroffenheit unterstreicht:

```
Und sehr viele ältere Leute, die können nicht mehr schla-
fen, also die müssen Tabletten fressen, um zu schlafen.
Dann gibt es Kinder, die wach sind, also es gibt sehr viele
Störungen. Dann gibt es Eltern, die haben Angst [...].
Also, bei uns ist es so, im Schlafzimmer, wenn sie fliegen,
nachts, dann leuchten die Flieger unser Schlafzimmer aus.
(MF:) So niedrig?
                 So niedrig! Wir haben Messungen, also, ich
kann Ihnen das bestätigen, die fliegen 600 Meter minus 300
Meter, also sind sie noch 300 Meter über den Häusern. Und
das können wir einfach so nicht weitermachen. Unmöglich,
un-möglich!
(MF:)        Ja.
                 Und deswegen haben wir auch das ILS [Instru-
```

```
mentenlandungssystem für die Südanflüge auf Piste 34] ver-
langt, damit es sicherer wird. (XVm, Z. 73-86)
```

In sehr ähnlicher Weise taucht dieser Nexus von Nacht und Gefahr auch in anderen Interviews auf, zum Teil bis in Details hinein in den selben Bildern beschrieben; so spricht etwa auch ein Anwohner auf der Schweizer Seite, dessen Haus unmittelbar in der südwestlichen Einflugschneise gelegen ist, davon, dass der Anflug „beängstigend tief" sei und illustriert dies mit dem nächtlichen Bild: „da hat man manchmal die großen Scheinwerfer im Zimmer" (XVIIIm, Z. 135, 138).

Dieses Motiv findet sich in abgewandelter Form noch einmal in dem vorläufig letzten Zitat wieder, das einige Aspekte aus den verschiedenen Situierungsbeispielen der vorhergehenden Seiten wiederholt. Hier werden gleich eine ganze Reihe der erwähnten Elemente noch einmal aufgenommen; zudem ist dies eines der wenigen Beispiele in den Gesprächsprotokollen, in dem die spezifische Qualität des Lärms direkt verglichen und in seiner Ausbreitungsform mit zwei verschiedenen Bildern charakterisiert wird, nämlich dem einer „Schleppe" und dem eines „Netzes":

```
Ich mein', so einen Traktor, den ertrag ich hier gern, der
braucht lang nicht so lang, bis er wieder vorbei ist und
ist auch lang ned so laut. Und am Wochenende isch es so-
wieso praktisch hundert Prozent, was vom Fluglärm kommt.
[p,1] Da isch ja nix.
(MF:)     └Und der ist┘ anders, der Traktorlärm?
                                        Ja! Ein Flug-
zeug, das hört man ewig. Bis der endlich [weg ist] - das
isch eine richtige Schleppe. Wenn die hier so auf uns zu-
kommen, grad abends, Sommerabend, abends um 9, dann sag'
ich 'Pass auf, gleich hörsch Du's!' Ich seh dann nur, wie
das gespenstische Licht auf uns zu kommt und wenn er dann
drüber ist - der Lärm kommt immer hinten raus - dann kommt
die Dröhnung. Und wenn man das mal [messen würde] - das
geht über eine Minute.
(MF:)                    Und mehr von allen Seiten?
                                            Ja, das
stimmt, das ist ja auch oben wie ein Lärmnetz. (IVw, Z.
300-314)
```

Die durchaus suggestive und auch nicht ganz passende letzte Nachfrage meinerseits evoziert womöglich das Bild eines Netzes, aussagekräftiger ist daher die selbst eingebrachte „Schleppe", zumal sie schon früher in dem selben Gespräch als „Lärmschleppe" auftaucht. Da dies eine der ganz wenigen originären klanglichen Charakterisierungen des Fluglärms in den Gesprächen darstellt, sei hier noch der dazugehörige Kontext präzisiert: Die Charakterisierung bezieht sich auf Ereignisse, wie sie in den Hügeln des Markgräfler Landes zu hören sind, hervorgerufen durch Flugzeuge, die nach dem Start in Richtung Süden und einer 270°-Schleife im Uhrzeigersinn in östlicher Richtung die Gegend von Kandern ansteuern, d.h. es handelt sich um Überflüge in bereits mehreren hundert Meter Höhe über Grund (soweit regelhaft), die in einem ansonsten recht ruhigen Umfeld stattfinden. Ähnliche klangliche Charakterisierungen kamen, Zufall oder nicht, in den Gesprächen mit Interviewpersonen in den unmittelbaren Anliegergemeinden des Flughafens nicht vor. Hier überwog ganz deutlich die eingangs skizzierte, wenig differenzierte Beschreibung des Lärms durch den Zusatz einzelner Adjektive, die nicht einen besonderen Klang oder einen bestimmten akustischen Verlauf kennzeichnen, vielleicht mit Ausnahme des Adjektivs „infernal" (höllisch), das einen allseitigen Lärm mit markanten Einzelgeräuschen suggerieren mag, wie sich angesichts verbreiteter Höllenbilder argumentieren ließe.

Versuchen wir an dieser Stelle der ersten Annäherung eine Zwischenbilanz zu ziehen. In den aufgeführten Interviewpassagen war zu erkennen, dass der Lärm hier generell nicht als eine physikalische Größe behandelt wird oder als ein dinghafter Schaden, der anhand einzelner Geschehnisse oder *in toto* zum Thema gemacht und durch die Beifügung beschreibender Adjektive genauer bestimmt oder bewertet würde. Vielmehr ist die Beschreibung des Fluglärms selbst in den Gesprächen insgesamt eher blass und repetitiv, soweit es um eine wie auch immer geartete klangliche Schilderung der Gesamtsituation oder einzelner Ereignisse geht. Die Bestimmung des Lärms erfolgt dagegen sehr deutlich in konkreten räumlichen und zeitlichen Situierungen, oftmals kombiniert zu charakteristischen raum-zeitlichen Mustern. An einem Sommerabend auf der Terrasse, am Wochenende im Garten, nachmittags auf dem Balkon, nachts im Haus oder im Schlafzimmer: wie wir gesehen haben wiederholen sich diese und ähnliche Bestimmungen viele Male in den Gesprächen. Ich werde im Weiteren von *Lärmsituationen* sprechen, um dieser raum-zeitlichen Charakterisierung des Fluglärms Rechnung zu tragen. Hinter dieser Bezeichnung steht keine starke theoretische Vermutung über eine generell gültige spezifische Wahrnehmungsweise akustischer Phänomene oder auch nur des Lärms im allgemeinen. Der Begriff, der gelegentlich im Schallschutz verwendet worden ist, um bestimmte physisch-räumliche Lagen zu bezeichnen, versucht hier vielmehr zunächst nur in heuristischer Absicht die verschiedenen ‚Beschreibungen' des Fluglärms zu synthetisieren und in der Weise ernst zu nehmen, dass der situative Gehalt bei den weiteren Überlegungen systematische Beachtung findet. In einer ersten Näherung können wir die *Lärmsituationen* einfach als ‚temporalisierte Klanglandschaften' fassen.

Oberflächlich betrachtet mag das noch näher zu bestimmende Konzept fast selbsterklärend sein und auch fast Selbstverständliches zum Ausdruck bringen. Es scheint ja ganz normal, geradezu natürlich, dass man draußen auf der Terrasse mehr hört als drinnen und sommers mehr Zeit auf der Terrasse verbringt als winters, am Wochenende mehr im Garten ist als an einem Arbeitstag usw. Dem ist auf zweierlei Weise zu entgegnen. *Erstens* geht dieses scheinbar Selbstverständliche weitgehend verloren, wenn wir andere Umweltprobleme zum Vergleich heranziehen. Auch die Luft- oder Gewässerverschmutzung, die Zerstörung und Verinselung von Lebensräumen, die Bodenversiegelung, das Artensterben oder der abstrakter klingende Verlust der biologischen Vielfalt haben durchaus ihre konkreten Orte und Zeiten. Doch wird man in der Regel bei Problembeschreibungen in keinem dieser Fälle erwarten, dass Ort und Zeit in ähnlicher Weise im Vordergrund stehen, wie wir dies in den Gesprächen über den Fluglärm sehen konnten, nämlich als Faktoren der Definition und Erläuterung des Umweltschadens bzw. der Umweltbeeinträchtigung selbst. Dies hängt direkt mit der Art und Weise zusammen, wie die oben genannten Umweltprobleme erfahren werden: So weit dies überhaupt sensorisch der Fall ist, haben wir es mit relativ persistenten Zuständen zu tun, eventuell auch mit singulären Ereignissen, denen bestimmte Zustände folgen, wie der Versiegelung eines Stück Bodens oder der Ausrottung einer Pflanze. In beiden Fällen, ob der Fokus auf einem Ereignis liegt oder auf einem Zustand, ist jedenfalls der situiert-situative Anteil nicht selbst das zentrale Moment, das erfahren und artikuliert werden könnte, sondern kaum mehr als die konkrete Bedingung seines Eintritts. Der Fluglärm – und auch manch anderer, aber nicht jeder andere Lärm – wird hingegen genau *in* dem situiert-situativen Anteil zum Problem, nämlich als konkrete Störung in einem konkreten Moment/Ort. Er realisiert sich als mehr oder weniger erratische Kette distinkter akustischer Ereignisse in bestimmten Situationen. Und zwar auf einer primären Ebene ausschließlich und erschöpfend darin. Von daher: Lärmsituationen.

Um noch kurz bei diesem Argument zu verweilen und es vor dem Hintergrund der anfangs eingeführten Begrifflichkeiten Raymond Schafers und dessen Beschreibungen des Fluglärms einzuordnen: Dieser hatte ja geschrieben, dass der Fluglärm sich gerade dadurch von anderem Lärm unterscheide, dass er „nicht lokalisierbar" sei, indem er „direkt hinab auf die Gemeinde, auf Dach, Garten und Fenster, auf Bauernhof und Vorstadt sowie auf das Stadtzentrum" strahle (Schafer 1988, S. 116). Er beschreibt aber an jener Stelle, von der Schallquelle ausgehend, gerade *nicht* die Geräusche eines signifikanten einzelnen Vorbeifluges an einem bestimmten Ort, nicht einen „Signallaut" in seiner Terminologie, sondern die Erzeugung und Präsenz einer permanenten Geräuschkulisse durch eine Vielzahl von Flugzeugen im Sinne eines „Grundtonlautes", der oft oder dauernd vernommen wird (vgl. Kap. 1). Der Fluglärm in den Formen und Ausmaßen, wie sie für das Umland des Basler Flughafens charakteristisch sind, wird jedoch weniger als Grundtonlaut oder Klangteppich in diesem Sinne wahrgenommen, sondern als Reihe von merklichen Einzelstörungen, wie sich den Beschreibungen in den Interviews entnehmen lässt. Das mag in einer bestimmten Distanz von Großflughäfen wie Zürich oder Frankfurt vom Ansatz her anders sein; in der Regel werden jedenfalls Einzelstörungen vor dem Hintergrund eines generellen Geräuschpegels gesondert bewertet (Björkman u.a. 1992). Dies hat im Übrigen erhebliche Auswirkungen auf die Angemessenheit der gängigen mittelnden Verfahren der Lärmberechnung, bei denen Einzelgeräusche in geringer Zahl oft kaum merklich zu Buche schlagen (Beckenbauer/Schreiber 1999, S. 260).

Zweite Entgegnung und Präzisierung: die Behauptung einer charakteristischen Situiertheit (räumlich/positional) und Situativität (temporal/dynamisch) des Lärms, die mit dem Begriff der Lärmsituationen gefasst wird, erschöpft sich nicht etwa in der Bestimmung räumlicher und zeitlicher Koordinaten, innerhalb derer bestimmte Umweltereignisse wahrgenommen und später entsprechend artikuliert werden. Ein dergestalt ‚realistisches' Verständnis stünde in der Tat in der Gefahr, um Georg Simmel zu paraphrasieren, die *notwendige* räumliche und zeitliche Verfasstheit sozialer Geschehnisse mit essenziellen Eigenschaften oder gar kausalen

Zusammenhängen zu verwechseln. Der soziale Gehalt der Lärmsituationen muss aber erst noch herausgearbeitet werden. Der Fluglärm wird zwar, wie gesagt, gerade *in* dem situiert-situativen Anteil zum Problem. Doch die Lärmsituationen *sind* als solches noch nicht die Störung, der Ärger und gegebenenfalls der Anlass zu politischem Protest, sondern zunächst nicht mehr als interpretationsbedürftige Beschreibungen, Selbstbeschreibungen der Akteure, die diese Beschreibungen in den Gesprächen wählen, um ihren Ärger, ihr Unwohlsein oder ihren Willen zum Protest zu artikulieren, verständlich zu machen und zu legitimieren. Als solche Artikulationen sind sie charakteristisch – ihr sozialer Sinn bleibt, wie gesagt, im Einzelnen zu erschließen.

Soziale Lärmsituationen

Um nun diese Lärmsituationen selbst zu erforschen, um ihre Bedeutung zu erfassen, müssen wir demnach weiter nach Hinweisen darauf suchen, was diese Situationen sozial ausmacht, d.h. die einzelnen Situierungen erst einmal genauer analysieren und auch noch einmal zu den Gesprächen in dieser Frage zurückkehren. Ich schicke vorweg, dass sich die Suche dort schwieriger gestaltet als zuvor und in einigen Teilen auch weiter gehende Interpretationen erfordert, Deutungen von Bedeutungen, die hinter der Oberfläche der Situationsbeschreibungen nur in Splittern sichtbar werden:

Zunächst können wir eine quasi formale Erschließung der Lärmsituationen relativ einfach vornehmen, die von den gängigen Bedeutungshorizonten der Orte und Zeiten ausgeht, mit denen wir in den Beschreibungen konfrontiert sind, genauer: der sozialen Orte und sozialen Zeiten. Ich beschränke mich dabei mit einer Ausnahme auf Aussagen von Personen, die sich gegen den Fluglärm in der Region engagiert haben. Die in den Lärmsituationen weitaus am häufigsten genannten Orte sind, wie bereits klar wurde, die Terrasse und der Garten; mehrfach darauf bezogene Zeiten sind der Abend, der Samstagnachmittag, das Wochenende insgesamt (vgl. die Zitate oben, insbesondere Iw, Z. 60, IVw, Z.276, VII, Z. 126). Zu allererst wird hieran deutlich, dass wir es bei den Personen mit Menschen zu tun haben, die ein Haus besitzen, und in vielen Fällen wurde im Gespräch klargestellt, dass sie auch dessen Eigentümer sind. Die häufigsten zeitlichen Bestimmungen zeigen zugleich einen klaren Bezug zum Arbeitstag bzw. der Arbeitswoche. Die Terrasse und der Garten sind in den Schilderungen Orte, in denen die mehr oder weniger selbstbestimmte, selbst eingeteilte Zeit vor allem im Sommer zugebracht wird: die Korrekturen an Schularbeiten nennt ein Lehrer, zwei berufstätige Frauen erwähnen die Zeit mit den Kindern, mehrfach wird auch die Gartenarbeit als Freizeitbeschäftigung genannt. Wir können uns etwa des Zitats erinnern, in dem das Unkrautjäten mit Vogelgezwitscher und Kirchturmuhr („Mein Gott, ist das herrlich hier") als Kontrastfolie für den einbrechenden Lärm diente; in einem anderen Gespräch war von einem „Paradies" die Rede, und auch dort spielte die Gartenarbeit noch einmal eine Rolle, wie das folgende Zitat illustriert – nun jedoch gewissermaßen als Moment der Vertreibung aus jenem Paradies:

```
Aujourd'hui ça va, c'est lundi. Mais samedi, dimanche c'est
[p,1][autre chose]. Bien, quand on a planté les thuyas, ça
fait quatre ans, je crois, ou trois ans, c'était un samedi
après-midi, on a commencé à trois heures, on a mis à peu
près une heure et demie pour mettre les thuyas, il y avait
quarante avions qui sont passés.
(MF:)                                      C'est ça?
                                                 Mon mari les a
comptés. Vous étiez en train de planter un thuya et il y
avait un premier et il était là un suivant. Quarante avions
"en espace (?,1)"(Iw, Z. 55-61)
```
                                                                         [10]

Der Garten oder die Terrasse vor dem eigenen Haus, die Arbeit im eigenen Garten
während der Freizeit, ob einsam oder gemeinsam: es bedarf wenig Interpretation
um schon auf dieser Basis zu erkennen, dass mehr auf dem Spiel steht als die
konkrete Situation. Denn es handelt sich bei diesem Besitz ja keineswegs nur um
eine Banalität oder einen „Gemeinplatz", sondern in vielen Fällen subjektiv vielmehr um ein *Lebensprojekt*, das mit erheblichen sozialen und nicht zuletzt mone-
tären Investitionen erarbeitet und belastet ist (vgl. Bourdieu u.a. 1998, S. 28-29).
Dabei ist die Gartenarbeit am Wochenende oder der Abend auf der Terrasse gerade der Moment des *pay back*, es sind diese Stunden, in denen sich, hart gesprochen, die ganze Anstrengung lohnen und gelohnt haben muss. Der Einbruch der
Störung gerade in diese an und für sich selbst bestimmbare, oder jedenfalls als
selbst bestimmbar konzipierte Zeit ist nachgerade notwendig im Blick auf die
Teilhabe an üblichen Beschäftigungsverhältnissen. Hinzu kommt, dass sich die
Häufungen der so genannten Geschäftsflüge am frühen Abend sowie der Charter-
flüge an den Wochenenden gleichfalls an den üblichen Arbeits- und Freizeit-
rhythmen orientieren.

Was für die Berufstätigen zunächst vor allem im Verlauf des Tages und der
Woche spürbar wird, zeigt sich in seiner größeren zeitlichen Dimension nicht
minder für diejenigen, die das Berufsleben hinter sich haben: Umso mehr wird
hier der Ertrag der Arbeit, nämlich eines gesamten Arbeitslebens gefährdet, welches seinen sichtbarsten und situiertesten materiellen Ausdruck häufig in Form
eines Eigenheims gefunden hat. Und mit wenigen Abstrichen lässt sich dies auch
noch auf diejenigen übertragen, die nicht selbst im Arbeitsleben stehen, sondern
daran nur indirekt partizipieren, wie wir später sehen werden. Lassen wir zunächst
noch einmal einen Pensionär zu Wort kommen, der sich seit vielen Jahren für die
Eingrenzung des Fluglärms im Süden des Flughafens einsetzt. Das Gespräch findet im großzügigen Haus des Interviewten statt und wird mehrfach durch den
Lärm startender Flugzeuge unterbrochen. Die Rede kommt auf ein benachbartes
Neubaugebiet und die Aussichten, dort nachträglich Subventionen für bauliche

---

10 Heute geht es, es ist Montag. Aber Samstag, Sonntag, das ist [was anderes]. Gut, als wir die
    Thujas gepflanzt haben, vor vier Jahren, glaube ich, oder vor drei, das war ein Samstagnach-
    mittag, wir haben um drei Uhr angefangen, wir haben ungefähr anderthalb Stunden gebraucht
    um die Thujas zu pflanzen, da sind vierzig Flugzeuge vorbeigeflogen. / MF: Tatsächlich? /
    Mein Mann hat sie gezählt. Sie waren dabei, einen Thuja zu pflanzen, und da kam einer und
    dort war schon der nächste. Vierzig Flugzeuge innerhalb [?,1].

Lärmschutzmaßnahmen zu erhalten. Doch solche Zuschüsse sind für den Interviewten kaum attraktiv:

```
Wir wollen keine schalldichten Fenster, wir wollen nicht im
Bunker leben. Wenn wir soweit kommen, dann ziehen die Leute
aus, oder zumindest ein Teil davon. Wenn Sie einen Garten
haben oder nicht einmal die Fenster öffnen können, dann
müssen wir uns fragen: 'Haben wir das soweit gebracht?'
Nein, das wollen wir gar nicht![...] Das ist eine Minderung
der Lebensqualität. Und auch eine Wertverminderung der Lie-
genschaften (XVIIIm, Z. 323-330)
```

Sehr deutlich wird hier der doppelte Wertverlust artikuliert, der sich im sozialen und ökonomischen Leben des Einzelnen realisiert, auch wenn dieser Einzelne hinter dem unpersönlichen „wir" und „die Leute" in dem Zitat kaum mehr sichtbar wird. Zugleich sind der Garten und das offene Fenster einmal nicht an Tageszeit oder die Woche gebunden, sondern gewissermaßen als Außenraum bzw. Grenze zu diesem Außen generalisiert, was der konkreten sozialen Lage des Pensionärs insofern entspricht, als sie in größerem zeitlichen Umfang verfügbar sind.

Die sozialen Zeiten, mit denen wir es zu tun haben, sind offenbar verschiedener Art, wie an dieser Stelle einzuführen ist. Nach dem bisher Gesagten lassen sich jedenfalls drei Typen unterschiedlicher Zeitlichkeit bzw. Zeitstrukturierung unterscheiden: Zum einen haben wir es mit den Rhythmen des Alltagshandelns zu tun, dem was Giddens in seiner repetitiven, strukturierenden Qualität als *durée* bezeichnet (Giddens 1979, 1988).[11] Diese kommt etwa in den arbeitsbezogenen An- und Abwesenheiten zum Ausdruck. Zum zweiten haben wir es aber auch mit der Lebenszeit zu tun, dem einmaligen, kontingenten Verlauf des individuellen Lebens, dem *Dasein*, wie Giddens im Anschluss an Heidegger formuliert. Diese Zeitlichkeit kommt jedenfalls in den subjektiv in aller Regel großen Entscheidungen zum Tragen, die mit längeren Partnerschaften und Kindern, mit dem Bau oder Kauf eines Hauses, mit dem Umzug oder gegebenenfalls auch dem Wechsel des Arbeitsplatzes verbunden sind. Schließlich sind wir mit der *longue durée* der Institutionen konfrontiert, worunter hier sowohl der Wechsel der Generationen und das Beharrungsvermögen sozialer Institutionen im weitesten Sinne subsumiert werden sollen, wie auch spezifischer die ‚Systemzeiten' bestimmter funktionaler Einheiten. Ausdruck dieser Zeitlichkeit sind im vorliegenden Kontext etwa die politischen und administrativen Regeln des Flugverkehrs, die sozialen Konventionen, die bewirken, dass ‚man' am Ort bleibt oder auch nicht, aber auch die zeit-

---

11   Zur Kritik siehe bereits Joas (1988, ebd., S. 17f.), der in diesem Zusammenhang auch den Rekurs auf Hägerstrands Zeitgeographie für einen „logischen Lapsus" hält, da dieser mit einem objektivistischen Zeitbegriff operiert (ebd.); ausführlicher Adam (1990, insbes. S. 26-28). Die philosophischen Ursprünge und Probleme der Giddens'schen Unterscheidungen und insbesondere des Begriffs *durée* müssen uns jedoch nicht weiter beschäftigen, da hieraus keine weiteren sozialtheoretischen Ableitungen erfolgen; die Begriffe werden hier nur deskriptiv-klassifizierend gebraucht und jedenfalls in diesem Sinne für nützlich gehalten. Vgl. a. Urry (1991).

liche ‚Betriebslogik' einer Flughafengesellschaft, die sich in marktgängiger Weise in den größeren europäischen Flugnetzen zu verankern sucht.

Die erste genannte soziale Zeitlichkeit wurde mit Blick auf das Problem bisher schon hinreichend deutlich; etwas weiter unterfüttert werden sollen im Folgenden aber noch die Dimension der Lebensspanne sowie die *longue durée* der Institutionen. Die Bezüge, die sich in den Interviews mit Blick auf die individuelle und einmalige Lebensspanne ergeben, sind mannigfach und nehmen die unterschiedlichsten Formen an, von denen hier nur die offensichtlicheren betrachtet werden sollen. Ein geradezu radikaler Bezug ergibt sich etwa in der folgenden Sequenz, die ganz am Anfang eines Gesprächs stand, das ich mit einer teilzeitarbeitenden jungen Mutter in einem Dorf unmittelbar südwestlich des Flughafens führte. Das Gespräch fand in dem selbst noch neu wirkenden Haus in einem Neubaugebiet statt und beginnt hier unmittelbar nach der kurzen Begrüßung mit einer bewusst offen und vage gehaltenen Einstiegsfrage:

```
(MF:) Alors, racontez-moi s'il vous plaît un peu comment la
situation s'est dévelopée pour vous.
                              Moi, je suis née à [X,
wo das Gespräch geführt wurde], enfin je suis née a Mul-
house, mais j'ai toujours habité [X]. Sauf les six premiè-
res années depuis mon mariage qu'on a habité à [Y], mais
c'était juste à côté.
(MF:)                 Dans la région.
                              Et donc on a eu le ter-
rain de mes parents, on a construit ici, depuis qu'on est
revenu habiter à [X], mais c'est vrai, à l'époque, si
j'avais su ce qui allait se passer on aurait peut-être pas
construit ici.
(MF:)          C'est vrai?
                              Parce que nous, on a construit en
'95, on a démarré [?] '95 et nous avons déménagé en '96.
Ici ça fait six ans qu'on y habite. Et au début il y avait
aucun problème. Des avions il y a toujours eu. On peut pas
dire qu'il n'y a pas eu d'avions, c'est pas vrai, mais
avant le mois de Mai, donc, 2000, c'était [p,1] disons, moi
je devrais dire [ne] pas normal, mais c'était supportable.
(MF:) Oui, supportable.
                      Voilà, c'était supportable. Et donc
depuis ce changement de trajectoires, bien, il y a des
jours c'est devenu infernal. Et c'est dommage que vous
n'étiez pas là hier, parce que à dix heures et quart le ma-
tin il y avait le 747, le grand.
(MF:)                              Ah, le grand.
                                  Il a passé là.
On avait l'impression de pouvoir le toucher. (Iw, Z. 1-19)[12]
```

12 MF: Also, erzählen Sie mir doch bitte ein wenig, wie sich die Situation für Sie entwickelt hat./ Ich bin in [X] geboren, eigentlich bin ich in Mulhouse geboren, aber ich habe immer in [X] gewohnt. Außer den sechs ersten Jahren nach meiner Hochzeit, wo wir in [Y] gewohnt haben, aber das war gleich nebenan. / MF: In der Region. / Und dann haben wir das Grund-

Wie so oft wird hier der Lärm gar nicht genannt, sondern durch die Flugzeuge metonymisch ersetzt. Wichtiger aber: Das Fluggeschehen wird vom Ansatz her im Verlauf des gesamten eigenen Lebens situiert. Das „Ich, ich bin hier geboren" bildet den selbst gewählten Erklärungsrahmen, der umso deutlicher hervortritt, als er gleich etwas präzisierend zurückgenommen wird: genau genommen bin ich in Mulhouse geboren, nur um zu beharren: „aber ich habe immer hier gelebt". Auch dazu wiederum eine Einschränkung: „außer den sechs ersten Ehejahren" – und wiederum das Insistieren: „aber das war hier gleich in der Nähe". Die immense Bedeutung, im eigenen Leben *hierher zu gehören*, wird noch einmal durch den direkt folgenden Hinweis unterstrichen, dass das Baugelände von den Eltern stammte. Erst dann beginnt überhaupt die Erzählung, die sich offensichtlich auf das Fluggeschehen bezieht, und in wenigen Absätzen ist die erklärte Heimat jedenfalls an bestimmten Tagen schon „höllisch" geworden. Und die Erzählung wird dann auch gleich sehr konkret, nennt das Datum einer einschneidenden Änderung der Flugrouten und sogar einen bestimmten Flugzeugtyp, der am Vortag zu sehen und zu hören war.

Betrachten wir noch ein weiteres Zitat eines langjährig engagierten, wesentlich älteren Bewohners des selben Dorfes, der gleichfalls schon früh im Gespräch betont hatte, in der Region geboren zu sein und seit dreißig Jahren am Ort zu leben. Auch er verwendete im Gespräch das Adjektiv „infernal" für einen bestimmten Zeitraum, während dessen die Lärmschutzeinrichtung für die morgendlichen Standläufe der Maschinen, der so genannte *Silencer*, nicht funktionierte. Ich frage ihn angesichts seiner drastischen Erzählungen direkt danach, ob er sich je mit Umzugsgedanken getragen habe:

```
(MF:) Mais [...] c'était jamais si grave que vous avez
pensé à déménager?
              Non. Il y a peut-être des personnes qui
ont pensé à ça, je suis sûr, parce que [p,1] et, bon, nous,
on a quand même investi tout le travail de notre vie ici,
c'est alors, c'est: les gens qui étaient du coin sont rare-
ment partis. Il y a des gens qui sont venus et puis sont
repartis parce que ici c'est qu'on n'a pas choisi le bon
coin. (VIIm, Z. 166-171)[13]
```

stück von meinen Eltern bekommen, wir haben hier gebaut, nachdem wie hierher nach [X] zurückgekehrt sind; aber es stimmt, damals, wenn ich gewusst hätte, was passieren würde, hätten wir vielleicht nicht hier gebaut. / MF: Tatsächlich? / Weil, wir haben '95 gebaut, wir haben '95 angefangen und wir sind '96 umgezogen. Hier wohnen wir jetzt seit sechs Jahren. Und am Anfang gab es überhaupt kein Problem. Flugzeuge gab's zwar immer. Man kann nicht behaupten, dass es keine Flugzeuge gegeben habe, das ist nicht wahr, aber vor dem Mai, eben, 2000, da war es, sagen wir, ich möchte nicht sagen normal, aber es war erträglich. / MF: Ja, erträglich. / Genau, es war erträglich. Und dann nach dieser Veränderung der Flugrouten, gut, da gibt es Tage wo es höllisch geworden ist. Und es ist schade, dass Sie nicht gestern hier waren, denn um Viertel nach Zehn morgens gab es den 747, den großen. / MF: Ah, den großen. / Er ist dort vorbeigeflogen. Man hatte den Eindruck, man könnte ihn berühren.

13 MF: Aber [...] es war nie so schlimm, dass Sie daran dachten umzuziehen? / Nein, es gibt vielleicht Leute, die daran gedacht haben, da bin ich sicher, weil [p,1], aber gut, wir haben

Ähnlich wie im ersten Zitat, jedoch generalisierter, wird hier eine Bindung an den Ort festgestellt, die dann rückblickend für die Älteren noch einen konkreten Grund zugeschrieben bekommt: wir haben die ganze Arbeit unseres Lebens hier investiert, *quand même*, was sich an dieser Stelle wohl am besten als „immerhin" übersetzen lässt, oder „ja schließlich". Die ganze Arbeit unseres Lebens, nichts weniger als das. In einer dritten und letzten Sequenz zu diesem Thema, diesmal aus einem Gespräch mit einer Hausfrau mittleren Alters aus einem Dorf östlich des Flughafens, werden weitere Gründe genannt. Auch sie argumentiert mit der Zeit des Lebens, legt den Schwerpunkt jedoch nicht auf die verausgabte Lebensarbeit, sondern auf das gelebte soziale Leben, wobei die gefühlsmäßige Bindung an den Ort im Zentrum steht:

```
[...] j'ai parlé avec des gens qui sont venus plus tard et
qui ont dit, si je savais, si j'avais su je ne serais pas
venu. Et je donnerais tout pour partir. Mais bon, qui est-
ce qui ne peut plus partir? C'est les personnes modestes,
les personnes âgées et aussi les gens qui ont passé toute
leur vie ici et qui sont sentimentalement attachés. Ça, on
oublie toujours ça. Vous savez, on ne part pas comme ça. On
a des relations ici, on a une vie sociale ici, on a des
voisins, on a des amis. Et partir parce qu'il y a du bruit,
c'est quelque chose de très dur. Quitter tout son environ-
nement social uniquement parce qu'il y a du bruit et sinon
ça serait bien, ça c'est quelque chose de très injuste.
(XIIw, Z. 223-231)[14]
```

Freunde und Nachbarn, das ganze soziale Umfeld wegen des Lärms zu verlassen ist nicht nur individuell hart (très dur), –„man geht nicht einfach so" –, sondern auch „sehr ungerecht", ein Wort, das hier zumindest aufblitzen lässt, dass es sich bei dem Lärm nicht um ein Naturereignis oder einfach einen Schicksalsschlag handelt, sondern um einen zurechenbaren sozialen Sachverhalt.

In der Summe gibt es diesem Aspekt der Lebensspanne vorläufig nur noch zweierlei hinzuzufügen. Zum einen lässt sich genau darin ein Grund vermuten, warum sich jedenfalls im vorliegenden Fall auch eine bemerkenswerte Zahl von älteren Menschen gegen den Fluglärm engagieren. Dies liegt wohl nicht nur daran, dass diese mehr Zeit zur Verfügung haben und, soweit ihre soziale Lage dies erlaubt, auch mehr davon in Haus und Garten verbringen. Eine wichtige

---

immerhin die ganze Arbeit unseres Lebens hier investiert, das heißt: die Leute, die aus der Ecke hier kommen, die sind selten gegangen. Es gibt Leute, die sind gekommen und dann wieder gegangen, weil man hier nicht die richtige Ecke gewählt hat.

14   [...] ich habe mit Leuten gesprochen, die später gekommen sind und die gesagt haben, wenn ich [das] gewusst hätte, wenn ich [das] vorher gewusst hätte, wäre ich nicht gekommen. Und ich würde alles geben um zu gehen. Aber gut, wer kann [denn] nicht mehr weggehen? Das sind die Leute in bescheideneren Verhältnissen, die Alten, und auch die Leute, die ihr ganzes Leben hier verbracht haben und die gefühlsmäßig angebunden sind. Das, das vergisst man immer. Wissen Sie, man geht nicht einfach so weg. Man hat hier Beziehungen, man hat hier ein Sozialleben, man hat Nachbarn, man hat Freunde. Und wegzugehen, weil es Lärm gibt, das ist eine sehr harte Sache. Sein ganzes soziales Umfeld zu verlassen, einzig weil es Lärm gibt und ansonsten wäre es gut, das ist etwas sehr Ungerechtes.

Rolle spielt auch die Zeit als einmaliger Verlauf, der in den vielfältigen Bindungen des gelebten Lebens zum Tragen kommt, sowie in der dadurch meist auch stärker gebundenen Perspektive auf das noch zu lebende.

Zum zweiten eine Bemerkung mit methodischem Bezug: Die drei zuletzt aufgeführten Zitate stammten von Bewohnern bzw. Bewohnerinnen der elsässischen Dörfer unmittelbar um den Flughafen. Angesichts des explorativen Charakters der Studie und, damit einhergehend, der begrenzten Zahl von Gesprächen sind verallgemeinernde Schlüsse daraus nur mit großer Vorsicht zu ziehen. Verwandte Argumente wurden auch anderenorts genannt, wie die Zugehörigkeit zu einem bestimmten Quartier in Basel oder die Schönheit der Region im Markgräfler Land, die den expliziten Wunsch begründeten, gerade dort weiterhin zu wohnen. Es bleibt dennoch auffällig, dass der Aspekt der Bindung an den spezifischen Ort in Verknüpfung mit der Lebenszeit und dem Wechsel der Generationen vor allem in den elsässischen Dörfern so explizit gemacht wurde; ich werde bei späterer Gelegenheit (in Kap. 6) darauf zurückkommen.

Die Lärmsituationen als *Schnittstellen verschiedener sozialer Zeiten* im aufgeführten Sinn sind damit hinreichend deutlich geworden. Vor einem Gesamtfazit soll hier noch ein weiterer Ansatzpunkt gewählt werden, um die soziale Bedeutung jener Situationen auszuleuchten. Im Folgenden wird dazu untersucht, welcher Art eigentlich die Störungen sind, die in den Gesprächen als Lärmstörungen geschildert werden, welche weiteren Hinweise auf den sozialen Gehalt und Sinn dieser Störungen sich den Erzählungen bei einer genaueren Prüfung entnehmen lassen.

An konkreteren Bestimmungen der Störung sind bisher überhaupt nur drei Fälle detailliert worden: die Beängstigung durch außergewöhnlichen oder besonders intensiven Lärm in der Nacht; die Beeinträchtigung des Konzentrationsvermögens bei Schreibtischarbeiten im Freien; und die Unterbrechung der akustischen Verständlichkeit abendlicher Fernsehsendungen. In allen weiteren Fällen der Störung durch Lärm, die bisher dargelegt wurden – bei der Gartenarbeit, am Wochenende, auf der Terrasse usw. – ist hingegen offengeblieben, worin die Störung eigentlich bestand, außer dass es eben gerade laut war, außer *indem* es laut war. Welche weiteren Hinweise gibt es in den Gesprächen auf den *Gehalt* dieser Störung, ergänzend zu den indirekten Schlüssen bezüglich der sozialen Zeiten?

Wenn man die meistgenannten Situationen auf der Terrasse und im Garten betrachtet, so fällt zunächst noch auf, dass es sich in vielen Fällen offenbar oder explizit um soziale Situationen handelt, sozial in dem konkreten Sinn, dass mehrere Personen anwesend sind und in der einen oder anderen Form kommunizieren. Es gibt wohlgemerkt auch den ausdrücklich benannten anderen Fall, in dem eine Person alleine sich gerade kontemplativ der Ruhe erfreut, wie wir etwa in dem bereits aufgeführten Zitat sehen konnten, in dem die jäh unterbrochene Ruhe beim Unkrautjäten geschildert wurde. Weit häufiger ist aber die Störung in einer Gruppe von zwei oder mehr Personen, die jedenfalls eine Störung der Kommunikation beinhaltet, und sei es nur des gemeinsamen Schweigens. Den knappsten Hinweis darauf können wir dem Gespräch mit der ebenfalls oben bereits genannten Jugendlichen entnehmen, die ihre Sorglosigkeit der empfindlichen Störung älterer

Menschen gegenüber stellte. Betrachten wir nur den kurzen mittleren Abschnitt dieses Zitats in dieser Perspektive noch einmal:

```
Si on est en famille, dehors sur la terrasse, le dimanche,
là c'est embêtant, mais sinon, ça va, quoi - pas déran-
geant, pas pour moi. Les jeunes. (p)(XXIIw, o.Z.)¹⁵
```

Offensichtlich wird hier das familiäre *Beisammensein* gestört, sonntags und auf der Terrasse. Ein genauerer Blick eröffnet, das in der Beschreibung noch mehr steckt als die akustische Störung einer beliebigen Kommunikationssituation. Das störende Ereignis wird hier grammatikalisch direkt abhängig gemacht von der Bedingung, in der Familie zu sein (mit dem konditionalen *si*, wo genauso gut ein temporales *quand* möglich gewesen wäre; in der Übersetzung wird dieser Unterschied verwischt). Zunächst liegt es dann auch nahe, das Ende dieses Satzes dementsprechend als Kontrast zu lesen und ganz auf das Individuum bezogen zu interpretieren: „Mich *allein* stört das nicht", oder konditional streng spiegelbildlich der ersten Bedingung gebildet: „Mich hingegen stört das nicht, unter der Bedingung, dass ich alleine bin". Aber da wird in einem Nachsatz gleich noch hinzugefügt und hörbar betont: „Die Jugendlichen" [stört das nicht]. Damit wird der im Vorsatz entstandene Kontrast Familie/allein umgehend wieder zurückgenommen. Stattdessen stehen sich jetzt deutlich zwei unterschiedliche Gruppen gegenüber. Nichts deutet darauf hin, dass sich in dieser Gegenüberstellung auch die akustischen Parameter ändern. Uns bleibt daher anzunehmen: Empfindlich ist nicht jede Kommunikation gleichermaßen, im Speziellen ist hier die der Familie offenbar gefährdeter als die unter jugendlichen Freunden. Warum dies so sein könnte, wird sich in den weiteren Passagen zumindest andeuten.

In einer umfassenderen Weise behandelt auch der folgende, reichhaltige Textauszug die Situationen der Kommunikation. Gesprächspartner ist dabei ein berufstätiger Basler fortgeschrittenen Alters, der sich seit langem mit der Thematik des Fluglärms befasst, ursprünglich ausgelöst durch eigenes Betroffensein. Er hat sein Engagement in verschiedenen Organisationen und Verbänden beibehalten, obwohl er mittlerweile seit vielen Jahren nicht mehr in unmittelbarer Nähe des Flughafens lebt. Er spricht, wie gleich zu merken ist, in einer Mischung aus Berichten eigener Erlebnisse und Reflexionen aus seiner intensiven Beschäftigung mit dem Thema:

```
Also, ich hab' im Monat einmal Sitzung da draußen in All-
schwil [d.h. im Bereich der häufig genutzten Abflugschneise
des Flughafens], und das ist dann jeweils so, dass wenn da
ein Brummer oben drübergeht, dann geht das zehn Sekunden,
wo wir die Diskussion unterbrechen müssen, bis der dann
wieder sich etwas entfernt hat. Und das wird schon sehr be-
wusst erlebt als, wie soll ich sagen, Machtlosigkeit, als
Machtlosigkeit. Man muss das einfach hinnehmen, man ist
ohnmächtig. Und das wird auch immer wieder gesagt, dass
eben durch diese Lärmspitzen von zehn/zwanzig Sekunden -
```

---

15 Wenn man im Kreise der Familie ist, draußen auf der Terrasse, sonntags, da ist es lästig, aber sonst geht es, nicht störend, nicht für mich. Die Jugendlichen.

das ist ja nicht nur eine Sache von einer halben Sekunde -,
dass die eben sehr vor allem die Kommunikation stören, also
das Gespräch im Garten oder bei offenem Fenster, Radio hören, Fernsehen, solche Dinge. Die Kommunikation wird sehr
gestört. Und das ist eigentlich so, wenn Sie Leute in Flug-
hafennähe fragen, also näher als Hohentengen [ein östlich
von Waldshut am Rhein gelegener deutscher Ort, der im Züricher Fluglärmstreit ein Rolle spielt], dann ist das immer
das, was zuerst kommt, also die Störung der Kommunikation.
Gut, die brauchen dann nicht unbedingt das Wort Kommunikation, aber sie sagen, eine Unterbrechung beim Telefonieren
"oder beim Radio hören" [?], aber es geht ja immer um eine
Form der Kommunikation.
(MF:)   Also, Ohnmacht ist ein starker Begriff - weil das eben etwas sehr Invasives ist? Man kann
ja nicht ...
˪Ja! Und Sie˩ können nicht so, wie sie beim Verkehrslärm,
da können Sie ja ausweichen auf die andere Seite des Hauses. Also, hier fährt der Verkehr und dann [...] können Sie
das Schlafzimmer auf die andere Seite legen. Beim Flugverkehr, da können Sie das nicht, da sind Sie ausgeliefert,
das ist wie das Ausgeliefertsein, Sie haben auf beiden
Hausseiten den gleichen Lärm. Also, man fühlt sich eher dem
Fluglärm ausgeliefert als dem Verkehrslärm. [IXm, Z. 321-
342]

Hier werden verschiedene Dinge spezifiziert, die unter den Begriff Kommunikation fallen können, Dinge, die auch in anderen Gesprächen genannt wurden, wie
wir zum Teil bereits gesehen haben. Interessant sind für uns jedoch vor allem die
zwei Anläufe, den Zustand bzw. den Gefühlszustand allgemeiner zu formulieren,
der sich in den Störungssituationen ergibt. Im ersten Anlauf wird daraus die
„Machtlosigkeit", ein Begriff, der erkennbar überlegt ist und durch Lautstärke und
Wiederholung bekräftigt wird, im zweiten das „Ausgeliefertsein", wobei auch hier
das Partizip noch zweimal wiederholt wird. Beide Charakterisierungen liegen inhaltlich nahe beieinander; die Machtlosigkeit betont stärker den Aspekt des eigenen Handelns (bzw. dessen Nutz- oder Wirkungslosigkeit), das Ausgeliefertsein
die Wehrlosigkeit gegenüber dem potenziell schädlichen Handeln anderer. Im
ersten Fall schwingt dabei in der vorliegenden Formulierung auch noch durch,
gemeinsam in der Position zu sein, nichts bewirken zu können (vor allem durch
die Abfolge der Subjekte der ersten Sätze: nach dem „wir" im zweiten Satz,
scheint sich das passive „es wird" im folgenden Satz auf die Gruppe zu beziehen).

Die kommunikative Störung bekommt mit diesen Charakterisierungen jedenfalls einen Gehalt, der über die simple Unterbrechung hinausgeht: „Man muss das
einfach hinnehmen, man ist ohnmächtig". Mit der Störung wird also zugleich das
Thema der eigenen Handlungsfähigkeit in die jeweilige Situation hineingetragen,
nämlich als Problem, an dieser konkreten Belästigung im Moment nichts ändern
zu können, vielleicht sogar überhaupt nichts daran ändern zu können, jedenfalls
auch nicht an der nächsten Störung, die vielleicht schon Minuten später stattfinden
wird. Und dabei kommt noch eine spezifische Qualität dieses Lärms ins Spiel, der

weiter oben schon in dem Begriff des Lärmnetzes angedeutet wurde: Selbst ein quasi passives Ausweichen ist nicht möglich, denn der Lärm legt sich allseitig auf den Ort. Anders als etwa beim Verkehrslärm oder beim Rasenmäher des Nachbarn herrscht „auf beiden Hausseiten de[r] gleiche Lärm". Dies verstärkt ohne Frage das Gefühl des Ausgeliefertseins.

In den Interviews ist zwar häufig von einem abstrakteren, politischen Ausgeliefertsein die Rede, wie wir noch sehen werden, doch es finden sich kaum längere Passagen, die das soeben skizzierte Ausgeliefertsein in den konkreten Lärmsituationen explizit thematisieren. Dies bleibt auf kleine Splitter und Halbsätze beschränkt, die vor allem den Verlust von Ordnung und Kontrolle signalisieren. Dazu gehören die wiederholten Eindrücke, unmittelbar in Gefahr zu sein („Letzthin hat meine Frau gesagt: ‚ich geh' nicht mehr in den Garten, weil ich Angst habe'" [XVm, Z. 89-90]); die vielfältigen Schilderungen der scheinbaren Regellosigkeit („die donnern da rüber, total außer Kontrolle" [XVIIw, o.Z.]; „die machen es so, wie sie's brauchen" [IVw, Z. 181]); dazu gehören Ausrufe und Verstärkungen wie „Wahnsinn" oder Beschreibungen eines „choc total"; schließlich auch allgemeine Bekundungen der Resignation („Ça dérange tout le monde, mais on fait avec. Qu'est-ce que vous voulez?" [Iw, Z. 231])[16]. Addiert man diese verschiedenen Elemente und betrachtet sie zusammen, tritt das Thema der Machtlosigkeit klar hervor. Es bleibt dennoch auffällig, dass dieses Thema keinen ausgewiesenen Ort in den Erzählungen der Interviewten hat; die Machtlosigkeit ist dort meistens bereits auf die höhere Ebene der gesellschaftlichen Machtverhältnisse und Entscheidungsprozesse transformiert.[17]

Das Thema der Kommunikationsstörungen weist schließlich eine weitere Dimension auf, die mit dem diagnostizierten Aspekt der Machtlosigkeit zusammenhängt und diesen in sozialer Perspektive differenziert. Wir hatten oben gesehen, dass die Situation der Kommunikationsunterbrechung für eine Jugendliche offenbar in der Familie als störender gedacht wurde als in einer Gruppe Jugendlicher, die sich in der gleichen Situation befindet. Es kann hier ergänzt werden, dass diese Jugendliche ihre Lebensperspektive nicht am Ort sah, sondern im weiteren Gespräch ihre Entschlossenheit bekundete, das elterliche Haus und auch die Region zu verlassen, sobald sie die Schule beendet haben werde:

---

16   Das stört alle, aber man lebt halt damit. Was wollen Sie [denn da machen]?

17   Hier ließe sich über Gründe spekulieren, bzw. ließen sich Gründe systematisch suchen, warum die Interviewpartner und -partnerinnen die konkrete Erfahrung der Machtlosigkeit in den Lärmsituationen im Gespräch nicht artikulieren. Ersteres soll hier nicht geschehen, bei letzterem wäre der theoretische Rahmen naheliegenderweise in psychologischer Perspektive zu erweitern, womit er Fragestellungen umfasste, die zu behandeln ausdrücklich nicht beabsichtigt ist. Es sei aber darauf hingewiesen, dass die individualpsychologisch orientierte Lärmwirkungsforschung mit einem methodisch ganz anderen Ansatz zu dem Ergebnis kommt, dass die Auffassung von Personen davon, ob sie die negativen Folgen des Lärms beeinflussen können, ihre Bewertung von Schallereignissen erkennbar beeinflusst. Dies wird in dem Konzept der „Kontrollüberzeugung" allgemein formuliert und spezifischer als „Lärmbewältigungsvermögen" gefasst (Höger 1999, S. 12).

> L'Alsace je n'aime pas trop [...], je vais étudier ail-
> leurs. [...] En tout cas je vais déménager. (XXIIw, o.Z.)[18]

Es liegt vor diesem Hintergrund nahe zu vermuten, dass die Einbindung in das familiäre Beisammensein in ihren Augen der Lärmsituation eine intensivere Qualität der Störung verleiht, weil sie dem sozialen System Familie eine geringere Handlungsfreiheit gegenüber dieser Situation unterstellt, als sie diese für sich selbst beansprucht. Ob sie mit dieser Unterstellung im Einzelfall richtig liegt oder nicht, spielt dabei keine Rolle; Überlegungen über die Lebensspanne, wie sie oben kurz skizziert wurden, eröffnen allerdings, dass sie damit durchschnittlich recht haben dürfte. Was sie insgesamt ausdrückt – gerade indem sie sich verschiedentlich von der Betroffenheit ausnimmt –, ist ein *Mitgefühl* mit der Familie, deren Teil sie noch ist, im Moment auch noch teilhabend an deren Lärmsituationen, aber bald nicht mehr, jedenfalls in ihrer Vorstellung. Und zumindest diese Vorstellung dürfte sie tatsächlich auch mit den anderen Jugendlichen teilen: „pas dérangeant, pas pour moi. [Pas pour] Les jeunes."

Anders stellt sich die Situation für diejenigen dar, die ihre Entscheidung hier zu leben vorläufig getroffen haben, und in der Regel sogar etwas mehr als vorläufig, nämlich mit dem Bau oder Kauf eines Hauses. Bei Personen dieser Lage traf ich mehrfach auf die Schilderung von Lärmsituationen, die gerade deshalb und dadurch besonders störend oder prekär zu sein schienen, weil Freunde anwesend waren, eventuell zusätzlich zur Familie. Zwei Beispiele sollen hierfür angeführt werden, beide entstammen Gesprächen in Dörfern in der unmittelbaren Umgebung des Flughafens. Die folgende Sequenz entstammt dem Gespräch, in dem von der Störung des Paares beim gemeinsamen Pflanzen der Thuja-Hecke berichtet wurde. Vor dieser Sequenz spricht die Gesprächspartnerin voller Unmut über die ihres Erachtens unangemessene internationale Verteilung des Fluglärms. Auf meine allgemeine Nachfrage, wie sich die Lage während der letzten Jahre verändert habe, antwortet sie zuerst etwas nachdenklich, dann bestimmt und zügig:

> Moi, je [ne] me souviens pas que les premières années
> [qu']on habitait là - ben, il y avait des avions. Mais pas
> comme maintenant: toutes les trente secondes un avion qui
> passait, où on était en train de discuter avec des amis, il
> fallait qu'on se taise parce qu'on n'entendait plus rien.
> Ça, il n'y avait pas. (Iw, Z. 149-152)[19]

Der Abstand von nur dreißig Sekunden zwischen den Flugzeugen scheint selbst in Spitzenzeiten technisch kaum möglich, doch auf diese verzerrte Wahrnehmung oder Übertreibung kommt es hier nicht an. Die drastisch dargestellte Häufigkeit wird in jedem Fall darauf bezogen, dass man im Gespräch *mit den Freunden* ge-

---

18 Das Elsass mag ich nicht besonders [...], ich werde woanders studieren. [...] Auf jeden Fall werde ich fortziehen.

19 Ich erinnere mich nicht, dass es in den ersten Jahren, wo wir hier wohnten - gut, es gab [natürlich] Flugzeuge. Aber nicht wie jetzt: alle dreißig Sekunden ein Flugzeug das vorbeifliegt, wo man gerade in der Diskussion mit Freunden war, man musste aufhören zu reden, weil man nichts mehr hörte. Das gab es nicht.

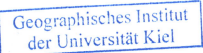

stört wird, und eben das gab es nicht, vor einigen Jahren. Von diesen Freunden
war weder vorher noch nachher die Rede und wenn diese Bestimmung hier nicht
nur Zufall ist (worauf andere Gespräche hindeuten), dann hat es offenbar eine besondere, das negative Empfinden steigernde Bedeutung, wenn man im Zusammensein mit ihnen gestört oder unterbrochen wird.

Eine zweite Sequenz, die hier betrachtet werden soll, macht dies noch deutlicher. Sie ist einer Gesprächspassage entnommen, in der es anfangs um die Möglichkeiten ging, auf die Regelungen des Flugverkehrs auf regionaler Ebene Einfluss zu nehmen. Der Gesprächspartner beklagte gerade den steten Wechsel des
Personals bei den zuständigen Verwaltungsstellen, der eine kontinuierliche Zusammenarbeit der Fluglärmkritiker mit diesen Stellen unmöglich mache. Er fährt
fort:

```
Und dann geht's jedes mal wieder von vorne los, [...] ich
finde das schlecht. Und wir sind der Meinung, also im Kol-
lektiv sind wir der Meinung: wir haben Zeit. Aber wir wer-
den ganz klar: so können wir nicht weiterleben, so geht's
nicht! So geht's nicht weiter. Am Sonntag, da habe ich ei-
nen Besuch gehabt, und dann haben wir da draußen gegessen,
und es gibt Zeiten, also sie fliegen ja nicht den ganzen
Tag, aber es gibt vier oder fünf Flüge, aber wenn so ein
Flug kommt, da kann man nicht mehr sprechen [?,1], und dann
fragen die Leute: 'Ist das den ganzen Tag so?' Das geht
einfach nicht! (XVm, Z. 250-259)
```

In diesem Zitat findet ein abrupter Wechsel statt, der nicht nur dadurch gekennzeichnet ist, dass der Tonfall mit dem dritten Satz geradezu aufbrausend wird. Das
sachbezogene Gespräch über die Möglichkeiten der Abstimmung mit der Verwaltung endet zunächst mit der durchaus selbstbewussten Feststellung „wir haben
Zeit". Dann kommt das „Aber", dem durch das dreifache, heftig betonte „so ...
nicht" größter Nachdruck verliehen wird. Was dieses „so" eigentlich beinhaltet,
wird jedoch erst in der Folge erläutert; und wo genau diese Ausführung endet,
zeigt klar und deutlich die Wiederholung am Ende des Zitats, die geradezu eine
Klammer für die Erläuterung bildet: „Das geht einfach nicht." In dieser Klammer
finden wir nun nicht nur die typischen und hinlänglich bekannten Elemente einer
Lärmsituation. Neu hinzu kommt die Präzisierung der sozialen Situation als eine
Zeit des Besuchs. Dass dies auch hier kaum eine neutrale Zusatzinformation ist,
deutet sich zart schon am Anfang dieser Passage durch die Abfolge an: „da habe
ich Besuch gehabt, *und dann* haben wir da draußen gesessen". Der Besuch ist die
erste Bestimmung in der Erläuterung nach der notwendigen Angabe des Zeit-
punkts des als Beispiel gewählten Ereignisses, und die Rolle des Besuchs in dem
Geschehen beschließt auch wiederum den Einschub, nämlich mit der Frage, ob
das den ganzen Tag so sei. Dazwischen wird Bekanntes erklärt, nämlich dass einzelne Flugereignisse das Gespräch unterbrechen, und dass nur bestimmte Flugereignisse in begrenzter Zahl diese einschneidende Wirkung haben. Für diese Feststellung bedürfte es keines Besuches, zumal der Gesprächspartner nicht alleine
lebt. So bleibt hier noch weniger als im ersten Beispiel ein Zweifel daran beste-

hen, dass die Störung in ihrer Größe ganz bedeutend damit zusammenhängt, dass sie *im Beisein von Besuch* stattfindet.

Und offensichtlich spielt dabei die Frage, die der Besuch stellt, eine entscheidende Rolle. Das wird noch dadurch unterstrichen, dass an dieser Stelle die Erzählung eine eigentümlich allgemeine Form annimmt. Hatte es eingangs der Passage noch geheißen, er habe „einen Besuch gehabt", heißt es später weit unbestimmter „und dann fragen die Leute" – unbestimmter nicht nur, weil die Bestimmung der Personen mit „die Leute" sozial noch abstrakter wird als „ein Besuch" war, unbestimmter vor allem, weil hier nicht mehr das Perfekt verwendet wird, sondern ein verallgemeinerndes Präsens. Ginge es nur um das bestimmte Ereignis wäre jedenfalls grammatikalisch eine andere Formulierung zu erwarten gewesen, etwa: „und dann hat der Besuch gefragt", oder „und dann haben die Leute gefragt". Wir dürfen vermuten: die offenbar unangenehme Frage ist schon mehr als einmal gestellt oder antizipiert worden.

Und noch ein letzter Teil der Analyse dieses schillernden Zitats. Die zum Schluss, also nach der ‚Klammer' ausgedrückte Empörung, „Das geht einfach nicht", scheint sich ja sprachlich mindestens so sehr auf die *Frage* der „Leute" zu beziehen, wie auf das Faktum der „vier oder fünf Flüge", die nach seiner Schilderung überhaupt nur geeignet sind, die zur Diskussion stehende Störung zu bewirken. In der Darstellung des Interviewten haben die Fragenden bei genauer Betrachtung des Zitats sogar eindeutig *unrecht* mit ihrer impliziten Vermutung, der Lärm sei „den ganzen Tag so". Das passt also inhaltlich nicht ohne Weiteres zusammen. Denn wenn es sich tatsächlich nur um vergleichsweise seltene Ereignisse handelte, wäre die Aufregung nicht verständlich, vielmehr: sie wird dann nur verständlich als Aufregung darüber, dass die Freunde ausgerechnet diesen seltenen Ereignissen beiwohnen und damit die gesamte Lage verkennen.

Wenn wir zu einer gemeinsamen Interpretation der zuletzt zitierten Passagen übergehen – und dabei wiederum keine primär psychologischen Deutungen in Betracht ziehen wollen, wie etwa das Bedürfnis, ‚kognitive Dissonanzen' zu verringern o.ä. –, so können wir ihre Bedeutung zunächst unproblematisch an die oben entwickelte ‚Machtlosigkeit' anschließen. Insoweit das Empfinden von Ohmacht (Machtlosigkeit/Ausgeliefertsein) ein zentrales Moment gerade jener Lärmsituationen ausmacht, in denen die Kommunikation für einige Zeit unmöglich wird, deuten die beiden letzten Zitate darauf hin, dass diese Ohmacht im Beisein von Freunden oder „Besuch" besonders stark und unangenehm empfunden wird. Es liegt nahe, mit Blick auf diese Situationen von einer *sozialen Scham* zu sprechen. Die Beschämung vollzieht sich einsichtigerweise am stärksten im Kreise von Personen, die den jeweiligen sozialen Horizont teilen, oder jedenfalls soweit Einsicht darein haben, dass von ihnen ein genaues ‚Gespür' für die kritische Situation erwartet werden kann. Ein ganz zentrales Element dieses Horizonts ist wiederum die oben diskutierte Zeitlichkeit der Lebensspanne, die wachsenden Bindungen, die wachsende Bedeutung der Erkenntnis, dass das eigene Leben ein einziges, endliches, nicht wiederholbares ist. Damit ist die soziale Scham zugleich in doppelter Weise körpergebunden, nämlich einerseits an die konkreten Hörerfahrungen in den betreffenden Situationen, zum anderen an die Hinfälligkeit des

Körpers im Prozess des Lebens. Die Lärmsituation kann sozial beschämen, indem
sie die Verwundbarkeit und sogar das Scheitern des Bemühens punktuell offen-
legt, dieses Leben selbst zu bestimmen (vgl. Neckel 2000, S. 96f). Ein sehr par-
tielles Scheitern, gewiss, aber eine sehr radikale und unabweisbare Offenlegung
auf der anderen Seite.

An dieser Stelle soll die erste Annäherung an den Fluglärm im Umland von Basel
auf Basis der Interviews kurz zusammengefasst werden. Zunächst ergab die Untersuchung, dass der Fluglärm als solcher von den Betroffenen (und großenteils
Engagierten) in einem nicht-direktiven Gespräch sprachlich wenig differenziert
dargestellt wurde. Die spezifischen akustischen Qualitäten der Gesamtlage wie
auch bestimmter Einzelereignisse wurden offenbar nicht als erklärungswürdig
oder erklärbar erachtet, oder aber sie wurden schlicht vorausgesetzt. Die Versuche
einer klanglichen Präzisierung bestimmter Ereignisse oder Verläufe blieben auf
wenige Beispiele beschränkt, wie sie etwa im Bild der „Lärmschleppe" zum Ausdruck kommen. Insgesamt überwogen hingegen alltägliche und relativ unspezifi-
sche Charakterisierungen wie „laut", „unglaublicher Lärm", „unerträglich" oder
dergleichen. Eine etwas genauere Bestimmung ergab sich erst bei näherer Betrachtung aus der Schilderung von paradigmatischen Situationen des Lärms. Sie
bestand zunächst vor allem in der Benennung von bestimmten Orten und Zeiten,
in denen der Lärm als besonders störend empfunden wird, oder vorsichtiger: in
der Benennung von bestimmten Orten und Zeiten, deren Erwähnung den Befragten geeignet schien, die störende Wirkung des Fluglärms dem Außenstehenden zu
verdeutlichen.

Diese Situierungen wiederholen sich vielfach in den Erzählungen und sind
rund um den Flughafen sehr ähnlich. Zum einen geht es dabei typischerweise um
den Außenbereich eines Hauses (Garten, Terrasse, Balkon) in Kombination mit
der sommerlichen Jahreszeit und den Abendstunden sowie dem Wochenende,
zum Anderen um das Innere eines Hauses oder einer Wohnung zur Nachtzeit –
beides ist intuitiv einleuchtend und für sich genommen wenig überraschend. Erst
bei weiterer Analyse lässt sich auch ein Bedeutungsgehalt dieser Situationen ausmachen. Oftmals handelt es sich im zuletzt genannten Fall um Situationen, die
explizit angstbesetzt sind; im erstgenannten Fall um Situationen, in denen die
Kommunikation gestört wird. In beiden Fällen wird dabei verschiedentlich der
Verlust von Kontrolle bis hin zum Gefühl einer umfassenden Ohnmacht beschrieben, wobei letztere weniger als individuelles Ausgeliefertsein während konkreter
Ereignisse, denn als gesellschaftliche Machtlosigkeit thematisch wird. Beide Situationen werden zudem häufig zusätzlich im Blick auf längere Zeithorizonte eingeordnet, im Besonderen im Blick auf das Lebensalter und die Lebensphasen, wie
sie etwa in der unterschiedlichen Teilnahme an Arbeitsverhältnissen im Verlauf
eines Lebens zum Ausdruck kommen.

In der Interpretation wird die Kombination dieser Aspekte als Hinweis auf die
Bedeutung der Lärmsituationen verstanden, wonach hierin am sensiblen Punkt des
Hauses und umso mehr des Eigenheims die Fähigkeit in Frage gestellt wird, das
eigene Leben in der gewünschten Weise zu gestalten. Der schon im Begriff der

Immobilie angelegte Charakter dauerhafter, unverrückbarer Bindung kollidiert hier, könnte man sagen, mit der sozialen Mobilität im weitesten Sinne, aber auch ganz konkret mit der Mobilität in verkehrstechnischer Bedeutung. Verschiedene Schilderungen, die in diesem Zusammenhang auf die Gegenwart von Familie, jugendlicher *peer group* oder erwachsenen Freunden rekurrieren, legen einen starken Einfluss dieser variierenden sozialen Bezugspunkte darauf nahe, wie dramatisch diese Kollision als Kontrollverlust erlebt und beschrieben wird. Die auf Basis der Interviews insoweit gewonnenen Befunde lassen sich zwanglos an Erkenntnisse einer psychologischen Lärmwirkungsforschung anschließen. In der vorliegenden Perspektive werden *soziale Lärmsituationen* sichtbar, soziale Mikrosettings, deren Konturen sich soweit auch ohne Rückgriff auf die umfassenderen gesellschaftlichen Auseinandersetzungen um Fluglärm beschreiben lassen.

5 Maßstäbe der Regulierung

Als Maßstäbe der Regulierung hatten wir im Anschluss an Towers (2000, S. 26) die Sphären oder ‚Landschaften' gefasst, die durch die formal gesetzten Zuständigkeiten bestimmter Entscheidungsgremien entstehen, das heißt etwa durch die gesetzlich festgelegten Aufgabenbereiche bestimmter Bürokratien, durch die operative Gliederung von Firmen oder die Betätigung von Fachverbänden und Interessengruppen, die auf die Regulierung eines Feldes in systematischer und institutionalisierter Form Einfluss nehmen (vgl. Kap. 2). Im vorliegenden Fall sind dabei so unterschiedliche Zusammenhänge denkbar wie die Sphären, die durch die Strukturierung des internationalen, privatwirtschaftlichen Frachtkurierwesens entstehen, das am Flughafen Basel-Mulhouse mit führenden Firmen präsent ist, durch die Aktivitäten der französischen *Direction Générale de l'Aviation Civile* (DGAC) mit ihren technischen Diensten (DGAC 2001, 2002), oder durch die Handelskammern im Dreiländereck, die jüngst eine trinationale Betriebsgesellschaft für den Flughafen ins Gespräch brachten (Reuter 2003).

Die Maßstäbe der Regulierung sind demnach ebenso mannigfaltig wie zahlreich; sie sind, im vorliegenden Fall wie in vielen anderen auch, nicht erschöpfend zu behandeln. Es sei hier zudem wiederholt, dass wir auch in dieser Perspektive mit Prozessen der Sinngebung konfrontiert werden, mit Bedeutungszuweisungen und Interpretationen der beteiligten sozialen Akteure, die im Grenzfall die Institutionen, Funktionssysteme und ‚strukturierenden Strukturen' überhaupt erst entstehen lassen, oder ihnen jedenfalls immer wieder neue Geltung verschaffen. Die Unterscheidung zwischen den Maßstäben der Regulierung und denen der Bedeutung ist also eine graduelle und zu allererst eine heuristische: Hier haben wir es mit den stärker und systematischer formalisierten Aspekten des Konflikts zu tun, mit mehr oder weniger anerkannten Zuständigkeiten, mit dem, was in anderer Perspektive als die *sachliche Ebene* und die *formale Verfasstheit* einer bestimmten sozialen Auseinandersetzung bezeichnet wird. Im gängigen Verständnis können wir darauf rechnen, dass die Relevanz dieser Dimensionen für die in Frage stehenden Konfliktlagen auch weniger umstritten ist als diejenige der weiteren, offeneren Maßstäbe der Bedeutung, die nicht mit entsprechend anerkannten Zuständigkeiten und formalen Institutionen korrespondieren. So ist es auch im vorliegenden Fall.

Im Anschluss an die früher genannten Hauptlinien des Konflikts sollen in diesem Kapitel nur zwei Maßstäbe der Regulierung betrachtet werden, die durchaus der umgangssprachlichen Bedeutung des Wortes Regulierung entsprechen. Wie wir sehen werden, berühren sie die genannten Konfliktlinien, sei es unmittelbar durch ihren Gegenstand, sei es durch die darin vorausgesetzten Messverfahren. Es handelt sich dabei zum einen um die Lärmschutzpläne betreffend den Flughafen, genauer gesagt um die beiden in der unmittelbaren Umgebung des Flughafens wirksamen Rechtsinstitute des französischen Staates, nämlich den *Plan d'Exposition au Bruit* (PEB, ‚Lärmexpositionsplan') und den *Plan de Gêne Sonore* (PGS, wörtlich übersetzt etwa ‚Schallbelästigungsplan'). Zum zweiten handelt es sich um die Bestimmungen bezüglich der Flugrouten, und zwar insbesondere der An- und Abflugrouten zum bzw. vom Flughafen Basel-Mulhouse, d.h. um den Teil der Routenführung, der die Starts und Landungen an diesem Flughafen unmittelbar betrifft. Diese beiden Maßstäbe der Regulierung hängen an bestimmten Punkten direkt zusammen, und in beiden Fällen haben wir es mit einem ganzen Geflecht von Bestimmungen zu tun, das in den letzten Jahren so häufig geändert worden ist, dass hier nur ein ausgewählter Einblick möglich ist. Positiv formuliert: In der Darstellung dieser Institutionen lässt sich die Vielfalt und große Dynamik verdeutlichen, die die Regulierung des Lärms in Frankreich und der Schweiz während der letzten Jahre auszeichnet, sowie die Schwierigkeiten einer internationalen, transparenten Angleichung in substanziellen und technischen Fragen. Zugleich werden darin auch die Probleme und Risiken erkennbar, mit denen sich die Kritiker des Fluglärms konfrontiert sehen, wenn sie sich auf die wissenschaftlich-technische Ebene des Konfliktes begeben. Diese beiden Aspekte verdienen eine nähere Betrachtung, auch wenn die weitere, soziale und politische Bedeutung recht mühsam aus dem ‚sachlichen' Gestrüpp von Bestimmungen und Entscheidungen herausgezogen werden muss – oder besser: gerade weil das Soziale und Politische sich hier in scheinbar rein technischen Institutionen in einer Weise eingenistet hat, die den gegenwärtigen Konflikten nicht nur das äußere Gepräge verleiht, sondern auch die Artikulation legitimer Positionen präformiert.

Die Darstellung wird folglich für einen Moment die Tonlage ändern und einige technische und prozedurale Fragen des Flugverkehrs behandeln, deren Verständnis für die weitere Interpretation der gegenwärtigen Konfliktlagen notwendig ist. Da das Interesse der vorliegenden Studie insgesamt auf die Bedeutungszuweisungen und Interpretationen der Fluglärmkritiker gerichtet bleibt, soll die Darstellung technischer Aspekte jedoch möglichst knapp erfolgen; dabei werden auch in diesem Kapitel Interviewsequenzen hinzugezogen, aus denen sich die Bedeutung der ‚Regulierungen' für die vom Fluglärm Betroffenen zumindest teilweise erschließen lässt. Zunächst werden im Folgenden die beiden genannten Pläne (PEB und PGS) kurz in genereller Form dargelegt, ehe sie mit Bezug zum Flughafen Basel-Mulhouse und dessen umkämpfter Entwicklung während der letzten Jahrzehnte erörtert werden. In einem zweiten Abschnitt wird dann die Frage der Flugrouten behandelt, die in den gegenwärtigen Konflikten stärker im Vordergrund steht.

Lärmzonen – die berechnete Legitimation

Die französischen Zonenpläne PEB und PGS haben keine direkte Entsprechung im deutschen oder schweizerischem Recht, doch finden sich sehr ähnliche Bestimmungen wie die darin enthaltenen im deutschen Gesetz zum Schutz gegen

Fluglärm mit seinen Schutzzonen (§ 2.2 FlugLG v. 30. März 1971, vgl. a. den Neuentwurf BT Drucksache 16/508 [2006], S. 7) und den Leitlinien des Immissionsschutzes[1], sowie in der schweizerischen Lärmschutzverordnung mit ihren baurechtlichen Bestimmungen (Art. 29-31 LSV vom 15.12.1986 [3.07.2001]).

Der *Plan d'Exposition au Bruit* (PEB) nimmt Vorgaben vor allem aus den *Codes* für Umwelt und Städtebau auf.[2] Die Funktion dieses Planes ist es, für alle Flughäfen des öffentlichen Luftverkehrs[3] vier (bis 2002 drei) Zonen unterschiedlicher Lärmintensität zu bestimmen, die in abnehmender Richtung, d.h. von den Rollbahnen ausgehend mit den Buchstaben A bis D (bzw. C) bezeichnet werden. Die Zonen, auf deren Berechnung zurückzukommen sein wird, werden in einem Maßstab von 1/25.000 auf einer Karte abgebildet; sie sind dann jeweils unterschiedlichen Restriktionen in Bezug auf die bauliche Weiterentwicklung unterworfen, insbesondere soweit es sich um die Errichtung von Wohnungen und Wohngebäuden handelt. In den inneren Zonen A und B dürfen zu diesem Zweck nur noch Gebäude errichtet werden, die für die Aktivitäten des Flughafens unerlässlich sind und, soweit es sich um bereits besiedelte Sektoren der Zone B handelt, notwendige Wohnungen für kommerzielle, industrielle und landwirtschaftliche Zwecke. In der äußeren Zone C sind zusätzlich nur solche Einzelbauten – d.h. keine Siedlungen oder Wohnblocks – erlaubt, die in bereits erschlossenen Baugebieten hinzugefügt werden und zudem nur ein schwaches Anwachsen der lärmexponierten Bevölkerung erwarten lassen (*Code de l'Urbanisme*, Art. L147-5). Gerade diese letzte Bedingung bezüglich der Zone C gewährt offensichtlich einigen Interpretationsspielraum. Die neu hinzugekommene Zone D, die nun für die größten Flughäfen des Landes[4] definiert wird, erlaubt Neubauten aller Art, verlangt aber für diese besondere Maßnahmen der Schallisolation bereits bei der Erstellung. Der Zeithorizont der gesamten Zonierung soll die mittel- und langfristige Entwicklung antizipieren, worunter etwa zehn bis fünfzehn Jahre zu verstehen sind (MEDR 2002, S. 1).

Der in mancher Hinsicht komplementäre *Plan de Gêne Sonore* (PGS) nimmt zusätzlich Vorgaben aus dem 1992 verabschiedeten französischen Lärmbekämpfungsgesetz auf, sowie aus einigen jüngeren Dekreten bezüglich der Zonierung

---

1 Vgl. Brendel/Wendland (1998) und die entsprechende Entschließung der Ministerkonferenz für Raumordnung vom 16. September 1998 (BMBau 1998).

2 Im Einzelnen sind hier zu nennen aus dem Code de l'Urbanisme Art. L147-1–L147-8 (Partie Législative, Titre IV, Chap. VII) und Art. R147-1f. (Partie Réglementaire); aus dem Code de l'Environnement Art. L. 571-13f. (Livre V, Titre VII, Chap. I, Section 4); sowie das Décret n° 87-339 du 21 mai 1987. Die Neufassungen des Code de l'Urbanisme gemäß Décret n° 2002-626 werden im Weiteren Berücksichtigung finden.

3 Ausgenommen sind hier nur kleine Trainings- und Sportflughäfen sowie Startplätze für Helikopter und senkrecht startende Luftfahrzeuge, vgl. *Code de l'Aviation Civile*, Article R222-5 (Partie Réglementaire - Décrets en Conseil d'Etat).

4 Als solche gelten alle Flughäfen, die jährlich mehr als 20.000 Starts von Flugzeugen mit mindestens 20t Höchststartgewicht (MTOM) aufweisen (vgl. *Code des Douanes*, Art. 266 septies [3]). Das trifft derzeit auf zehn Flughäfen in Frankreich zu, zu welchen der Flughafen Basel-Mulhouse gehört.

und des Finanzierungsmodus.[5] Die Funktion dieses Planes, der gleichfalls als Karte vorgelegt wird, ist es, für die genannten zehn größten Flughäfen (wie schon früher) drei Zonen unterschiedlicher Lärmintensität zu bestimmen, die in abnehmender Richtung, d.h. wiederum von den Rollbahnen ausgehend, mit den römischen Ziffern I-III bezeichnet werden und in ihren Grenzwerten weitgehend den oben genannten Zonen A bis C entsprechen.[6] Allerdings ist hier der Zeithorizont explizit kurzfristig: Die Lärmprognose soll sich in diesem Fall auf das folgende Jahr beziehen und je nach Bedarf erneuert werden. Auf Basis der Zonierung bzw. aufgrund der Lage von Gebäuden in diesen Zonen entstehen dann finanzielle Ansprüche der jeweiligen Eigentümer, die sich auf schallisolierende Maßnahmen an diesen Gebäuden beziehen, bzw. in Extremfällen der Zone I, wo eine Isolierung technisch nicht mit angemessenem Aufwand durchführbar ist, auf den (Ab-)Kauf mit Umnutzung oder Abriss der Gebäude.[7] Konkreter und stark vereinfacht für die meisten Fälle gesagt: Wessen Haus in der Zone II oder III des PGS eines Flughafens zu liegen kommt, der erhält im Normalfall 80 Prozent der Kosten zurückerstattet, die durch neue Schallschutzmaßnahmen wie isolierende Fenster o.ä. anfallen, vorausgesetzt dass der Bau zum Zeitpunkt der Baugenehmigung nicht in einer der entsprechenden Zonen eines gültigen PEB lag.

Der *Plan de Gêne Sonore* wird federführend von der zivilen Luftfahrtbehörde (DGAC) erstellt und nach Konsultationen auf kommunaler Ebene mit Entscheid des Präfekten des jeweils betroffenen *Département* verkündet. Die Finanzierung der resultierenden Maßnahmen wird heute von der nationalen Umweltbehörde (ADEME) auf Basis einer generellen „Steuer für umweltbelastende Aktivitäten" durchgeführt, die eine gesonderte Flugzeugsteuer abgelöst hat.[8] Diese Behörde entscheidet letztlich auch über die Zuteilung der Gelder, nach Konsultation einer Kommission, der Vertreter des französischen Staates, der betreffenden Gebietskörperschaften sowie der Organisationen der Flughafenanrainer angehören, sowie der 1999 ins Leben gerufenen Spezialbehörde für Fluglärm, der *Autorité de Contrôle des Nuisances Sonores Aéroportuaires* (ACNUSA, „Behörde zur Kontrolle der Flughafen-bezogenen Lärmbelästigungen")(MEDD 2002, S. 1).

Ehe wir uns nun dem Flughafen Basel-Mulhouse, den insoweit bestehenden Plänen und Auseinandersetzungen zuwenden können, ist noch ein Blick auf einige technische Besonderheiten sowie die generelle Entwicklung dieser Pläne in den

---

5   Loi n° 92-1444 du 31 décembre 1992 relative a la lutte contre le bruit, Titre III, Chap. II (Bruit des transports aériens); Décret n° 94-236 du 18 mars 1994; Décret n° 99-457 du 1er juin 1999.

6   Insbesondere der untere Grenzwert der Zone III im PGS ist klarer festgelegt als der untere Grenzwert der Zone C des PEB, der einen gewissen Entscheidungsspielraum beinhaltet, d.h. diese Zone des PGS ist in Zukunft in jedem Fall so groß, wie die Zone C des PEB sein kann, aber nicht sein muss (vgl. Décret no 2002-626 du 26 avril 2002, Art. 1 und 4).

7   Décret n° 99-457, Art. 1 u. 4.

8   Der ursprüngliche Finanzierungsweg musste 1984 aufgrund der Unzulässigkeit seiner rechtlichen Konstruktion aufgegeben werden, weshalb in der zweiten Hälfte der 1980er Jahre keinerlei Hilfen ausbezahlt wurden. Erst mit dem „Lärmgesetz" von 1992 wurde wieder eine rechtsgültige Refinanzierung der staatlichen Leistungen gesichert (vgl. Leroux 2002, S. 56).

letzten Jahren und Jahrzehnten notwendig. Erstens beruhten die bisherigen, zum Zeitpunkt der Studie gültigen Pläne durchgängig auf einer Berechnungsgröße, die außerhalb Frankreichs keine Bedeutung erlangt hat, nämlich auf dem sogenannten *Indice psophique* (IP, psophischer Index). Ähnlich wie andere Lärmgrößen soll dieser Index nicht einfach einen gemittelten Schallpegel wiedergeben, sondern das (durchschnittliche) Maß der empfundenen Störung, und so gehen in seine komplizierte Formel die Spitzenpegel (in PNdB) ein, die Anzahl der Ereignisse sowie ihre Verteilung auf Tag und Nacht, wobei Flüge zwischen 22 Uhr und 6 Uhr mit dem Faktor 10 gewichtet werden.[9] Die ehemalige Zone I resp. A (größer IP 96) wurde dabei festgelegt als der Bereich, in welchem sich älteren französischen Umfragen zufolge mehr als 70 Prozent der Anlieger „stark gestört" fühlten, die Zone II resp. B (IP 96-89) entsprechend 50 Prozent, die Zone III (IP 89-78) bzw. C (89-84/69[!]) als Bereich, in dem die Störung von weniger als die Hälfte der Anwohner als „stark" empfunden wurde, aber immer noch deutlich wahrnehmbar, „*sensible*", wie es etwas unscharf in einem technischen Dokument heißt (DGAC-STBA 1998, S. 4).[10] Die für die gesetzlichen Zwecke zu ermittelnden Werte basierten und basieren, zweitens, wie bereits angedeutet, nicht etwa auf Messungen, sondern sie werden auf Basis von bekannten Werten und Schätzungen bzw. Annahmen über das Verkehrsaufkommen, über die An- und Abflugrouten sowie die vorhandene Infrastruktur berechnet.

Zur generellen Problematik der Prognosen mit unterschiedlichem Zeithorizont kam somit in den letzten Jahren eine (nicht nur für Laien) schwer durchschaubare Vielfalt von Lärmmaßen ins Spiel. Zudem waren die Grenzwerte in den für die Planung und Kostenerstattung kritischen Zonen III und C unterschiedlich und besonders für die Zone C mit einem ganz erstaunlichen Spielraum behaftet. Die Spanne von fast 15 Punkten nach dem psophischen Index IP entspricht in grober Näherung einer Differenz von 10 dB(A), und d.h. etwa einer Verzehnfachung der Schallenergie bzw. einer Verdoppelung der wahrgenommenen Lautstärke. Mit dieser enormen Flexibilität soll den verschiedenen Flughafentypen und Besiedelungssituationen in der Umgebung von Flughäfen Rechnung getragen werden.[11]

Damit eröffnet sich aber auch ein weites Feld für politische Auseinandersetzungen darüber, wo und in welcher Weise gebaut werden darf, bekanntlich eine ganz entscheidende, nicht zuletzt ökonomische Frage für Kommunen, zumal im dynamischen städtischen Umland. Es verwundert in dieser Perspektive kaum, dass bei den älteren Plänen für die äußere Begrenzung der Zone C des PEB fast durchgängig der höchste gesetzlich zulässige Grenzwert (IP 84) angesetzt wurde. Diese Wahl schafft nicht nur Bauland ohne Einschränkungen, sondern erhält zugleich die zukünftige Zuwendungsfähigkeit der auf diesem Bauland neu gebauten Häuser im Rahmen des PGS, sofern dieser ein größeres Gebiet ausweist. Aus Sicht

---

9   Für eine genauere Darstellung und technische Diskussion s. DGAC-STBA (1998, S. 2f.) sowie EMPA (2001, S. 8). Eine umfassende Erörterung der Vielzahl international gebräuchlicher (Flug-)Lärmmaße würde im laufenden Text den Rahmen sprengen, ein Überblick über verschiedene übliche Lärmbewertungsverfahren findet sich in BUWAL (1998, S. 61f).

10   Die neuen (unteren) Grenzwerte in Lden liegen niedriger als zuvor; s.u.

11   Vgl. für die Begründung Art. L147-4, *Code de l'Urbanisme* v. 11. Juli 1985.

der Kommunen besteht damit ein doppelter Anreiz, die Zone möglichst klein aus-
zuweisen (vgl. Leroux 2002, S. 54ff).

In einem einzigartigen Rückblick auf die Entwicklung der PEB seit ihren Anfängen in den 1970er Jahren kam die neue französische Fluglärmbehörde AC-
NUSA im Jahr 2001 denn auch zu einer bemerkenswert kritischen Gesamtbilanz:

> „Seit 1974 sind 190 PEBs verabschiedet worden, die Mehrzahl unter ihnen in den
> 1980er Jahren. Nur 16 sind seit ihrer Ausarbeitung einer Revision unterzogen worden.
> Obwohl sie eigentlich die reale, aktuelle geräuschliche Situation widerspiegeln sollten,
> muss man feststellen, dass dies nicht der Fall ist. Diese Diskrepanz kann einerseits durch
> die spektakulären Fortschritte der Flugzeugtechnik erklärt werden, andererseits durch die
> große Steigerung des Verkehrs auf bestimmten Flughäfen. So ist der akustische ‚Fußab-
> druck‘ gewisser PEBs heute zu klein oder zu groß im Verhältnis zum tatsächlichen Ver-
> kehr und zur Topographie der Flugpisten.
>
> Die quasi allgemeine Wahl einer äußeren Begrenzung der Zone C bei IP 84 hat die
> städtische Entwicklung und ein Wachstum der [betroffenen] Bevölkerung ermöglicht: So
> wurden Häuser und Wohnungen gebaut, obwohl es bereits Geräuschbelästigungen gab
> oder diese sehr schnell eingetreten sind.“ (ACNUSA 2001a, S. 3, Üs. MF)

So waren im Jahr 2001 *alle* PEBs der zehn größten französischen Flughäfen ver-
altet, die Mehrzahl befand sich noch auf dem Stand der 1970er oder 1980er Jahre.
Die neue Behörde forderte daher nicht nur eine baldige Aktualisierung, sondern
auch eine Anpassung der Zonierung an jüngere Erkenntnisse der Lärmforschung
im Lichte der bisherigen Umsetzungserfahrung. Sie schlug daher vor, die Zone B
des wenig eingeschränkten Bauverbots generell deutlich auszuweiten, und in geringerem Umfang auch die Zone C, die zugleich so eindeutig zu definieren sei,
dass die Schutzmaßnahmen künftig an jedem Flughafen des Landes die gleichen
würden (ebd.).

In den Grundzügen folgten die gesetzgebenden Instanzen diesem Vorschlag
mit dem *Décret n° 2002-626* vom 26. April 2002, wenn auch mit einigen bedeut-
samen Einschränkungen. Zunächst die positiven Aspekte: Erstens wurde ein neues
Lärmmaß eingeführt, das den Bemühungen um eine europäische Vereinheitlichung Rechnung trägt und durch eine spezifische Gewichtung der Abendstunden
auch im Blick auf die im vorhergehenden Kapitel entwickelten Lärmsituationen
grundsätzlich positiv zu beurteilen ist (Lden in dB[A]).[12]

Zweitens, und dies ist wichtiger für die hier behandelte Frage, wurde die Zone
B klar begrenzt und nach unten deutlich ausgeweitet (70-62 dB), d.h. vergrößert.
Desgleichen wurde die Zone C leicht nach unten ausgeweitet, wobei ein gewisser
Spielraum nach wie vor bestehen bleibt (62-55/53 dB).[13]

Eingeschränkt werden diese erkennbaren Verbesserungen vor allem dadurch,
dass sie in dieser Form ausschließlich für *neue* Flughäfen gelten, und nicht einmal
für diejenigen unter den bestehenden Anlagen, die bisher noch gar keinen PEB

---

12 Vgl. Richtlinie 2002/49/EG des Europäischen Parlamentes und des Rates v. 25.06.02, Art. 5.

13 Nach einer neueren empirischen Untersuchung ergibt sich auf Basis von Messung und Befra-
    gung (im Raum Paris) eine statistisch abgesicherte „starke Störung“ durch Fluglärm etwa ab
    Lden 61 respektive im alten Maß ab IP 78. D.h. die Untergrenze der neuen Zone B entspricht
    in etwa der Untergrenze der alten Zone C. Vgl. Vallet u.a. 2000, Bd. 2, S. 38-43.

erstellt haben. Nach Angaben aus dem Jahr 2003 machen diese Anlagen immerhin fast ein Viertel (60 von 250) der in Frage stehenden Flughäfen aus.[14] Für alle bereits vor der Verabschiedung des Dekrets betriebenen Einrichtungen, d.h. de facto für alle bestehenden Flughäfen in Frankreich gelten einstweilen für die Zone B (bzw. PGS, Zone II) ähnliche Spielräume wie bisher schon für Zone C. Die Erfahrungen der Vergangenheit lassen erwarten, dass auch hier in der Regel die größtmögliche Untergrenze (von 65dB Lden) gewählt werden wird. Immerhin aber wurde im korrespondierenden PGS die Untergrenze der Zone III eindeutig fixiert (55 dB Lden), so dass an diesem Punkt ein höheres Maß an Transparenz und Vereinheitlichung als in der Vergangenheit erwartet werden kann. Indem das Dekret schließlich auch Fristen bezüglich der Ausarbeitung der beiden Pläne setzte – neuer PGS bis Ende 2003, neuer PEB bis Ende 2005 – sind die genannten Effekte landesweit relativ kurzfristig zu erwarten.

Wie aber stellt sich die Situation in Basel-Mulhouse dar, welche Rolle haben hier die genannten Pläne bisher gespielt? Die erste Antwort ist erstaunlich genug: Zum Zeitpunkt der vorliegenden Untersuchung gab es in Basel weder einen gültigen *Plan de Gêne Sonore* noch einen *Plan d'Exposition au Bruit*. Das heißt allerdings nicht, dass diese Pläne hier keine Bedeutung erlangt hätten; auch liegen inzwischen entsprechenden Ausarbeitungen und eine Anordnung des Präfekten vor. Offensichtlich aber gab es hier eine einzigartige Situation, traf doch dieser doppelt negative Befund im Jahr 2003 nicht auf einen einzigen anderen unter den zehn größten französischen Flughäfen zu, die allesamt seit zehn, zwanzig Jahren oder mehr wenigstens über einen PEB verfügten.

Flughafen	Flugbewe-gungen (2005)	Passag. (in Mio., 2005)	Plan d'Expo-sition au Bruit (Jahr [Revision])	Plan de Gêne Sonore (Jahr[Revision])
Paris CDG	513.674	53,3	1989 [n.a.]	1998 [2004]
Paris-Orly	222.878	24,8	1975 [n.a.]	1994 [2004]
Nice-Côte-d'Azur	169.369	9,7	1976 [2005]	1994 [2003]
Lyon-St-Exupéry	127.659	6,5	1977 [2005]	1995 [2004]
Marseille-Provence	115.113	5,7	1975 [2006]	1995 [2004]
Toulouse-Blagnac	94.844	5,8	1989 [2006]	1999 [2003]
Bâle-Mulhouse	82.142	3,3	---- [2004]	ungültig [2003]
Bordeaux-Mérignac	70.608	3,1	1986 [2004]	1999 [2004]
Nantes-Atlantique	61.849	2,0	1993 [2004]	n.a. [2003]
Strasbourg-Entzheim	45.160	1,9	1983 [2004]	1998 [2003]

Tabelle 2: Stand der Ausarbeitung von *Plans d'Exposition au Bruit* und *Plans de Gêne Sonore* der zehn größten Flughäfen in Frankreich im Jahr 2003 und 2006 [Jahr in eckiger Klammer, z.T. noch vorläufig] (n.a.= nicht anwendbar oder keine Angaben; Daten nach ACNUSA 2006, 2007)

---

14 Nach Angaben der ACNUSA im Juni 2003 (http://www.acnusa.fr/zone/zones_de_bruits.asp vom 14.06.2003).

Tabelle 2 gibt den Stand der Entwicklung beider Pläne an den genannten Flughäfen vor und nach der jüngsten Modernisierungswelle wieder. Nach der lärmtechnisch relevanten Zahl der Flugbewegungen liegt Basel-Mulhouse dabei derzeit im Mittelfeld der ‚Provinzflughäfen', zu Beginn der Untersuchungen im Jahr 2000 sogar noch an dritter Stelle hinter Nizza und Lyon. Diese beiden Flughäfen, aber auch Marseille, Toulouse, Bordeaux und Strasbourg hatten sämtlich seit den 1980er Jahren gültige Lärmpläne, zumindest den planungsrechtlich entscheidenden PEB, der die zukünftige Bau- und Siedlungstätigkeit regeln soll. Umso mehr drängt sich die Frage auf, warum es entsprechende Pläne nicht auch in Basel-Mulhouse gab, welche Konflikte hier geführt und welche Entscheidungen getroffen wurden, die eine rechtskräftige Ausführung der Pläne offenbar über Jahrzehnte verhindern konnten.

Betrachten wir bei dem Versuch, eine Antwort auf diese Fragen zu finden, zunächst die eher spärlichen Aussagen, die in den Interviews zu dem Thema zu finden sind. Viele Interviewpartner kommen auf den Bauzonenplan (PEB) nicht oder nur kurz zu sprechen, selbst in der unmittelbaren Umgebung des Flughafens; in einem Fall wird der Plan offenbar verwechselt mit dem PGS, der allein für die finanziellen Beihilfen zuständig ist. Dies kann als erster Hinweis darauf gewertet werden, dass das Thema nicht die höchste Priorität genießt unter den Engagierten gegen den Fluglärm in der Region. Doch finden sich zumindest in zwei Gesprächen etwas längere Passagen zu dem Thema.

Im ersten Fall handelt es sich um den bereits zitierten Pensionär, der seit seiner Jugend in dem betreffenden Dorf wohnt und die investierte Lebensarbeit in Haus und Garten hervorgehoben hatte, die durch den Lärm bedroht werde (vgl. Kap. 4). Er kommt unmittelbar im Anschluss an jene Passage auf den Vermögensverlust zu sprechen und auf die Bauzonen der Kommune:

```
Effectivement il y a l'aspect patrimoine. Il y a sûrement
une perte de la valeur patrimoniale.
(MF:)                                   Oui.
                                             Aussi bien pour la
commune qui a des terrains qui sont interdits de construc-
tion – alors que la Suisse construit jusqu'à quatre mètres
de la frontière franco-suisse. Alors nous, il y a des zones
de centaines d'hectares qui sont interdits de construction.
Donc [...] entre le prix du terrain agricole et le prix du
terrain constructible il y a une différence énorme.
(MF:)                                             Et ici
il y a des zones où on ne peut plus construire?
                                             Il y en a,
oui, il y en a. Et ça c'est maintenant depuis, depuis [p]
toujours. [...] A l'époque c'était extérieur au village
donc ça [n'importait pas], mais maintenant comme le village
s'agrandit le côté plaine [?] où l'agrandissement était
[...] plus facile, il a été condamné à cause de l'aéroport.
Donc il y a eu toute une zone qui était réservée pour dé-
collages et qui a été donc interdite, très limitée en tout
cas [... et] la commune a ensuite décidé d'en faire une
```

```
zone industrielle ou artisanale qui est relativement mal
placée au moment puisqu'il n'y a pas d'autoroute tout près,
pas de [?,1] tout près, donc [...] c'est pas très bien
parti.(VIIm, Z. 173-192)¹⁵
```

Das Rätsel wird durch diese Aussage vorerst eher noch größer. Einerseits habe es schon immer Einschränkungen der Bauzone gegeben, während „die Schweiz bis vier Meter an die Grenze" herangebaut habe. Früher habe das jedoch nichts ausgemacht, denn da seien die betreffenden Gebiete noch außerhalb des Dorfes gelegen; jetzt werde aber in eingeschränktem Umfang auch dort gebaut und dabei sei ein großer Wertverlust zu beklagen. Das widersprüchliche Dunkel lichtet sich erst ein wenig in dem folgenden Gespräch mit einem Bediensteten derselben Gemeinde, den ich diesmal direkt auf dieses Thema anspreche. Nachdem er mir die Funktionsweise des Plans ausführlich erläutert hat, ohne auf den konkreten Sachstand einzugehen, hake ich nach:

```
(MF:) Et ce plan là, est-ce qu'il existe vraiment? Parce
qu'on a toujours du mal à trouver des informations là-
dessus.
└Oui, il┘ existe, il existe sans exister [(lacht)]
(MF:)                              └C'était mon┘ im-
pression, parce que
        └Il existe┘ sans exister, ça veut dire il existe.
Il y a deux choses: Premièrement il existe [...] parce que
c'est un plan qui existe sur des calculs. C'est fait
d'après des calculs puisque c'est une projection dans dix
ans. Oui. Donc il existe sur des calculs, ces calculs qui
ont été faits il y a quelques années n'ont pas pris en
considération ce changement et n'ont pas pris en considéra-
tion la piste Est-Ouest. Et en plus, le préfet ne l'a [pas]
encore approuvé. Donc le plan d'exposition [n']est pas ap-
prouvé, mais le préfet veut quand même interdire, et c'est
ce qu'il fait, disons le plan n'existe pas, officiellement,
mais le préfet implique déjà les règles du plan. C'est-à-
dire: si quelqu'un demande un permis d'offrir pour un lo-
tissement, un permis de lotir, le préfet regarde le plan
d'exposition - bien qu'il n'existe pas - et il dit non.
```

---

15 Tatsächlich gibt es den Aspekt des Vermögens. Es gibt sicherlich einen Verlust des Vermögenswerts./ MF: Ja /Auch für die Gemeinde, die Grundstücke hat, auf denen zu bauen ihr verboten ist - während die Schweiz bis vier Meter an die französisch-schweizerische Grenze heran baut. Bei uns dagegen gibt es Gebiete von Hunderten von Hektar, auf denen das Bauen verboten ist. Und zwischen dem Preis für landwirtschaftliches Land und dem Preis für Bauland gibt es einen enormen Unterschied. / MF: Und hier gibt es Zonen, wo man nicht mehr bauen darf. / Die gibt es, ja, die gibt es. Und das ist jetzt seit, seit jeher. [...] Früher lag das außerhalb des Dorfes, also [machte] das [nichts], aber jetzt da das Dorf sich zur Ebene hin ausweitet, wo die Vergrößerung leichter war, ist es verboten worden wegen dem Flughafen. Da gab es eine ganze Zone, die für Starts reserviert war und daher verboten, jedenfalls sehr eingeschränkt [...und] die Gemeinde hat daraufhin beschlossen, daraus ein Gewerbegebiet zu machen, das im Moment relativ schlecht platziert ist, da es keine Autobahn in der Nähe gibt, keine [?] in der Nähe, so hat das Ganze keinen guten Start erwischt.

```
(MF:) Parce que ça pourrait
                     ⌐Parce⌐ que ça pourrait créer [?] des
problèmes par la suite. Donc, plan d'exposition, oui, c'est
trop simple. (IIm, Z. 259-274)¹⁶
```

Eine einfache Sache, „trop simple": Der Plan existiert zum Zeitpunkt unseres Gesprächs nicht offiziell, er ist nie verabschiedet worden, aber er existiert doch, denn er wird immer wieder angewandt, aus Sicht der Kommune vor allem, um Verbote und Einschränkungen auszusprechen. Der Haken dabei sind unter anderem die Grundlagen, auf denen der Plan gemacht wurde, denn diese tragen weder der verlängerten Ost-West-Piste Rechnung, noch den neuen Flugrouten, die während der letzten Jahre mehrfach geändert wurden.

Konnten wir schon aufgrund der begrenzten Thematisierung vermuten, dass der Bauzonenplan (PEB) nicht die Herzensangelegenheit der Fluglärm-Engagierten ist, bestätigt sich dies auch in öffentlichen Aussagen. So argumentiert etwa Jacques Finck als Präsident der *Association de Défense des Riverains de l'Aéroport* (ADRA) in einem Zeitungsinterview:

(L'Alsace:) Quel est votre position sur le plan d'exposition au bruit?
(Finck:) Au risque de vous choquer, je dirais que ce n'est pas notre priorité. Notre priorité, c'est la défense des riverains actuels, alors que le PEB défend les futurs riverains. Nous sommes d'accord avec le préfet, qui veut une surface assez vaste. Or, certains maires veulent des rentrées d'argent avec la taxe d'habitation, voire défendre certains intérêts privés: ils voient d'un mauvais œil que des terrains ne soient plus constructibles. (...) (*L'Alsace* [St. Louis], 30. Mai 1999)¹⁷

Der Versuch, den zukünftigen Schaden gering zu halten, wird hier der Verbesserung der Lage nachgeordnet für diejenigen, die bereits heute Beeinträchtigungen erleiden. Einzig die übergeordneten regionalen Instanzen in Gestalt des Präfekten scheinen den Willen zu haben, in diesem Feld langfristige Planungssicherheit zu

---

16   MF: Und dieser Plan, existiert der wirklich? Weil es immer schwierig ist, darüber Informationen zu bekommen. / Ja, er existiert, er existiert, ohne zu existieren / MF: Das war mein Eindruck, weil .../ Er existiert ohne zu existieren, das heißt er existiert. Es gibt da zwei Sachen: Erstens existiert der Plan [schon deshalb], weil es ein Plan ist, der auf Berechnungen beruht. Er ist aufgrund von Berechnungen gemacht, da er eine Projektion auf zehn Jahre ist. Ja. Also existiert er auf Basis von Berechnungen; diese Berechnungen, die vor einigen Jahren gemacht worden sind, haben nicht diese [aktuelle] Veränderung beachtet und sie haben nicht die Ost-West-Piste einbezogen. Und außerdem hat der Präfekt dem Plan noch nicht zugestimmt. Also ist der PEB nicht bestätigt, aber der Präfekt möchte dennoch verbieten und er tut das auch, sagen wir also der Plan existiert nicht, offiziell, aber der Präfekt wendet schon die Regeln des Plans an. Das heißt: wenn jemand eine Baugenehmigung beantragt, schaut sich der Präfekt den PEB an - obwohl er nicht existiert - und er sagt nein. / MF: Denn sonst könnte... / Denn sonst könnte das später Probleme schaffen. Also: Lärmzonenplan, ja, das ist ganz einfach.

17   (L'Alsace:) Was ist ihre Position in Bezug auf den PEB? / (Finck:) Auf die Gefahr hin, Sie zu schockieren, ich würde sagen, das ist nicht unsere Priorität. Unsere Priorität, das ist die Verteidigung der aktuellen Anlieger, während der PEB die zukünftigen Anlieger verteidigt. Wir stimmen mit dem Präfekten überein, der eine recht große Fläche [ausweisen] möchte. Doch manche Bürgermeister wollen die Einnahmen der Einwohnersteuer, d.h. bestimmte private Interessen verteidigen: die sehen es für schlecht an, dass der Boden [dann] nicht mehr bebaubar ist.

etablieren, wobei sie sich darin, wie dargelegt, nicht unbedingt mit den Kommunen in Einklang befinden, die ihrerseits Steuern und Bauland schwinden sehen.

So blieb es auch auf dieser Ebene lange bei Verlautbarungen: Schon 1996 etwa beklagte anlässlich der Verabschiedung einer Umweltcharta des Flughafens der damalige Präfekt des Département Haut-Rhin, Cyrille Schott, es sei „ein Widersinnigkeit", dass es noch immer keinen PEB gebe und weiterhin Baugenehmigungen in dem fraglichen Gebiet erteilt würden (*L'Alsace*, 31. Okt. 1996). Es sollte ihm jedoch so wenig wie seiner beiden Nachfolgern gelingen, tatsächlich einen solchen Plan zur Verabschiedung zu bringen, auch wenn zumindest ein vorläufiger Plan seit 2001 wie oben beschrieben Anwendung fand (*L'Alsace*, 6. Juni 2001). „Les Préfets passent et les décisions trépassent", zitierte bereits 1997 in diesem Zusammenhang das elsässische Verbraucherjournal BLIC (34, S. 17) einen Vertreter des *conseil régional*– zu deutsch, weniger klangvoll: Die Präfekten ziehen vorüber, die Beschlüsse scheiden dahin.

Aus der Literatur lässt sich erschließen, dass auch die gewählten politischen Vertreter oftmals ein eher zurückhaltendes Verhältnis zu den Lärmplänen haben. So berichtet Leroux von den Auseinandersetzungen im Umfeld des Flughafens Paris-Roissy (CDG), dort habe zumindest während der 1980er Jahre generell gegolten, dass *„die Abgeordneten den PEB eingrenzen wollen*, um nicht die Zukunft ihre Kommunen zu gefährden" (Leroux 2002, S. 54, Hv. i. Orig.). Erst in den 1990er Jahren hätten Umweltgesichtspunkte zu Buche geschlagen: einerseits hatten sich die Siedlungszonen bis dahin schon in beträchtlichem Maße ausgedehnt, andererseits wuchs die Zahl der Flugbewegungen kontinuierlich an (ebd., S. 55). Allerdings war in diesem und anderen Fällen die Lage insofern eine andere, als fast alle großen französischen Flughäfen ja längst einen PEB vorweisen konnten und es ‚nur' um die Revision desselben auf Grundlage neuer Prognosen ging. Wir müssen uns also weiter fragen, warum es in Basel-Mulhouse schon gar nicht zu einem ersten Plan kam, und das heißt auch, den Fragehorizont zeitlich etwas erweitern, bis auf die Zeit Mitte der 1970er Jahre. Gerade zu dieser Zeit erstellten viele französische Flughäfen einen ersten PEB, darunter die größten Flughäfen Paris-Orly, Lyon, Nizza und Marseille – warum also damals nicht auch Basel-Mulhouse?

Eine Betrachtung der Situation in den 1970er Jahren ist in vielerlei Hinsicht ergiebig und erhellt gleich mehrere Dimensionen der späteren Probleme, weshalb ihr hier einige Seiten eingeräumt werden sollen. Schon ein kurzer Blick zeigt, dass die 1970er Jahre zweifellos eine entscheidende Entwicklungsphase des Flughafens darstellen und die damals getroffenen Festlegungen direkt in die heutigen Konflikte hineinspielen. Anfang 1971 verkündete die französische Regierung die Absicht, Basel-Mulhouse sowie fünf weitere Regionalflughäfen (Lyon, Nizza, Marseille, Bordeaux, Toulouse) zu Zentren des internationalen Luftverkehrs auszubauen und in diesem Zusammenhang vorläufig auf den Ausbau des Straßburger Flughafens zu verzichten (Basel-Stadt, Grossratskommission 1971, S. 16). In enger Abstimmung mit der schweizerischen Seite wurde eine Vergrößerung ins Auge gefasst, die erstmals seit Abschluss des bilateralen Vertrags im Jahr 1949 solche Ausmaße hatte, dass sie in Form eines diplomatischen Notenwechsels im

Einzelnen bestimmt und als Anhang dieses Vertrags aufgenommen wurde.[18] Im Kern der geplanten Ausbaumaßnahmen stand die Verlängerung der Hauptpiste (16/34)[19] von 2.370 auf 4.000 Meter Länge in Richtung Norden. Zudem sollte eine 1.000 Meter lange Parallelpiste mit Hartbelag für die so genannte ‚Allgemeine Luftfahrt' (Leichtflugzeuge, Sportflieger etc.) westlich der Hauptpiste gebaut werden, sowie das für den Flughafen reservierte Terrain um etwa ein Drittel auf 536 Hektar vergrößert (*Basler Nachrichten*, 18. Juni 1970; Ladet 1984, S. 316-318).

In Basel wurden diese Pläne schon im Jahr zuvor in der Presse vorgestellt. Als wichtigster Grund für den Ausbau wurde der in der zweiten Hälfte der 1960er Jahre deutlich gewachsene Passagier- und Frachtverkehr genannt, der immer voluminösere Flugzeuge und größere Reichweiten verlange. Insbesondere für die neuen Großraumflugzeuge (DC-10-30, Boeing 747-200 ‚Jumbo-Jet') sei die Verlängerung notwendig, da diese nicht mehr mit voller Nutzlast und vollem Tank starten könnten. Basel benötige aber dringend eine uneingeschränkte Teilnahme am wachsenden Interkontinentalverkehr ohne „künstliche Hindernisse", worunter in einem ausführlichen Zeitungsartikel insbesondere die bisherige Pistenlänge firmierte (*Abend-Zeitung*, 18. Juni 1970). Ein Verzicht auf den Ausbau führe zu einer „Stagnation" oder gar zum Rückgang, hieß es mit leicht drohendem Unterton in den *Basler Nachrichten* (18. Juni 1970): „Der Flughafen würde zur Bedeutungslosigkeit verurteilt. Ein Vollausbau der Hauptpiste auf 4.000 Meter wird daher zur Schicksalsfrage unseres Flughafens" (ebd.).

Um der zeitgemäß stark wachsenden, generellen Sensibilisierung der Bevölkerung in Umweltfragen Rechnung zu tragen, – und wohl auch noch eingedenk der Abstimmungsniederlage bei dem Referendum gegen einen Ausbau des Flughafens zehn Jahre zuvor –, mühte sich die Basel-städtische Grossratskommission in ihrer Vorlage erkennbar, mögliche Bedenken hinsichtlich des Fluglärms schon im Ansatz zu zerstreuen. In einem gesonderten Kapitel der Vorlage werden die diesbezüglichen Bemühungen des Kantons während der letzten Jahre genannt, insbesondere die Einsetzung einer „Paritätischen Kommission zur Bekämpfung des Fluglärms" im Jahr 1967, ehe sodann die Möglichkeiten weiterer Maßnahmen erörtert werden, zum einen durch die „Verminderung des Fluglärms an der Quelle", worunter die technischen Fortschritte der Flugzeughersteller gefasst wer-

---

18 *Statut de l'Aéroport, Echange de notes du 25 février 1971 constituant la nouvelle Annexe III (état descriptif et estimatif) de la Convention franco-suisse du 4 juillet 1949*, abgedruckt bei Ladet 1984, S. 316. Rechtlich gesehen wurde damit der Ausbau als integraler Teil der ursprünglich bestimmten Aufgaben zum Bau des Flughafens deklariert; anderenfalls wäre ein neuer Staatsvertrag notwendig geworden.

19 Die standardisierte Pistenbezeichnung gibt jeweils die ersten zwei Ziffern (auf Zehner gerundet) der Gradzahl (ab N, im Uhrzeigersinn) an und teilt jeder Piste auf dieser Basis (aus Sicherheitsgründen) zwei Namen zu, die nach Bewegungsrichtung variieren. Im vorliegenden Fall trägt daher die Hauptpiste in Richtung S bzw. SSO bei einer Ausrichtung nach 155° die Bezeichnung „16", nach N bzw. NNW bei entsprechend (155+180=) 335° trägt dieselbe Piste die Bezeichnung „34". Parallelpisten werden bei Bedarf zudem nach L[eft], C[enter] und R[ight] unterschieden. Eine Landung auf Pisten mit der Bezeichnung 16, 18 oder 20 ist dementsprechend grob gesehen immer eine Bewegung nach S, auf Piste 08 oder 09 nach O, usw.

den, zum anderen durch die „Wahl geeigneter Flugverfahren", die durch die längere Piste erleichtert werde (BS, Grossratskommission 1971, S. 18-22). Auf den zuletzt genannten Punkt wird im folgenden Abschnitt noch näher einzugehen sein. Hier genügt einstweilen die Erläuterung des Grundgedankens, der darin bestand, durch eine „Verschiebung des Abhebepunkts um rund einen Kilometer nordwärts" zu ermöglichen, dass die Richtung Süden (Piste 16) startenden Flugzeuge „früher abdrehen können und nachher in der Nähe der Stadt Basel und ihrer Vororte eine grössere Höhe erreichen werden" (ebd., S. 21). Dies sei mittelfristig durch stationäre Lärmmessanlagen zu überprüfen, die direkt mit dem Flughafen in Verbindung stehen – nur wenige Wochen zuvor war ein speziell ausgerüsteter VW-Bus angeschafft worden, die erste, mobile Lärmmessanlage am Flughafen Basel-Mulhouse.

Trotz dieser Beteuerungen und Pläne wurde gegen die Vorlage in Basel-Stadt das Referendum ergriffen. Der genannte Grundgedanke – längere Piste, früheres Abheben, weniger Lärm – vermochte nicht leichterdings zu überzeugen, wurde doch zugleich von mehr und größeren Flugzeugen ausgegangen, die ja zumindest teilweise gar nicht früher abheben konnten, wenn die rechtfertigende Ausgangsannahme des ganzen Vorhabens zutraf, nach der die Piste gerade für jene Flugzeuge verlängert werden sollte. Eine Reihe von weiteren Gründen verschaffte den Befürwortern des Ausbaus im folgenden Jahr bis zur Abstimmung am 26. September 1971 einen schweren Stand; drei davon sollen im Folgenden kurz erörtert werden:

a) Fehlende Nachtflugregelungen

Wie sich zahlreichen Leserbriefen und Erklärungen entnehmen lässt, wurde zu jener Zeit von den Bewohnern der westlichen Quartiere Basels besonders die Nachtflüge (zwischen 22 und 6 Uhr) als störend wahrgenommen, die zu wesentlichen Teilen auf den Charterverkehr mit britischen Touristen sowie auf schwere Frachtmaschinen zurückgingen. Befürchtungen, die Lage könne sich weiter verschlimmern, wurden noch dadurch angeheizt, dass der Züricher Kantonsrat im Jahr zuvor erstmals eine „Nachtflugverbot" für Zürich-Kloten beschlossen hatte. Vielfach wurde angenommen, dies werde dazu führen, dass zumindest ein Teil der bisher dort abgewickelten Nachtflüge zukünftig nach Basel verlagert würde, das noch keine entsprechenden Einschränkungen kannte. Eine „Allschwiler Resolution" forderte daher schon im Juli 1970 „energische Anstrengungen, um für den Flughafen Basel-Mulhouse im Sinne des Zürcher ,Fluglärmgesetzes' ebenfalls ein Nachtflugverbot zu erreichen" (*Nationalzeitung*, 6. Juli 1970; vgl. *Basellandschaftliche Zeitung* [Liestal], 6. November 1970). Die politisch Verantwortlichen wiegelten jedoch einstweilen ab, und vor der Abstimmung wurden keine einschlägigen, verbindlichen Maßnahmen getroffen.

b) Veröffentlichte Wachstumsprognosen

Im Vorfeld der Debatte waren eine ganze Reihe von Prognosen über das zukünftige Verkehrsaufkommen am Flughafen Basel-Mulhouse bzw. an den drei Schweizer Landesflughäfen Basel, Zürich und Genf gemacht worden, die von verschiedenen Institutionen in Auftrag gegeben bzw. durchgeführt worden waren, so vom Eidgenössischen Luftamt (1969), von der Arbeitsgruppe Regio Basiliensis (1967) und der privaten Beratungsfirma *Intertraffic* (1967) (vgl. a. Walser 1967). Die Zahlen über künftig zu erwartende Passagiere und Flugbewegungen basierten darin großenteils auf einer Extrapolation der starken Zuwachsraten der letzten Jahre für die kommenden zwei Jahrzehnte. Im Ergebnis gingen alle drei Prognosen mindestens von einer Verdreifachung der Passagierzahlen bis 1980 aus, d.h. in gut zehn Jahren (leicht abgewandelt, je nach Bezugsgrößen) sollte eine Steigerung von etwa 700.000 auf zwei bis drei Millionen Passagiere vor sich gehen.[20] Diese (zumindest aus heutiger Sicht) erkennbar überzogenen Prognosen wurden frühzeitig offensiv ins Spiel gebracht, um die Dringlichkeit einer Pistenverlängerung zu untermauern; sie passten nur zu gut zu der „interkontinentalen Berufung" des Flughafens, wie sie etwa von der Industrie- und Handelskammer Mulhouse in Einklang mit der Basler Regierung beschworen wurde (vgl. *Nationalzeitung*, 9. Sept. 1971). Als sich die Diskussion im Laufe des Jahres 1971 zunehmend auf Fragen des Fluglärms zuspitzte, waren diese Voraussagen nicht mehr zurückzuholen: sie wurden nun zur Grundlage umfassender Befürchtungen vor einem irregeleiteten Fortschritt, der, wie die „Offene Arbeitsgruppe für eine gesunde Stadt" formulierte, „als solcher sinnlos [ist], ja schädlich, wenn er nicht zum Wohle der Menschen gebraucht wird" und insgesamt „der gesunden Entwicklung unserer Stadt und der Region schadet" (*Basler Nachrichten*, 16. Sept. 1971).

c)   Zu spät veröffentlichte Lärmprognosen

Unglücklich aus Sicht der Befürworter eines Ausbaus kann schließlich auch das späte Erscheinen eines weiteren Zwischenberichts der umfassenden Pilotstudie der Arbeitsgruppe Regio Basiliensis genannt werden, der sich mit dem Thema Flugrouten, Fluglärm und Besiedelung befasste (ARB 1970). Die 130-seitige Studie eines Züricher Ingenieurbüros, zu deren Auftraggebern neben der Flughafendirektion auch die Swissair, die schweizerischen Bundesbahnen und das Eidgenössische Luftamt gehörten, blieb in ihrer konsequenten Methodik für den Flughafen Basel-Mulhouse über lange Zeit einzigartig. Auf Basis der genannten Zuwachsprognosen, die mittlerweile sogar noch nach oben korrigiert worden waren – 5,6 Millionen Passagiere für das Jahr 1990 – und auf Basis verschiedener Ausbauvarianten des Flughafens wurden hier in ungewöhnlich transparenter und grenzüberschreitender Weise Lärmszenarien entwickelt.[21] Dabei wurden zum einen die Kapazitätsgrenzen unterschiedlicher Pistensysteme errechnet, nämlich sowohl des nun in Vorlage befindlichen wie weiterer Ausbaustufen nach französischer und schweizerischer Vorstellung. Zum zweiten wurden die verschiedenen Pistensysteme mit den Wachstumsszenarien kombiniert, um auf dieser Grundlage Lärmkarten zu verfertigen, die mögliche Belastungskonturen für 1980 und 1990

---

20   Die Basler Regierung machte sich einen „Mittelwert" der verschiedenen Prognosen zu eigen und ging damals von 2,3 Mio Passagieren für das Jahr 1980 aus, ein Wert der unter anderen Bedingungen etwa 15 Jahre später erreicht wurde (vgl. *Basler Nachrichten*, 18. Juni 1970).

21   Als „Belärmungsmass" [sic] wählten die Autoren eine Variante des in England üblichen *Noise and Number Index* (NNI); in der Schweiz war Ende der 1960er Jahre noch keine Standardgröße zur Berechnung des Fluglärms gesetzlich vorgegeben.

wiedergaben (ebd., Anhang). Die Ergebnisse waren schon optisch beeindruckend, reichten doch die Belastungskurven für 1990 weit in alle Richtungen und so auch nach Basel hinein, zum Teil bis zur mittleren Rheinbrücke (vgl. a. Tafel 3). Der Bericht war somit geeignet zu schockieren, zumal wenn man die differenzierten Vorschläge übersah, die die Autorengruppe entwickelt hatte, um die unerwünschten Auswirkungen der verschiedenen Varianten zu minimieren. Ein als „notwendig" bezeichnetes Element jener Vorschläge, das in unserem Zusammenhang von größtem Interesse ist, war die „Schaffung eines *Lärmzonenplanes* als Teil eines *Gesamtplanes für den Flughafen und seine Umgebung,* der für die Zweckmässigkeitsprüfung der Planungsmassnahmen der Gemeinden anerkannt sein sollte" (ebd., S. 131, Hv. i. Orig. gesperrt). Diese Forderung sollte noch dreißig Jahre später ihre Gültigkeit haben.

Die Bedeutung dieses Berichts im Vorfeld der Abstimmung verdankt sich jedoch nicht nur seinem Inhalt, sondern wohl vor allem der Tatsache, dass er erst sieben Monate nach Erscheinen im Juni 1971 der Öffentlichkeit vorgestellt wurde, nachdem sich dort nachhaltig der Eindruck festgesetzt hatte, die Regierung bzw. der Flughafen wolle die Ergebnisse verheimlichen. Zwar hieß es bei der Vorstellung „alle Gerüchte, die von einer Vorenthaltung oder Verheimlichung der Studie wissen wollten, [seien] völlig haltlos" (*Basler Nachrichten*, 4. Juni 1971). Doch hatten die Verantwortlichen jedenfalls entscheidend an Glaubwürdigkeit verloren, wie sich der Presse und dort vor allem den Leserbriefen verschiedentlich entnehmen lässt, da sie die Studie, aus welchen Gründen auch immer, „bekanntlich erst auf Druck von Aussen vorgestellt" hatten (*Nationalzeitung*, 27. Sept. 1971; vgl. a. *Basler Nachrichten*, 16. Sept. 1971).

Diese drei genannten Aspekte – fehlendes Nachtflugverbot, euphorische Wachstumsprognosen, zurückgehaltene Lärmstudie – wurden zu entscheidenden Argumenten im Abstimmungskampf, der Ende September 1971 in eine schmerzliche Niederlage für die Befürworter des Ausbaus mündete. Die Pistenverlängerung wurde abgelehnt, mit 25.547 Nein- gegen 21.397 Ja-Stimmen sogar „überraschend deutlich" (Peyer 1996, S. 80). Dies sei ein „Nasenstüber für Technokraten", hieß es in der *Basler Woche* (1. Okt. 1971), und die *Nationalzeitung* analysierte, weitgehend im Einklang mit der übrigen Basler Presse, der Grund habe „gewiss nicht im Finanziellen [gelegen], sondern darin, was man gemeinhin als Umweltschutz bezeichnet, wobei die Steigerung des Fluglärms von den Gegnern als Trumpfkarte ausgespielt wurde, eine Karte, die, wie man sieht, auch entsprechend gestochen hat" (*Nationalzeitung*, 27. Sept. 1971).

Notwendig für diese Wendung, und unter der in dieser Arbeit verfolgten Perspektive besonders relevant, war dabei das Vorhandensein bestimmter Gruppen, die sich der genannten Argumente wirksam zu bedienen wussten. Überraschender als das Engagement der PdA (Partei der Arbeit), die dem Flughafen schon lange kritisch gegenüberstand, waren hierbei die erst um diese Zeit vermehrt entstehenden Bürgerinitiativen bzw. so genannten „Aktionskomitees", darunter die bereits genannte „Offene Arbeitsgruppe für eine gesunde Stadt", die „Basler Arbeitsgemeinschaft zum Schutz von Natur und Umwelt" u.a., welche die schon länger aktive, aber auch stärker eingebundene „Basler Liga gegen den Lärm" ergänzten und in ihren Forderungen an Wirkung zumindest in der Öffentlichkeit überboten. Neu war aber vor allem, dass in diesem Konflikt auch französische bzw. elsässische Gruppen erstmals sehr deutlich in Erscheinung traten. So bildete sich aus Delegierten der fünf Anliegergemeinden Hésingue, Hégenheim, Blotzheim, Bartenheim und Bourgfelden ein „Verteidigungskomitee", das im Sommer 1971 eine Unterschriftensammlung gegen den Ausbau unternahm und mit einer „Grossaktion" in Basel während der Abstimmung drohte, sollten ihre Belange bis dahin nicht besser berücksichtigt werden (*Vorwärts*, 5. Aug. 1971). Dies löste wenige Wochen vor der Abstimmung noch hektische Aktivitäten des Flughafens und des Basler Regierungsrats aus, die nun permanente Lärmmessstationen auch auf französischem Gebiet versprachen und ankündigten, „eine spezielle paritätische Kommission zu schaffen, die ständigen Kontakt mit den Verantwortlichen der Anliegergemeinden" halten werde (*Nationalzeitung*, 9. Sept. 1971) – noch in der 1967 gegründeten Kommission war die Anwohnerschaft jenseits der Grenze überhaupt nicht berücksichtigt worden. Nach der Abstimmung bedankte sich denn auch ein „elsässisches Regionalkomitee zur Verhinderung des Flughafenausbaus" in der *Nationalzeitung* (1. Okt. 1971) bei den „Bürgern unserer Nachbarstadt Basel für das Verständnis, das sie bei der Abstimmung über den Flughafenausbau unserem Anliegen entgegengebracht haben"; sie hätten damit eine „humane Décision gefasst (...), die von Menschenrechten und Umweltschutz diktiert" gewesen sei, hieß es dort, passend in jener charmanten Sprachmischung formuliert, die sich auch heute noch in der Region finden lässt.

Wir können an dieser Stelle noch einmal auf ein Zitat zurückkommen, das am Anfang des vorhergehenden Kapitels bei der Charakterisierung der Lärmsituationen bereits aufgeführt wurde. Dort hatte der lange am Ort lebende Rentner die hier in Frage stehende Zeit der Auseinandersetzung als entscheidende Phase der „Sensibilisierung" in der Region bezeichnet. In der folgenden, etwas später einsetzenden, aber weniger gekürzten Variante derselben Passage wird aus heutigem Blickwinkel noch einmal die große Rolle bestätigt, die die erwähnten Prognosen bzw. die Lärmstudie auch für die elsässischen Anlieger damals spielten. Zudem wird schließlich auch die oben erwähnte Unterschriftaktion genannt und vor dem Hintergrund der veränderten Abflugrouten nach Süden eingeordnet, die hier als einseitige Entlastung der schweizerischen Seite interpretiert werden:

```
[...] la première sensibilisation importante ça a été lors
du projet d'allongement de la piste [dans les années 1970].
[...] C'est la première fois qu'on a eu des documents au
moins parlant de l'extension et des projets d'extension de
l'aéroport, et on a eu aussi un peu plus de documentations
sur les notions de bruit et des nuisances[...][, documents]
d'ailleurs élaborés par des centres de recherche suisses.
Eux, ils avaient fait donc un grand comparé sur ces projets
d'extension et de prolongation de la piste avec les [...]
projections à deux niveaux [...] Et donc c'est là qu'on a
eu les premières documentations et où la population, on a à
ce moment-là commencé a réagir un peu plus coordonné, si
vous voulez. On a donc collecté aussi des signatures à ce
```

```
moment-là, parce qu'on était dans cette extension, parce
qu'on voyait dans le rallongement de la piste l'occasion de
tourner un peu plus tôt encore à droite et donc d'eviter
encore un peu plus la Suisse. (VIIm, Z. 8-27)[22]
```

Der weitere Verlauf der Debatte um die Pistenverlängerung in den folgenden Jahren kann hier knapper resümiert werden, ehe sich ein Schluss aus der historischen Darstellung im Hinblick auf die Lärmzonenpläne ziehen lässt. Wenige Monate nach der Abstimmung wurde das vielfach geforderte „Nachtflugverbot" angekündigt, wenn auch in deutlich abgeschwächter Form und mit zahlreichen Ausnahmen. Die (nicht gar so) „Paritätische Kommission" wurde erweitert und schloss nun auch zwei „Vertreter der elsässischen Gemeinden" ein. Noch im Jahr 1971 wurden zudem „mit Genehmigung der zuständigen Instanzen in Paris bestimmte Abflugvorschriften geändert" (BL-Regierungsrat 1971, S. 4), ein Thema, dem der folgende Abschnitt gewidmet sein wird. Diese und weitere Maßnahmen zielten bereits auf eine leicht reduzierte Wiedervorlage des Erweiterungsbeschlusses, die in den folgenden Jahren sorgfältiger vorbereitet und diskutiert wurde, mit beträchtlichem finanziellem Einsatz der Befürworter, die sich mittlerweile nach dem Vorbild der Kritiker auch privat in einem „Aktionskomitee für den Basler Flughafen" organisiert hatten und u.a. eine unregelmäßig erscheinende „Airport Zytig" (Flughafen-Zeitung) in hoher Auflage verbreiteten.

Die Argumente, die im Vorfeld der erneuten Abstimmung im November 1976 angeführt wurden, sind auf den ersten Blick denen der ersten Auseinandersetzung fünf Jahre zuvor sehr ähnlich. Im Wesentlichen wurde einerseits die Notwendigkeit einer Verlängerung (auf diesmal 3.900m) behauptet, andererseits der entsprechende Bedarf bestritten und der Lärm in den Vordergrund gerückt. Die *scale of need* im Sinne Towers' (2000), der ‚Maßstab des Bedarfs', war nun aber etwas anders strukturiert und inhaltlich akzentuiert. Statt der quasi-amtlichen Prognosen über große Flugzeuge und steilen Zuwachs, die einen Ausbau als eine fast technische Notwendigkeit begründeten, wurden nun von dem genannten Aktionskomitee unschärfere, ökonomische Gesichtspunkte in den Vordergrund gerückt, bis hin zur offenen Angstmache. So war etwa in der Basel-weit verteilten Abstimmungsbroschüre des Komitees an entscheidender Stelle von den „konkurrenzfähigen Exportbedingungen der Basler Industrie" die Rede, von der „Konkurrenzfähigkeit der Schweizer Mustermesse gegenüber anderen Kongress- und Messestädten",

---

22 Die erste wichtige Sensibilisierung gab es während dem Projekt der Pistenverlängerung [in den 1970er Jahren]. [...] Da haben wir zum ersten mal Dokumente erhalten, die etwas über den Ausbau sagten und über die Ausbauprojekte des Flughafen, und wir haben auch ein bisschen mehr Unterlagen bekommen über die Begriffe Lärm und [Lärm-]störungen, übrigens ausgearbeitet von schweizerischen Forschungszentren. Die hatten einen großen Vergleich der verschiedenen Ausbauprojekte gemacht, und der Pistenverlängerung auf zwei Ebenen. [...] Und da haben wir die ersten Unterlagen bekommen und da hat die Bevölkerung dann auch begonnen, ein bisschen koordinierter zu reagieren, wenn Sie so wollen. Wir haben dann auch Unterschriften gesammelt, weil wir in diesem Ausbau drinwaren, weil wir in der Verlängerung der Piste die Gelegenheit erkannten, noch ein bisschen früher nach rechts abzudrehen und so noch ein bisschen mehr die Schweiz zu meiden.

von der „Auslastung des Basler Hotel- und Gastgewerbes" und schließlich vielfach generell von „Arbeitsplätzen". Meines Wissens erstmals taucht hier auch der Flughafen selbst auf als ein „Arbeitsplatz von rund 1200 Angestellten" (Aktionskomitee... 1976, S. 19, 23, vgl. a. *Airport Zytig* 18, Nov. 1976).

Zugleich wurde von offizieller Seite diesmal die Frage des Lärms sehr direkt in Angriff genommen, von Vertretern des Flughafens wie von Seiten des Basler Grossen Rates. Der Verwaltungsrat des Flughafens „garantierte" öffentlich, dass der Fluglärm dank der Pistenverlängerung bis 1985 unterhalb dessen bleiben werde, was ein neues Gutachten der Eidgenössischen Materialprüfungsanstalt (EMPA) auf Basis von Messwerten aus dem Jahr 1972 errechnet hatte (*Nationalzeitung*, 2. Juli 1976). Im politischen Prozess wurden die kantonalen „Richtlinien über Massnahmen betreffend den Fluglärm aus dem Betrieb des Flughafens Basel-Mulhouse" direkt an die Vorlage zur Pistenverlängerung gekoppelt. Das heißt: Wer auch diesmal gegen den entsprechenden Kredit stimmte, hatte zugleich die Verbindlichkeit der vorgeschlagenen Maßnahmen gegen den Fluglärm zu verwerfen.

Diese Bemühungen der Ausbaubefürworter waren erfolgreich. Dass die nur wenig reduzierte Vorlage im zweiten Durchgang vom Basler Souverän angenommen wurde, verdankt sich aber wohl nicht nur den genannten substanziellen und symbolischen Maßnahmen sowie einer klüger angelegten Kampagne. Gleichzeitig hatten sich dramatische Entwicklungen auf ganz anderer Ebene vollzogen, die einige Jahre zuvor nicht abzusehen waren. Mit der so genannten Ölkrise Mitte der 1970er Jahre und dem folgenden makroökonomischen Abschwung waren die ungehemmten Prognosen aus dem Geist des Nachkriegsbooms Makulatur geworden. Ob Befürworter oder Gegner, Ende 1976 glaubten die wenigsten noch an zweistellige Wachstumsraten des Flugverkehrs, geschweige denn der Gesamtökonomie. Die Dämpfung hatte sich auch am Flughafen Basel-Mulhouse bereits gezeigt, der bei weitem nicht den vorhergesagten Zuwachs verbuchen konnte. Zugleich hatte das Argument der Sicherheit, das von den Befürwortern der Pistenverlängerung zusätzlich ins Spiel gebracht wurde, auf dramatische Weise Nahrung bekommen. Zwischen den beiden Abstimmungen, am 10. April 1973, ereignete sich der bisher größte Flugunfall in der Schweizer Geschichte, als eine Vickers-Maschine im Anflug auf Basel bei Hochwald (SO) vor den Toren der Stadt abstürzte und 108 Passagiere ums Leben kamen, vorwiegend britische Touristen. Das Unglück stand zwar mit der Länge der Piste nicht in Zusammenhang, verstärkte aber ohne Zweifel das Gewicht des generell kaum bestreitbaren Arguments, eine längere Piste „erhöh[e] die Sicherheit bei Starts und Landungen", wie in der erwähnten Broschüre und anderenorts hervorgehoben wurde (Aktionskomitee..., S. 23; *Airport Zytig* 18, 1976).

Beenden wir an dieser Stelle den historischen Rückblick und kommen zum Argument bezüglich der Lärmpläne zurück. Warum also entstand in Basel-Mulhouse kein PEB in den 1970er Jahren, als die anderen großen Flughäfen Frankreichs einen ersten solchen Lärmzonenplan entwickelten? Die obige Darstellung zeigt gerade diese Zeit in Basel als extrem turbulente Phase, die von ausgeprägten

Konflikten um eine Ausweitung des Flughafen gekennzeichnet waren. Formell fanden diese Konflikte nur in der Basler Politik einen erkennbaren Niederschlag, die sich über mehrere Jahre hinweg um die Zustimmung der stimmberechtigten Bevölkerung zu den notwendigen Krediten bemühen musste, im krassen Gegensatz zum damaligen Frankreich, wo die komplementär notwendigen Maßnahmen bei geringstem regionalen Einfluss noch kurzerhand durch Erlass in Paris zu regeln waren. Die „zuständigen Instanzen in Paris", so hatten wir gesehen, waren offenbar auch bereit, den Basler Wünschen nach veränderten Abflugvorschriften nachzukommen, eine Maßnahme, die nach den Regeln des Staatsvertrags eindeutig in die alleinige Zuständigkeit der französischen Administration fiel – was freilich nicht ausschließt, dabei auch Anliegen anderer Interessenten zu berücksichtigen. Entscheidend im Blick auf die französische Planung scheint mir zunächst, dass sie eng in die Logik der Auseinandersetzung auf schweizerischer Seite eingebunden wurde. Das implizierte nicht nur die prozeduralen Aspekte, den Respekt des Verfahrens und das Abwarten über Jahre, sondern weitete sich zunehmend aus in den Bereich konkreter planerischer Maßnahmen und technischer Aspekte hinein. Schon die überzogenen Verkehrsprognosen sind in großen Teilen aus der Logik eines zu entwickelnden schweizerischen Flughafensystems geschrieben. Erst recht waren die Änderungen, die nach der ersten Abstimmung erfolgten – Einschränkung des Nachtflugverkehrs, neue Kommissionen mit rechtlich ungeklärtem Status, neue Flugverfahren – ganz und gar dem Legitimationsbedarf in Basel geschuldet und weder den beginnenden Protesten auf elsässischer Seite, die in entscheidenden Punkten nach wie vor völlig übergangen wurde, noch etwaigen Planungen der französischen Administration. Hier machten sich nun auch die Leerstellen, bzw. die nicht explizit ausgeführten Teile im ursprünglichen Staatsvertrag indirekt bemerkbar, der den gesamten Bereich der technischen Regelung pauschal in französische Verantwortung gegeben hatte (vgl. Ladet 1984), noch ganz ohne mögliche politische Verwicklungen vorauszusehen, in denen sich ‚hybride' Lagen entfalten sollten, die eine Fachbürokratie wie die *Direction Générale de l'Aviation Civile* (DGAC) und erst recht nachgeordnete technische Apparate kaum angemessen zu behandeln wussten.

Pointiert gesagt: In dem von Basler Verwicklungen bestimmten Wirrwarr halbwissenschaftlicher Prognosen, politischer Entscheide, und technischer Änderungen fehlte während der 1970er Jahre jede Grundlage für die Art von planbarem Normalbetrieb, der den Ausgangspunkt der mittel- bis langfristigen Lärmzonenpläne an den meisten anderen französischen Flughäfen bildete. Jedenfalls hätte es dazu eines ausgeprägten politischen Willens bedurft, der sich aus den mir zur Verfügung stehenden Quellen nicht ersehen lässt, womöglich einer politischen Behörde von Art der ACNUSA, wie sie dann Ende der 1990er Jahre ins Leben gerufen wurde und auf französischer Seite erstmals proaktiv in Fragen des Fluglärms in Erscheinung trat.

Es lässt sich als ironische Wendung der Geschichte auffassen, dass im Vorfeld, und dann auch als Gegenstand der schweizerischen Konflikte, auf Basis teilweise ganz unzutreffender Annahmen[23] der hellsichtigste Plan skizziert wurde, der sich mit den Besiedelungszonen rund um den Flughafen Basel-Mulhouse befasst. Aus heutiger Sicht, mehr als dreißig Jahre nach ihrer Erstellung, liest sich die umfassende Lärmstudie des Ingenieurbüros Roth (ARB 1970) wie ein Menetekel. Es lässt sich ohne Übertreibung konstatieren, dass viele der gegenwärtigen Probleme so nicht bestünden, wenn aus dieser Studie bald Konsequenzen gezogen worden wären, wie sie die Verfasser klar benannten. Gerade in Basel wurden damals jedoch alle Energien darauf verwendet, bestehende politische Probleme zu minimieren und nicht etwa die Entstehung zukünftiger Probleme zu vermeiden – etwa durch eine entschlossene Begrenzung der Siedlungszonen im Raum Neuallschwil und Allschwil, wie sie auch das schweizerische Recht entsprechend vorsah,[24] oder gar durch eine grenzüberschreitende Initiative. Im Lichte der folgenden Auseinandersetzungen gingen gerade die praktisch-planerischen Aspekte der frühen Arbeit unter; auch auf französischer Seite hätten sich darin Ansatzpunkte für die dortige Planung finden lassen: die Studie war eine Art PEB, jedoch falschen Ursprungs und vor allem zur falschen Zeit.

Mit dem soweit abgeschlossenen Versuch der Beantwortung der gestellten Frage ist zugleich, und vielleicht etwas voreilig, auch schon der Bogen über die kommenden zwanzig Jahre geschlagen. Tatsächlich änderte sich an der genannten Grundkonstellation der politischen Dynamik vorerst wenig, so dass wir diese Aussage jedenfalls im Hinblick auf die Schwierigkeiten, einen Lärmzonenplan zu entwickeln, vorerst gelten lassen können. Ehe wir uns dem zweiten Maßstab der Regulierung zuwenden, den Flugrouten, deren Bedeutung sich bereits abzuzeichnen beginnt, sind jedoch noch einige Aspekte des zweiten Zonenplans zu komplettieren, des *Plan de Gêne Sonore* (PGS), der oben nur in seinen technischen und rechtlichen Grundzügen behandelt wurde. Ein Großteil der bezüglich des PEB vorgetragenen Argumente finden, *mutatis mutandis*, hier gleichfalls Anwendung und sollen nicht erneut ausgeführt werden. Vor allem aus einem Grund müssen wir diesen Plan jedoch noch einmal gesondert betrachten, nämlich weil er sich im Gegensatz zum PEB ja direkt auf bereits bestehende und anerkannte Lärmbelästigungen bezieht, die hier gewissermaßen rechtlich sanktioniert und finanziell kompensiert werden. Sein kürzerer Zeithorizont macht ihn für die strukturellen Unwägbarkeiten langfristiger politischer Prozesse unempfindlicher. Zugleich greift er finanziell direkt in das Leben gegenwärtiger Flughafenanlieger ein und rationalisiert deren Lärmerfahrung in einem bürokratischen Akt, dessen Aus- und Eingrenzungen mit den subjektiven und sozialen Gehalten des Lärms konfrontiert werden. Ist der PEB als Planungsinstrument konzipiert, so ist der PGS im umweltpolitischen Jargon gesprochen ein *end-of-pipe*-Instrument – der Schaden ist bereits vorhanden und soll im Nachhinein soweit wie möglich abge-

---

23 So stieg die Zahl der Flugbewegungen deutlich langsamer an als prognostiziert, vor allem aber wurden die Flugzeugmotoren ganz erheblich leiser, in erster Linie als Nebeneffekt der Anstrengungen zur Verringerung des Treibstoffverbrauchs, die mit der ‚Ölkrise' der 1970er Jahre einen hohen Stellenwert bekamen.

24 Zur Zonierung (‚Zonung') und ihrem Zeithorizont in der schweizerischen Luftfahrtverordnung (LFV) von 1973 siehe Chanson 1980, S. 114-119.

federt werden. Es lässt sich daher erwarten, dass dieser Plan auch im Engagement der vom Fluglärm Betroffenen eine größere Rolle spielt. Überraschenderweise ist dies jedoch nicht der Fall. Jedenfalls gibt es unter den Engagierten, mit denen ich gesprochen habe, nur eine begrenzte Zahl von Akteuren, die sich überhaupt näher mit dem PGS befasst haben und im Hinblick auf dessen Belange einsetzen, und zwar fast ausschließlich diejenigen, die sich innerhalb oder unmittelbar außerhalb der Zone befinden, die in dem bisherigen Plan erfasst wurde.

Abbildung 5 (folgende Seite) gibt den Plan aus dem Jahr 1998 wieder. Sie zeigt, dass in diesem Plan auf der Basis eines Wertes von IP 78 für die Außengrenze der Zone III nur sehr geringe Gebiete überhaupt für eine finanzielle Zuwendung in Betracht kamen, vor allem Teile des Ortes Hégenheim, in geringerem Maße auch von Hésingue und St. Louis-Bourgfelden (vgl. a. die Zone III des aktuellen Plans, Tafel 3).

Einerseits liegen nun andere Orte insgesamt näher am Zentrum des Flughafens, so etwa Blotzheim oder auch Bartenheim bzw. Bartenheim-la-Chaussée. Andererseits werden nicht nur Ortschaften sondern sogar einzelne Straßenzüge radikal durchtrennt, wie sich besonders in Hégenheim deutlich ersehen lässt. Gleich wie notwendig und vielleicht sogar unumgänglich eine solche Unterscheidung sein mag, so muss und wird sie überall zunächst einmal einen Groll bei denjenigen wecken, die unmittelbar außerhalb der einträglichen Grenze zu liegen kommen. Es ist dabei noch einmal in Erinnerung zu rufen, dass diese Zonen nicht etwa auf der Basis von Messungen bestimmt werden, sondern auf Grundlage von sehr voraussetzungsreichen Berechnungen, in denen Flugrouten, Flugzeugtypen, Startgewichte, Frequenzen, Windlagen usw. eingehen, die zudem sämtlich über längere Zeiträume gemittelt werden. Mit der ‚empfundenen Belästigung' durch reale Ereignisse auf dieser oder jener Straßenseite sind diese Verfahren oftmals kaum in Einklang zu bringen; bzw. sie sind damit nur dann in Einklang zu bringen, wenn in ähnlich aufwendigen Berechnungen und mit einer großen Zahl von Betroffenen alle abweichenden individuellen und sozialen Empfindlichkeiten wieder herausgefiltert wurden. Das eben leisten die komplexen Lärmbelastungsmaße vom Typ *Noise and Number Index* (NNI), *Indice psophique* (IP), Störfaktor Q usw.

Umgekehrt gesagt: Es ist aus der Forschung hinlänglich bekannt, dass die Lärmbelastungsmaße nicht nur für unterschiedliche Situationen verschieden gut geeignet sind, sondern immer und notwendigerweise einen Teil der betroffenen Bevölkerung in seiner Empfindlichkeit nicht angemessen repräsentieren können. Schon ein (methodisch sauber gearbeiteter, statistisch abgesicherter) Grenzwert der Lärmbelastung von IP 77 im vorliegenden Fall stellt für einige Individuen oder Gruppen eine höhere subjektive Belastung dar als für andere der nächst höhere, unterscheidbare Wert (IP 78). Bei der Erstellung des PGS aber kommt noch die zweite Abstraktion hinzu, dass auch auf Seiten der Ereignisse noch einmal gemittelt wird, und zwar nicht einmal aus erhobenen Daten, sondern aus den oben genannten rechnerischen Faktoren.

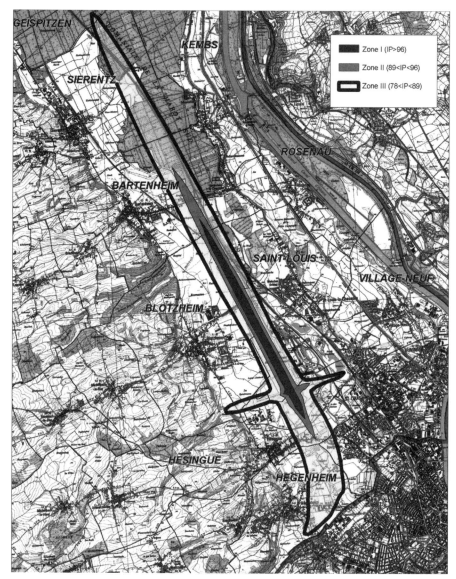

Abb. 5:   Plan de Gêne Sonore aus dem Jahr 1998, für ungültig erklärt 2002
          (nach ACNUSA 2002, überarbeitete Darstellung)

Mit dem Haus oder der Wohnung direkt außerhalb einer entsprechend errechneten
Grenze zu liegen zu kommen, kann dementsprechend, je nach Temperament, Ver-
ständnislosigkeit oder Wut hervorrufen. Die kontraintuitive Differenz wird etwa
in dem folgenden Zitat sehr heftig zur Sprache gebracht:

```
Nous, les villagers, on a aucun pouvoir. C'est Mulhouse,
c'est St. Louis, c'est les maires qui touchent les frics.
```

```
C'est ça la chose avec les plans [le PGS]. Prenez mon
grand-père, par exemple. Il est juste-là de l'autre côté
[de la limite du plan]. Il ne touche pas de subventions,
rien, bien que les avions décollent n'importe comment.
C'est une aberration totale, [c'est] complètement débile.
(Iw, Z. 470a-474)²⁵
```

Das wirre, jedenfalls unvorhersehbare Flugverhalten der startenden Maschinen, die gut erkennbar unterschiedliche Routen schon auf den ersten zwei Kilometern nach dem Abheben bestreichen, wird in diesem Zitat direkt mit dem „völligen Widersinn" des gesamten Plans in eins gesetzt, wobei das französische Wort *aberration* die physische Verirrung noch mit andeutet, etwa die Abweichung einzelner Flugzeuge von der vorgeschriebenen Route.

Es lässt sich vermuten, dass solche Einschätzungen weit häufiger vorkommen, als sich dem Sample der von mir Befragten entnehmen lässt, das kaum ein Dutzend Personen innerhalb oder unmittelbar außerhalb der Plangrenzen enthält, zumal diese durch ihr soziales Engagement in Fragen des Fluglärms schon mit der Tendenz vorselektiert sind, nicht primär ‚private' Belange wie individuelle finanzielle Zuwendungen zu vertreten. Um diese Vermutung quantitativ zu überprüfen, wären entsprechend orientierte Umfragen in den direkt betroffenen Ortschaften nötig. Ein deutlicher Hinweis auf ihre Richtigkeit ergibt sich aber auch aus der Tatsache, dass sich verschiedentlich Interessenverbände der Frage angenommen haben, die ihre Tätigkeit nicht auf den Fluglärm konzentrieren, sondern im Namen des Verbraucherschutzes oder der generellen Lebensqualität in der Region operieren – ein Phänomen, das auch in anderen Regionen Frankreichs zu verzeichnen ist (Leroux 2002, S. 70).

Im vorliegenden Fall war es eine Vereinigung aus dem Ort Bartenheim, die *Association pour la promotion et la défense du cadre de vie de Bartenheim* (APDCV), die bereits im Januar 1999 den eben erst verabschiedeten *Plan de Gêne Sonore* vor dem Verwaltungsgericht in Strasbourg attackierte.²⁶ Der Plan, so klagte der Präsident der Vereinigung gegen die Zustimmung des Präfekten, stelle „die realen Störungen, denen die Anwohner unterliegen" nur teilweise in Rechnung, indem ganze Ortschaften in unmittelbarer Nähe des Flughafens unbeachtet geblieben seien (*L'Alsace* [St Louis], 26. Jan. 2002). Die Gemeinderäte mehrerer Ortschaften hatten 1998 bereits im Vorfeld Bedenken angemeldet oder ihre Zustimmung verweigert, und auch die bereits genannte Organisation der Flughafenanrainer, ADRA, hatte den Plan scharf kritisiert, ganz im Sinne der obigen Ausführungen, nämlich da er „nicht mit der gelebten Realität der Anlieger" übereinstimme (ebd.). Bis zur Entscheidung des Gerichts im Januar 2002, mit der der

---

25 Wir Dörfler haben überhaupt keine Macht. Das ist Mulhouse, das ist St.-Louis, das sind die Bürgermeister, die die Kohle bekommen. So liegt die Sache mit den Plänen [dem PGS]. Nehmen Sie meinen Großvater, zum Beispiel. Der ist gerade dort drüben auf der anderen Seite [jenseits der Grenze des Plans]. Der bekommt keine Subventionen, nichts, obwohl die Flugzeuge sonstwie abheben. Das ist ein völliger Widersinn, komplett schwachsinnig.

26 Das französische Verwaltungsprozessrecht ist für Umweltklagen vergleichsweise günstig, u.a. weil die Verbandsklage allgemein anerkannt ist (im Einzelnen s. Woehrling 1996, S. 30f).

Plan annulliert wurde, waren nach Angaben der Sous-Préfecture immerhin 180 Anträge behandelt worden, für die eine Summe von etwa 2,1 Mio. Euro ausgeschüttet wurde; der einzelne Beitrag war dabei auf gut 3.000 Euro pro Wohnung begrenzt (*L'Alsace* [St Louis], 29. Jan. 2002).

In seinem Urteil schloss sich das Verwaltungsgericht der Kritik der Verbände an: Der Präfekt habe die verschiedenen Meinungen nicht hinreichend berücksichtigt und die Hypothesen, die dem Plan zugrund lagen, nicht hinreichend geprüft; der Plan scheine „relativ entfernt von den Realitäten, wie sie vor Ort festzustellen" seien, er stelle daher eine „Fehleinschätzung" sowie eine „Überschreitung der Amtsgewalt" (excès de pouvoir) dar und sei somit hinfällig (*L'Alsace*, 26. Jan. 2002).

Für die engagierten Gruppen war dies ein großer, wohl auch etwas überraschender Erfolg, wie mir eine Teilnehmerin des Verfahrens erzählte:

> Le plan de gêne sonore a été annulé.[...] Donc, maintenant [il y aura] de nouveau une étude et on va voir ce que ça va donner. Ça, c'est donc une petite association locale à Bartenheim qui a pris cette initiative et personne n'y croyait et on a gagné. (XIIw, Z. 297-300)[27]

Unklar bleibt, „man wird sehen", was ein nächster Plan bringt. Zwischenzeitlich, und davon handelt der nächste Abschnitt, haben sich auch die Flugverfahren so drastisch geändert, dass die alten Berechnungsgrundlagen hinfällig geworden sind, was es dem Verwaltungsgericht im Übrigen erleichtert haben mag, den betreffenden Plan für ungültig zu erklären. Die ACNUSA setzte bald darauf Fristen, innerhalb derer ein neuer PGS zu erarbeiten war, und dies ist, wie oben dargelegt, mittlerweile auch geschehen. Zum Zeitpunkt der Untersuchung aber hieß das Ergebnis für Basel-Mulhouse, dass es im Jahre 57 nach dem Beschluss, den Flughafen hier zu errichten, noch immer (bzw. wieder) keinen rechtskräftigen Plan gab, weder was die zukünftige Bebauung angeht, noch was die finanziellen Hilfen zur Schallisolierung für die Anrainer betrifft.

Neben diesem ernüchternden Fakt kann im Hinblick auf die beiden Lärm-Pläne, PEB und PGS, ein etwas weiter gehender, theoretisch inspirierter Schluss gezogen werden. Die ‚Regionalisierung', die sich in den konstitutiven Grenzziehungen als administrativer Akt vollzieht, scheitert offenbar wiederholt in dem Sinne, dass es den Akteuren nicht gelingt, eine bestimmte, politisch vorgesehene Strukturierung des Raums rechtskräftig zu etablieren. Und sie misslingt, *obwohl* sie doch in langfristiger Perspektive im Sinne der Betreiber wie der Raumplaner sein müsste, *obwohl* sie die Voraussetzung zu bilden scheint, dass die Expansionen weiterhin möglich sind, denen sich auch die umgebenden Kommunen weitgehend verschrieben haben, und *obwohl* Kräfte aus der Bevölkerung die zugrunde liegende Problematik durchaus wachhalten. Das formale Scheitern dieser administrativen Regionalisierung ist dabei so repetitiv und persistent, dass es nahe liegt

---

27 Der PGS ist annulliert worden. [...] So gibt es jetzt erneut eine Studie und man wird sehen, was das gibt. So ist es eine kleine, lokale Vereinigung aus Barthenheim gewesen, die diese Initiative gestartet hat, und keiner hat daran geglaubt, und wir haben gewonnen.

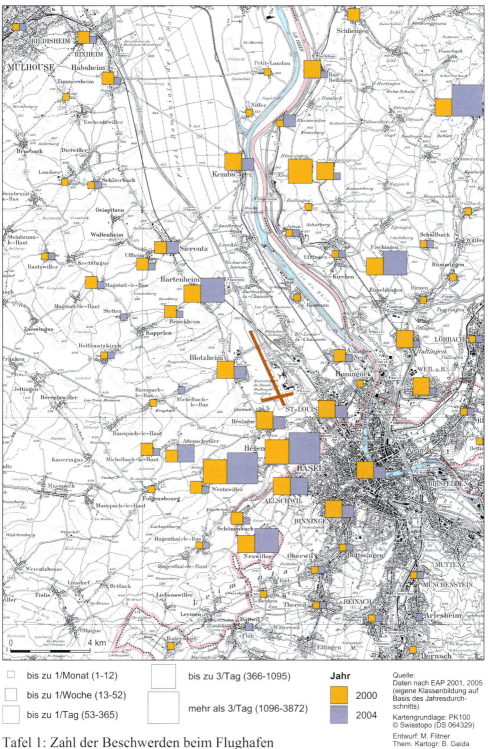

Quelle:
Daten nach EAP 2001, 2005
(eigene Klassenbildung auf
Basis des Jahresdurch-
schnitts)

Kartengrundlage: PK100
© Swisstopo (DS 064329)

Entwurf: M. Flitner
Them. Kartogr.: B. Gaida

□   bis zu 1/Monat (1-12)   bis zu 3/Tag (366-1095)

□   bis zu 1/Woche (13-52)

□   bis zu 1/Tag (53-365)   mehr als 3/Tag (1096-3872)

Jahr

■ 2000

■ 2004

Tafel 1: Zahl der Beschwerden beim Flughafen

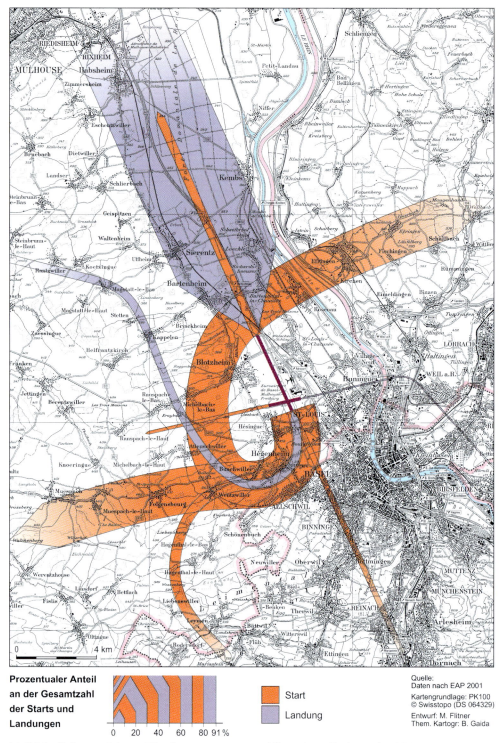

Prozentualer Anteil an der Gesamtzahl der Starts und Landungen

0   20   40   60   80 91 %

■ Start
■ Landung

Quelle:
Daten nach EAP 2001

Kartengrundlage: PK100
© Swisstopo (DS 064329)

Entwurf: M. Flitner
Them. Kartogr: B. Gaida

Tafel 2: Schematisierte Flugbewegungen und ihre Anteile im Jahr 2000

danach zu fragen, was eigentlich gerade *in* diesem Scheitern realisiert wird, oder mit Foucault: welche Machteffekte sich in dessen Vollzug herausbilden, jenseits der erklärten, scheiternden Intentionen. Zwei Aspekte liegen bei dieser veränderten Fragestellung auf der Hand.

Zum einen haben wir es hier mit einer *politics of scale* im wörtlichen Sinne zu tun, einer Politik der Durchsetzung eines bestimmten Maßstabs im Sinne einer geographischen Ausdehnung, ein Maßstab, der, einmal durchgesetzt, seinerseits gesellschaftliche Konsequenzen hat. Die Lärmpläne begründen in genau diesem Sinne erst die Anrainerschaft des Flughafens, die *riveraineté*. Leroux (2002, S. 71) zitiert einen Abgeordneten, der diesen Zusammenhang präzise auf den Punkt bringt:

> „La nuisance est juridiquement définie dans le cadre des périmètres qui sont ceux des PGS ou des PEB, ça ce sont les riverains immédiats. Et puis il y a les riverains qui ne sont pas juridiquement des riverains, parce qu'ils n'ont pas droit à l'aide aux riverains, parce qu'ils ne sont pas dans le[s] PEB qui limitent l'urbanisation."[28]

Die Störung der um den Flughafen Lebenden wird spezifisch nur im Rahmen der beiden Pläne anerkannt und justiziabel. Wer nicht in den Rahmen des PEB bzw. PGS fällt, ist umgekehrt auch kein qualifizierter Anrainer des Flughafens. Die beiden Pläne werden somit zu einem starken Instrument der Verteilung von Positionen in der Debatte um den Fluglärm, die mit der Verteilung von Legitimitäten direkt einhergeht. Dieser Effekt wird im Großen und Ganzen völlig unabhängig davon erreicht, ob die Pläne punkt- und zeitgerecht erzeugt werden, oder ob sie in permanenter Debatte bleiben, immer wieder neu entworfen, geändert, verabschiedet, annulliert. Es ließe sich sogar argumentieren, dass der Effekt umso nachhaltiger wird, je häufiger und länger er in wiederkehrenden Konflikten aktualisiert wird. In jedem Fall aber wird in der ohnehin mehrmaligen, im vorliegenden Fall andauernden Grenzarbeit ein innerer Kreis von Anrainern bzw. Aspiranten, der im vorliegenden Fall nur aus den unmittelbar umgebenden Dörfern besteht, von allen anderen Betroffenen bzw. sich betroffen Fühlenden systematisch abgetrennt. Wenn man die Anzahl der eingehenden Proteste an dem in Frage stehenden Flughafen Basel-Mulhouse als Indikator nimmt, sind die debattierten Grenzen beider Lärmzonen unglaublich eng gezogen, denn der *überwiegende* Teil der Beschwerden kommt von außerhalb der eingeschlossenen Zonen - man vergleiche die Tafeln 1 und 3. Mit der Zonierung wird also die empirisch feststellbare Störung nicht etwa ein wenig begradigt oder abgerundet, sondern geradezu negiert. Es wird ein Exempel der Grenzziehung selbst gesetzt: Die Legitimation, die der Plan verteilt, ist berechnet und verfügt, sie entzieht sich radikal und quasi programmatisch dem Empfinden der Störung.

Zweiter Aspekt: Wenn wir die Darstellung der beiden Pläne betrachten, so sehen wir, dass die in Frage stehenden Zonengrenzen auf säuberliche Weise mehr

---

28 Die Störung ist juristisch definiert im Rahmen der Größen, die auch den PGS oder den PEB definieren, das sind die unmittelbaren Anrainer. Und dann gibt es die Anrainer, die rechtlich gesehen keine Anrainer sind, weil sie keinen Anspruch auf die Unterstützung für Anrainer haben, weil sie nicht innerhalb der PEB liegen, die die Siedlungtätigkeit begrenzen.

oder weniger genau an der französischen Landesgrenze enden. Besonders im Falle
des PGS scheint sich die juristisch vorgegebene Erstreckung mit der technisch-
rechnerischen in dieser Hinsicht fast perfekt zu fügen (s. Abb. 5 oben und Tafel
3). Die kleine Kurve nach Westen am südlichen Ende der Hauptachse, die diese
Fügung ermöglicht, ist nicht zuletzt deshalb ein Politikum, weil sie die Grenzen
des Lärms hier den Grenzen der Nation anschmiegt, wie wir im weiteren Verlauf
noch deutlicher sehen werden. Wie in einem Brennglas bildet sich an dieser Stelle
eine Verdichtung der politischen Linien, in der sich die größeren Interessen und
Visionen mit Blick auf den Flughafen, die vor allem von der Stadt Basel und dem
französischen Staat gehegt werden, mit den Interessen der Kommunen vermen-
gen, die Entwicklung und Partizipation am ökonomischen Geschehen ebenso an-
streben wie den Schutz vor dessen Folgen. Es ist das zum Halbkanton Basel-Land
gehörige Gebiet zwischen Allschwil und Neu-Allschwil, das in jeder Variante
eines größer angelegten Lärmexpositionsplans vom Typ PEB rechnerisch einzu-
schließen wäre, das zeigen etwa schon die Skizzen auf Basis des Jahres 1968, die
in der erwähnten, Aufsehen erregenden Studie aus dem Jahr 1970 publiziert wurden (ARB 1970, Abb. PcZy, vgl. a. Tafel 3). Wenn wir alte Karten betrachten,
eben das genannte Blatt aus dem Jahr 1970 oder gar eine Karte des Gebiets um
den Flughafen aus dem Jahr 1946, so sehen wir, dass gerade in diesem Gebiet,
und unmittelbar südlich davon, während der letzten Jahrzehnte die größte Bautä-
tigkeit in den Achsen des Flughafens stattgefunden hat. Das deutet nachdrücklich
darauf hin, dass die nicht zum Abschluss kommende Planung, die Nichtplanung
auf französischer bzw. elsässischer Seite und die Nichtplanung auf schweizerischer bzw. Basler Seite, auch hier einen *produktiven* Effekt im oben dargelegten
Sinne gezeitigt haben. Dass dieser produktive Effekt aus Sicht der heutigen
Allschwiler Bevölkerung als Erfolg zu werten sei, werden dort zwar nicht alle
behaupten. Die jüngsten Entwicklungen bezüglich der Flugrouten führen aber
auch hier wieder zu einer neuen Situation, die sich gerade für den Raum Allschwil
– Hégenheim – Hésingue noch kaum pauschal bewerten lässt.

Flugrouten – die undurchsichtige Ordnung

Die Lärmbelästigung im Umfeld eines Flughafens hängt in hohem Maße von der
Wahl der Flugrouten ab. Schon der physikalisch objektiv erzeugte Lärm, die
Schallenergie, die im Rahmen des Flugbetriebs entsteht, ändert sich mit den gewählten An- und Abflugrouten, je nachdem welche Kurven, Beschleunigungen
oder Bremsungen erforderlich werden. Es ist offensichtlich, dass in noch größerem Maße die subjektiven Belästigungen oder Störungen jeweils situierter Anwohner und Anwohnerinnen damit zusammenhängen, welche Wege gewählt werden, um die Flugzeuge starten oder landen zu lassen. Dementsprechend spielen
die Flugrouten auch in den Argumentationen der Fluglärmgegner eine herausragende Rolle, eine prekäre Rolle zugleich, denn häufig geht es um nichts Anderes
als eine Verschiebung des Lärms von einer Zone in eine andere. Wenn man von
den oben genannten, möglichen Schwankungen in der Gesamtbilanz absieht, so

lassen sich die Routenänderungen treffend als Nullsummenspiel charakterisieren, was die Schallenergie bzw. den objektiv erzeugten Lärm angeht: was an einer Stelle weniger wird, kommt an anderer hinzu. Lokal und subjektiv können dabei Unterschiede radikal zur Geltung kommen, und sie tun dies, ganz gleich ob insgesamt oder im Durchschnitt der Lärm gleich bleibt oder gar geringer wird. Die jüngere Lärmforschung hat gezeigt, dass aber gerade sprunghafte Änderungen in der Lärmexposition besonders heftige Reaktionen (bzw. negative Bewertungen) hervorrufen können, die deutlich von den bekannten Dosis-Antwort-Beziehungen abweichen und darin zum Teil über Jahre hinweg nachweisbar bleiben (Fidell u.a. 2002).

In Basel-Mulhouse kamen während der letzten Jahre gleich zwei Entwicklungen zusammen: Ein rapides Wachstum der Flugbewegungen – eine Steigerung auf das Zweieinhalbfache allein von 1990 bis 2000 – und eine mehrfache Verschiebung oder Änderung der An- und Abflugrouten. Auf den folgenden Seiten sollen nur zwei wesentliche Änderungen durchsichtig gemacht werden, die in den aktuellen Konflikten im Vordergrund stehen. Die Beschreibung wird dabei wiederum zunächst eher sachlich-technisch bleiben und versuchen, die Ausgangspunkte und die formal institutionalisierte Seite des Konflikts zu klären; anschließend werden die jüngsten Änderungen kurz skizziert und Äußerungen von Fluglärmgegnern dazu aufgenommen, soweit sie sich relativ eng auf diese Seite des Gegenstands beziehen. Die weiteren Bedeutungshorizonte, die vor dem Hintergrund der in diesem Abschnitt behandelten Gegenstände mobilisiert werden, kommen hingegen erst im folgenden Kapitel zur Darstellung.

Wenn wir in erster Näherung vorläufig nur von den Flugpisten ausgehen, so ergibt sich für das Jahr 2004 etwa das folgende Bild: knapp drei Viertel aller Startbewegungen fanden in Richtung Süden statt (Piste 16[29]), etwas mehr als ein Zehntel in Richtung Westen (Piste 26), und der Rest von etwa einem Sechstel in Richtung Norden (Piste 34). Die Startbewegungen nach Osten (Piste 08) sind zu vernachlässigen. Auch bei den Landungen spielt die kürzere Ost-West-Piste eine geringe Rolle (Piste 26: 3%). Zugleich drehen sich die Gewichte auf der Hauptpiste nun um: Die überwältigende Mehrheit der Flugzeuge landet aus Norden kommend (90%), aus Richtung Süden landeten im genannten Zeitraum nur rund 7 Prozent der Maschinen (EAP 2004, S. 5, vgl. a. Tab 3). In einfachen Worten zusammengefasst: Die Hauptbewegungsrichtung am Flughafen Basel-Mulhouse verläuft von Nord nach Süd. Fast neun Zehntel aller Landungen erfolgten im Jahr 2004 so, und knapp drei Viertel aller Starts.

Betrachten wir die Situation im Jahr 2001, so tritt nur ein Unterschied deutlich hervor. Die Starts in Richtung Süden lagen damals noch deutlich höher (bei etwa 87%), dafür wurde die (damals noch kürzere) Ost-Westpiste auf diese Weise kaum genutzt (3%). D.h. mit der Eröffnung der verlängerten Ost-Westpiste (formell im Juni 2001) wurden zunächst vor allem Startbewegungen von Piste 16 (S) nach Piste 26 (W) umgeleitet. Gehen wir noch weiter in der Zeit zurück, so zeigt die summarische Betrachtung, dass früher der Anteil der Starts nach Norden deut-

---

29 Zu den Pistenbezeichnungen vgl. Fußnote 19, S. 116.

lich höher war, immerhin knapp die Hälfte im Jahr 1968; die Landungen erfolgten bereits damals zu mehr als zwei Dritteln aus Norden. Jedoch sind die Vergleiche über einen längeren Zeitraum kaum sinnvoll, solange sie sich auf prozentuale Anteile beschränken, da die Zahl der Flugbewegungen in den letzten Jahren so drastisch angestiegen ist. Die 43 Prozent Anteil an den (kommerziellen) Starts nach Norden im Jahr 1968 machen, rund gerechnet, 4.500 Ereignisse aus, die zehn Prozent im Jahr 2001 etwa 6.000: Die absolute Zahl der Starts in Richtung Norden ist also auch über einen längeren Zeitraum nur maßvoll gestiegen. Die Startbewegungen in Richtung Süden dagegen haben sich fast verzehnfacht, von etwa 5.700 im Jahr 1968 auf etwa 52.000 im Jahr 2001.

Flugbewegungen Jahr	Piste 34 (nach N)	Piste 16 (nach S)	Piste 26 (nach W)	Piste 08 (nach O)
Starts				
2004	17	72	11	< 0,1
2001	10	87	3	< 0,1
1996	26	66	8	< 0,1
1968	43	57	0	0
Landungen				
2004	7	90	3	0,1
2001	7	92	1	0,1
1996	3	94	3	0,1
1968	28	72	0	0

Tabelle 3: Prozentuale Verteilung von Starts und Landungen auf Pisten bzw. Pistenrichtungen (eig. Zusammenst. nach Angaben des Flughafens und ARB [1970], gerundet, daher z.T. Σ>100).

Die vorherrschende Windlage am Flughafen begünstigt die Starts nach Süden und Westen. Der Grund, warum sich in den 1990er Jahren eine so stark dominierende Pistenrichtung entwickelt, ist jedoch nicht allein hierin zu finden, denn die durchschnittlichen Winde sind weder so stark noch so regelmäßig, dass sie die Starts in umgekehrter Richtung meist behinderten (Bubeck u.a. 1969). Eine ebenso wichtige Ursache ergibt sich aus dem starken Wachstum, der nackten Zahl der Flüge, die hier mittlerweile zu koordinieren sind. Mit etwa 100.000 Flugbewegungen während der Tageszeit (6-22h) kommt es schon bei gleichmäßiger Verteilung über das Jahr und den Tag zu etwa einem Start alle acht Minuten.[30] Da die Flüge aber ungleichmäßig über das Jahr und besonders über den Tag verteilt sind, werden die *time slots* noch weitaus enger. So kann es etwa um die Mittagszeit zu einem Takt von zwei Minuten kommen, in dem Starts (oder Landungen) durchgeführt werden. Ein häufiger, kurzfristiger Wechsel der Pistenrichtung ist, jedenfalls zu den

---

30   Nach der Formel Zahl der Starts (S, pro Jahr) durch Tagstunden (h_d, pro Jahr) ergeben sich, grob überschlagen, (50.000/[365x16]=) 8,5 S/h_d, entsprechend ca. einem Start knapp alle acht Minuten.

Stoßzeiten, schon aus organisatorischen und sicherheitstechnischen Gründen kaum mehr machbar. Drehen ließen sich jedoch ganze Pakete oder bestimmte Zeitfenster, und tatsächlich wird dies zum Teil auch so gehandhabt: Nachts, wenn die Frequenzen niedrig sind, starten fast alle Flugzeuge nach Norden.

Als weitere, wichtige Komponente, welche die Nord-Süd-Richtung stabilisiert, greift zudem die technische Ausrüstung des Flughafens ein: Bisher gibt es nur von Norden kommend ein *Instrument Landing System* (ILS), das eine sicherere und gleichmäßigere Landung selbst bei minimaler Sicht erlaubt, eine sogenannte Blindlandung. Dabei landen die Flugzeuge, vereinfacht gesagt, entlang eines Leitstrahls, der sie recht frühzeitig auf die Pistenachse bringt, so dass sie den vorberechneten Sinkflug über einige Kilometer in gerader Linie vollziehen. Genau aufgrund dieser zuletzt genannten Eigenheit wurde bisher auf ein zweites ILS in umgekehrter Richtung (ILS 34) verzichtet. Im Gegensatz zum Norden, wo die gerade Linie großenteils über *relativ* dünn besiedeltes Gebiet und später über das Gebiet des Hardt-Waldes verläuft, würde im Süden eine Landeroute fest etabliert, die geradewegs über das westliche Basel führt und mit eben dieser Begründung bisher wenig genutzt wurde.

Damit wird auch schon deutlich, dass die Unterscheidungen, die aufgrund der Pistenrichtungen eingeführt wurden – Nord, Süd, Ost, West – keineswegs hinreichen, um das Fluggeschehen in der Umgebung des Flughafens angemessen zu charakterisieren, auch wenn sie zu diesem Zweck von offizieller Seite häufig genutzt werden. Sie geben vielmehr ein geradezu irreführendes Bild. Denn, wie sich bereits an der südwestlichen ‚Nase' der Lärmschutzpläne erkennen ließ (vgl. Abb. 5), schwenken die Flugzeuge häufig kurz nach dem Abheben in eine ganz andere Richtung ein. In Richtung Süden, also in Verlängerung der Piste 16, ist es derzeit sogar der ganz überwiegende Teil der Maschinen, der nach dem *Take-off* die Himmelsrichtung ändert. Tafel 2 zeigt in schematisierter Weise die üblichen Flugverläufe; es muss dem hinzugefügt werden, dass – anders als die Darstellung suggeriert – tatsächlich *überall* im Gebiet zumindest vereinzelte Überflüge zu verzeichnen sind. Sie resultieren einerseits aus unvorhergesehenen Abweichungen, andererseits aus dem weiteren An- und Abfluggeschehen.[31]

Nach den Daten des Jahres 2004 fliegen etwa sechs Prozent in sogenannten „Direktstarts" über das westliche Basel (Neu-Allschwil – Binningen) hinweg nach Süden; die überwältigende Mehrheit (etwa 84 Prozent) hingegen macht zunächst einmal einen scharfen Schwenk nach Westen, plangemäß zwischen den Orten Hégenheim und Allschwil hindurch, um sich dann erst in Richtung verschiedener Flugpunkte zu verteilen, wo sie in die großräumigeren Flugkorridore bzw. Luftraum-Kontrollzonen ‚einbiegen'.

Die Festsetzung dieser großräumigen Flugkorridore bzw. der entsprechenden Navigationspunkte ist rechtlich die Sache der jeweiligen nationalen Behörden, die sich dabei über die Grenzen hinweg abstimmen oder abzustimmen versuchen. In

---

31 So werden etwa aus Süd oder Südost kommende Flugzeuge östlich des Rheins nach Norden geführt, im Nordosten des Flughafens um 180 Grad gewendet, um schließlich in Richtung Süden zu landen.

pragmatischer Perspektive werden im Zuge dessen oftmals die Reichweiten der Flugsicherung eines Landes etwas in den Luftraum einer benachbarten Nation hinein verlängert oder auch Warteräume für Flughäfen außerhalb des eigenen Territoriums eingerichtet. Wie der Fall des Flughafens Zürich-Kloten zeigt, können dabei allerdings ganz erhebliche politische Reibungsverluste entstehen. Da zudem auch die rechtliche Zulässigkeit einer informellen Abgabe der nationalen Kompetenzen infrage steht, versuchen die beteiligten Nationen heute in der Regel, entsprechende Staatsverträge auszuhandeln, in den die Rechte und Pflichten der Partner genau expliziert werden.[32] So führt beispielsweise Deutschland seit längerem Verhandlungen mit der Schweiz bezüglich der Züricher Anflüge (nach dem vorläufigen Scheitern des ausgehandelten Staatsvertrags im Schweizer Parlament ist eine einseitige Verordnung in Kraft getreten), und auch mit Frankreich, wo in einem Zuge ein etwas größeres Gebiet geregelt werden soll, das u.a. die unterschiedlich gelagerten Fälle Saarbrücken, Baden-Baden und Basel-Mulhouse umfasst (*Badische Zeitung*, 24. Aug. 2000).

Das Zustandekommen dieser großräumigeren Regelungen soll hier jedoch nicht Gegenstand der Diskussion sein. Für die vorliegenden Zwecke reicht zunächst einmal der zentrale Befund, dass es einen institutionalisierten Bereich gibt, der die Flugrouten rund um den Flughafen betrifft und dort endet, wo die an- und abfliegenden Flugzeuge in das größere Netz der nationalen und internationalen Flugrouten eingebunden werden. Im Falle des Flughafens Basel-Mulhouse fungieren derzeit hauptsächlich sechs Punkte als räumliche Begrenzung des Startbereichs: Im Westen der Punkt LUMEL (F), im Norden GTQ (Grostenquin, F) und STR (Strasbourg, F), im Osten der virtuelle Punkt ELBEG südöstlich von Kandern (D), im Süden BASUD (CH) sowie HOC D (Hochwald, CH). Zwischen diesen Punkten liegt, dramatisch gesagt, das Reich des Flughafens. Hier bestimmt im Prinzip der verantwortliche flugtechnische Leiter des Flughafens, in Frankreich: *le Commandant*, ein Angestellter des öffentlichen Dienstes, welche der in den einschlägigen Plänen vorgesehenen Wege die Flugzeuge zu nehmen haben. Im Gründungsstatut des Flughafens ist diese technische Funktion von der des Direktors genau geschieden, der die ökonomischen und kommerziellen Belange zu vertreten hat. Beide, Kommandant und Direktor, werden gemäß Gründungsvertrag vom Verwaltungsrat des Flughafens bestimmt und assistieren diesem (Art. 3, Convention Franco-Suisse).[33] Für den Kommandanten ergibt sich also eine denkwürdige, doppelte Bindung: durch den binationalen Vertrag über den Flughafen hat er dem Verwaltungsrat zu dienen; er ist aber nicht, wie der Direktor, dessen ausführendes Organ, sondern ein Bediensteter der französischen Regierung, wie in den Statuten ausdrücklich klargestellt wird (Ladet 1984, S. 231). Dass aus die-

---

32 Bereits das Chicagoer Abkommen über die internationale Zivilluftfahrt von 1944 und seine Folgeabkommen sehen die Delegierung von Luftraum in allgemeiner Form vor, bleiben dabei jedoch sehr allgemein hinsichtlich der Ausgestaltung und stellen diese weitgehend unter den Vorbehalt bilateraler Abkommen.

33 Vgl. Ladet (1984, S. 229-231); üblicherweise war in Basel-Mulhouse der Direktor schweizerischer Nationalität und der französische Kommandant zugleich Vizedirektor des Flughafens.

ser doppelten Bindung schwerlich ein Widerspruch erwächst, ergibt sich allein schon, weil die französische Regierung die Hälfte des 16-köpfigen Verwaltungsrates besetzt. Potenzielle Konflikte können daher schon im Verwaltungsrat ausgetragen werden. Wenn dort je kein Kompromiss zustande käme, hätte formal gesehen eindeutig die französische Regierung das letzte Wort.

Im Unterschied zum ‚Maßstab der Lärmzonen' (PEB und PGS) ist der Maßstab der Flughafen-nahen Navigation in seiner Verfasstheit also in gewissem Grad binational. In der Vergangenheit erfolgte die Änderung der Flugrouten bzw. ihrer Benutzung in Basel-Mulhouse m.W. stets im Einklang mit dem Flughafen bzw. dem Verwaltungsrat als dessen Aufsichtsgremium. Zwar kann der Verwaltungsrat Änderungen nicht im engeren Sinne genehmigen. Dies steht, wie gesagt, allein der französischen Flugsicherung zu. Die größeren, quantitativen Verschiebungen aber, die einen spürbaren Effekt auf das Umland haben, mussten früher oder später in jenem Gremium Billigung finden, das heißt: sie wurden unter Einbezug des Verwaltungsrates beschlossen oder im Nachhinein dort gebilligt. Schon im Vorfeld solcher Entscheidungen ist in der Regel auf schweizerischer Seite auch das Bundesamt für Zivilluftfahrt (BAZL) eingebunden, das einen Austausch mit den französischen Behörden pflegt, wie er auch im Hinblick auf den Genfer Flughafen vonnöten ist (vgl. Walker 1995, S. 50). Zudem hat verschiedentlich der Basler Regierungsrat von sich aus Verhandlungen mit dem Flughafen und den französischen Luftfahrtbehörden aufgenommen, um bestimmte Kontingente auf den südlich gerichteten Abflugrouten zu erwirken. Erst in jüngerer Zeit hat schließlich die neue französische Behörde ACNUSA Initiativen gestartet, welche die Benutzung der Flugrouten in Basel-Mulhouse bereits verändert haben und in naher Zukunft weiter ändern werden (s.u.).

Die formal-rechtliche Zuständigkeit der französischen Flugsicherung gibt also die tatsächliche Situation nicht angemessen wieder. Wir haben es vielmehr mit einem trinationalen Geflecht von Institutionen und Einflussfaktoren zu tun, deren Handlungen, gerade im Konfliktfall, verschiedene politische Kerne freilegen. Um nur die wichtigsten zu nennen: die gesamtschweizerische Luftfahrtpolitik (Stichwort Zürich-Kloten), die regionalen Wirtschaftsinteressen (fünf Mitglieder der Handelskammern im Verwaltungsrat), die trinationale (beratende) Umweltkommission, die französische Kommunalpolitik (Widerstand der Anliegergemeinden, Bürgermeister von St. Louis und Mulhouse im Verwaltungsrat) sowie die gesamtfranzösische Luftfahrtpolitik (ACNUSA als Produkt der Konflikte um einen dritten Pariser Flughafen, Verhandlungen über einen Staatsvertrag mit Deutschland). Hinzuzufügen bleibt dem einstweilen nur noch, dass bei den uns interessierenden Entscheidungen oftmals die Flugrouten nicht als *Form* zur Debatte standen und stehen, d.h. als bestimmte Verbindungen zwischen geographischen Koordinaten (Streckenfestlegung). Denn die möglichen Formen sind schon durch das physisch festgelegte Pistensystem und die umgebenden Navigationspunkte relativ begrenzt. Vielmehr geht es häufig um die Flugrouten als *Mengenkorridore*, d.h. als Quantität von Flugzeugbewegungen, die den verschiedenen An- und Abflugrouten zugeordnet werden (Auslastungsänderung bestehender Strecken).

Zwei Konflikte sollen hier kurz skizziert werden, die die Gemüter rund um den Flughafen in jüngster Zeit erhitzt haben. Der erste Konflikt betrifft die im Jahr 2000 eingeführte ,ELBEG-Kurve', der zweite die so genannten Direktstarts, d.h. Starts, die über den westlichen Teil Basels hinweg direkt den Orientierungspunkt Hochwald (HOC D) ansteuern. Die ,ELBEG-Kurve' wurde Mitte Mai 2000 eingeführt und besteht im Wesentlichen darin, dass eine größere Zahl der Richtung Süden (Piste 16) startenden Maschinen in einer 270°-Schleife über West und Nord nach Osten in Richtung des virtuellen Flugpunktes ELBEG gelenkt wird (Tafel 2). Im Jahr 2001 waren dies nach Angaben des Flughafens knapp 38 Prozent aller Flüge, deutlich mehr Flüge, als in früheren Jahren entsprechend auf den (damals gültigen) Flugpunkt RALIX bei Donaueschingen entfielen (ca. 20 Prozent). Als Begründung für diese Veränderung wurde von Seiten des Flughafens die Reorganisation der europäischen Flugrouten genannt, die in diesem Falle auch der Überfüllung des Schweizer Luftraums Rechnung trage (*L'Alsace*, 4. Juli 2000; *BZ* [Weil a. Rh.], 22. Aug. 2000; BL Regierungsrat 2002).

Diese Neuordnung überraschte viele Personen im Umfeld des Flughafens und rief in einigen Gegenden großen Unmut hervor. Schon bald machten sich Gegner des Fluglärms vor allem in zwei Bereichen bemerkbar: Zum einen in der ohnehin stark belasteten Gegend südwestlich und westlich des Flughafens, d.h. in den Dörfern Hégenheim, Hésingue, Buschwiller, Attenschwiller und Michelbach, sowie in Allschwil, zum anderen in dem neu bzw. häufiger beflogenen Korridor über dem Markgräflerland, wo Beschwerden im Wesentlichen aus einem Bereich kamen, der sich in etwa als das Dreieck zwischen Bad Bellingen im Norden, Kandern im Osten und Efringen-Kirchen im Süden begrenzen lässt (Tafel 1).

Lassen wir zunächst einen Bewohner am Ausgangspunkt der Schleife nahe Hégenheim zu Wort kommen:

```
La dernière modification qu'il y a eu c'est donc le prin-
temps 2000 cette boucle ELBEG: Tous décollent vers le Sud,
et tous tournent comme ça, vraiment tournent au-dessus de
l'Alsace et ensuite ils passent sur l'Allemagne pour reve-
nir vers Zurich ou les différentes destinations. Ou alors
ils partent vers l'Ouest, si c'est pour Paris. Donc, ça
ici, c'est quelquechose [...] qui a été d'un seul coup qui
était sorti, personne n'était pas au courant avant, offi-
ciellement personne n'était au courant. Et à l'époque je
faisais partie encore de la commission consultative de
l'aéroport et [par] le journal on nous dit: voilà, on vous
informe que depuis le 15 Mai c'était voilà, plus de décol-
lages en ligne droite et tout tourne comme ça.
(MF):                                       Et l'argument
c'était?
           L'argument c'était une réorganisation du ciel euro-
péen. Et donc un changement si on veut des grandes axes
[...] et tout cela a été mis en route pour réduire un peu
les attentes sur Zurich. Et quand on voit la gestion de
l'aéroport de Zurich, comme elle est fait actuellement au
niveau du trafic aérien, on se demande vraiment comment les
```

```
choses comme ça ont pu être acceptées. [...] Donc Zurich a
poussé pour essayer de réduire ce trafic. Et bon, apparem-
ment, il y a sûrement pas que Zurich, c'est vraiment d'au-
tres aussi, selon les différentes informations qu'on a eu
entretemps. (VIIm, Z. 306-330)³⁴
```

Stellvertretend kommen in diesem Zitat zwei Aspekte zum Vorschein. Erstens wird das Verfahren kritisiert, das offenbar in diesem Fall ganz intransparent war. Von einem Tag auf den anderen gab es eine massive Veränderung, ohne Vorankündigung, ohne Anhörung, selbst die Mitglieder der konsultativen Umweltkommission des Flughafens erfuhren den Wechsel angeblich erst aus der Zeitung. Zweitens wird die Neuordnung auf sachlicher Ebene als widersinnig oder absurd empfunden. Dies macht sich besonders an den Flügen fest, die nach der Ansteuerung des Punktes ELBEG im Osten wieder zurückschwenken in Richtung Süden, in Richtung Zürich oder anderer Destinationen, wie es hier heißt. In einer weiteren Aussage wird dies noch deutlicher als Vermeidung von direkten südlichen Abflügen interpretiert:

```
[Ça a commencé] quand ils ont changé la trajectoire d'envol
et d'atterrissage parce que avant les décollages se faisai-
ent direct pour le Sud. Pour les avions qui partaient vers
le Sud, les décollages se faisaient direct vers le Sud.
Maintenant, j'[e ne] sais pas si vous êtes au courant, mais
les avions qui décollent vers le Sud, eh bien, à peine ils
ont décollé, ils virent à droite, ils vont jusqu'à Mul-
house, à Mulhouse ils tournent jusqu'au point ELBEG et
après ils repiquent vers le Sud, quand ils sont déjà bien
haut. Tout ça pour que nos copains suisses là ne soient pas
incommodés. [...] Et là, je peux vous dire qu'on a remarqué
la différence. (Iw, Z. 43-53)³⁵
```

---

34 Die letzte Veränderung, die es gab, das war also im Frühjahr 2000 diese ELBEG-Schleife: Alle fliegen Richtung Süden ab, und alle wenden dann so, drehen wirklich über dem Elsass und gehen dann nach Deutschland um Richtung Zürich zurückzufliegen oder in andere Richtungen. Oder sie starten nach Westen, wenn es nach Paris geht. Also diese Geschichte [...] kam auf einen Schlag, die war draußen, da war niemand vorher auf dem Laufenden, offiziell war niemand auf dem Laufenden. Und damals war ich noch Mitglied der beratenden Kommission am Flughafen und durch die Zeitung sagt man uns: bitte schön, wir informieren Sie hiermit: seit dem 15. Mai keine Direktstarts mehr und alles geht jetzt so herum. / MF: Und das Argument war? / Das Argument war eine Reorganisation des europäischen Luftraums. Und damit eine Verlagerung der großen Achsen [...] und alles das wurde auf den Weg gebracht um ein bisschen die Warteschleifen über Zürich zu verkürzen. Und wenn man sich das Management des Züricher Flughafens anschaut, wie da der Flugverkehr derzeit gehandhabt wird, fragt man sich wirklich, wie so was akzeptiert werden konnte. [...] Also Zürich hat darauf gedrängt zu versuchen, diesen Verkehr zu reduzieren. Und natürlich, das war sicher nicht Zürich allein, da waren auch andere, nach den verschiedenen Informationen, die wir in der Zwischenzeit bekommen haben.

35 Das hat angefangen, als sie die Start- und Landerouten geändert haben, denn früher wurden die Starts direkt nach Süden gemacht. Flugzeuge, die nach Süden flogen machten auch Starts direkt nach Süden. Jetzt, ich weiß nicht ob Sie da auf dem Laufenden sind, aber die Flugzeuge, die Richtung Süden abheben, kaum haben sie abgehoben, drehen sie nach rechts ab,

Auch hier wird die scheinbar widersinnige Routenführung in den Vordergrund gerückt, die Flugzeuge, welche ihrem Ziel nach Richtung Süden fliegen, zuerst „bis nach Mulhouse" gegen Norden leitet, um sie dann im Osten wieder zurückzuführen. Das unterstellte Motiv ist hier der Versuch, bestimmte Bevölkerungsgruppen vor dem Lärm zu schützen. Etwas modifiziert stellt ein Bewohner von Allschwil einen ähnlichen Zusammenhang mit den bisherigen Südflügen her; diese seien nur „unter dem Vorwand" der neuen internationalen Vorgaben reduziert worden:

```
Im Endeffekt haben wir dann praktisch alle Starts, wir ha-
ben ja hier in dieser Gegend schon circa achtzig Prozent.
Die fliegen ja alle diese Schlaufe, und die dürfen nicht
einmal mehr das 'S' machen, die meisten, das haben Sie si-
cher auch gemerkt, wie geflogen wird, [...][mit der] soge-
nannten ELBEG-Kurve. (XVIIIm, Z. 61-66)
```

Mindestens so scharf, und für den Flughafen in dieser Form wohl etwas überraschend, regte sich Protest auch östlich des Rheins auf der badischen Seite. Als Wortführerin trat hier bald vor allem die neu entstandene Bürgerinitiative Südbadischer Flughafenanrainer (BISF) auf den Plan, die sich am symbolischen 14. Juli 2000 im Rathaus zu Binzen gegründet hatte. Gleichermaßen wandte man sich dort gegen die „Informationspolitik" des Flughafens, wie gegen „dessen derzeitige und zukünftige Absicht, den Flugverkehr klammheimlich in unsere Region zu verschieben" – „wir sollen über den Tisch gezogen werden" (http://www.eap-fluglaerm.de/welcome, 25.04.02). Und weiter, an anderer Stelle, eine grundsätzliche Abwehr des Fluglärms in der Region:

> „Wir leben ohne zu übertreiben in einer der schönsten und reizvollsten Gegenden Deutschlands und wollen nicht tatenlos zusehen, wie der letzte ruhige Rest des deutschen Südwesten, der hochtrabend gar als *Naturpark Südschwarzwald* bezeichnet wird, auch noch flächendeckend mit Fluglärm überzogen werden soll. (...) Und wo sollen wir denn hin, wenn in ein paar Jahren der Himmel über dem Naturpark statt voller Geigen voll brummender Flugzeuge hängt? Wenn es soweit ist, *dann ist es wie schon jetzt am Hochrhein zu spät.* (...) Es ist auch zu berücksichtigen, dass die Infrastruktur im Markgräflerland und Südschwarzwald, ganz im Unterschied zu den französischen und schweizerischen Regionen um den Flughafen, sich seit 50 Jahren nicht unter Berücksichtigung der Aktivitäten [des Flughafens] entwickelt hat. (...) Sollte Ihnen jemand erzählen, dass diese Überflüge in niederen Höhen durch die Umstrukturierung des europäischen Luftraums notwendig geworden seien oder zur Erhöhung der Flugsicherheit über unserem Luftraum, dann sollten Sie wissen, dass *dies so nicht zutrifft.* Die mit dem 25.03.99 schlagartig einsetzende *Überrumpelung* unserer Region hat nur mehr zum Ziel: *Die Absicherung der mittel- und längerfristigen Expansion des Flughafens, (...) die intendierte Verlagerung von Überkapazitäten am Züricher Flughafen und die Schonung der Basler Bevölkerung vor Fluglärm"* (http://www.eap-fluglaerm.de/bi-chauv, 22.11.01, Hv. im Original fett)

---

dann gehen sie bis nach Mulhouse, in Mulhouse drehen sie bis zum Punkt Elbeg und dann stechen sie wieder Richtung Süden runter, wenn sie schon recht hoch sind. All das, damit unsere schweizerischen Freunde nicht belästigt werden. [...] Und ich kann Ihnen sagen, dass wir den Unterschied [stark] gespürt haben.

Gerade in diesem letzten Zitat kommt sehr deutlich der erwähnte Aspekt des Nullsummenspiels zum Ausdruck, der Gedanke einer gleich bleibenden Lärmmenge, die nur zwischen verschiedenen Gebieten verschoben werden kann. Auf die Bedeutungshorizonte, die in diesem Zusammenhang mobilisiert werden, wird im folgenden Kapitel noch ausführlich eingegangen.

An dieser Stelle soll nun jedoch auch der zweite Konflikt noch kurz skizziert werden, der in einigen der zitierten Aussagen explizit oder implizit bereits angesprochen wurde, das Thema der „Direktstarts". Anders als der Streit um die ELBEG-Schleife schwelt dieser Konflikt schon seit Jahrzehnten: Wie viele Flugzeuge sollen, wenn überhaupt, in gerader Linie, d.h. über die westlichen und südlichen Stadtteile Basels auf der Linie Binningen – Bottmingen – Reinach zum Funkfeuer Hochwald geführt werden?

Vor allem wegen der hohen Bevölkerungsdichte, in minderem Maß auch wegen der höheren Risiken (s.u.), wird diese Praxis seit Langem von Basler Gruppen und offiziellen Vertretern abgelehnt bzw. zu minimieren versucht. So taucht dieses Thema schon seit Jahrzehnten regelmäßig in der Basler Politik auf, wenn es um den Ausbau des Flughafens geht. Bereits nach der Niederlage in der Abstimmung 1961, vor über 40 Jahren, als es nur etwa ein Zehntel der heutigen Flugbewegungen und Passagierzahlen gab, sah sich die Grossratskommission bei der Wiedervorlage ihres Kreditbegehrens veranlasst, schriftlich zu versichern:

> „Spezielle Vorschriften bestehen für den Bewegungsablauf der Flugzeuge beim Start gegen Süden. Sie schreiben vor, dass der Pilot so frühzeitig wie möglich eine Rechtskurve beschreibt und in Richtung Südwesten weiterfliegt, bis er eine bestimmte Höhe erreicht hat. Die Flugzeuge werden dann normalerweise, bevor sie Allschwil erreicht haben, rechts abbiegen und – falls ihr Kurs sie gegen das Funkfeuer Hochwald führt – nur noch die bewohnte Gegend von Reinach in bereits großer Höhe überfliegen." (BS Grossratskommission 1962, S. 28)

Noch weniger bekannt als diese frühe Zusicherung dürfte heute sein, dass eine dahingehende Forderung bereits vor der ersten Abstimmung von einer „Bürgerinitiative" erhoben worden war, nämlich der „Basler Liga gegen den Lärm". Bereits im August 1958 legte deren Präsidium dem Grossrat in ausführlichem Schreiben das Problem der Starts nach Süden auseinander und fragte unter anderem:

> „Weshalb wird wenigstens bis zum Nachteinbruch nicht regelmässig scharf nach rechts abgekurvt beim Start nach Süden? Dass dies möglich ist, war bei der schweren Super-Constellation, die nach Djakarta flog, zu beobachten" (Basler Liga gegen den Lärm, Schreiben vom 11.08.58, Archiv WWZ, Verkehr, D2)

Der zeitliche Zusammenhang scheint klar genug: erst nach der Ablehnung in der Volksabstimmung sah sich der Grossrat genötigt, in der Wiedervorlage den erwähnten Passus einzufügen. Dies ist wohl der erste, verbriefte Erfolg des bürgerschaftlichen Engagements in Sachen Fluglärm am Basler Flughafen und schon deshalb einer Erwähnung wert. Das Thema taucht von da an immer wieder auf, und es reicht hier, einige wenige Stationen auf diesem Weg zu nennen. Im Rahmen des oben ausführlich geschilderten Konflikts Anfang der 1970er Jahre wurde die ‚rückverlagerte' S-Kurve zu einem wichtigen Argument, wie sich etwa an den in der Presse auftauchenden graphischen Darstellungen entnehmen lässt (vgl. folgende Abbildung).

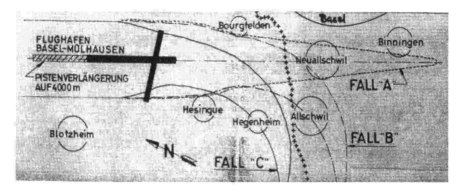

Abb. 6:   Darstellung der durch die Pistenverlängerung erhofften Lärmminderung auf
schweizerischem Gebiet (Abendzeitung vom 18. Juni 1970; die Originallegende lautet:
„A: Vom Startlärm bestrichene Schneise vor den Lärmschutz-Vorkehrungen.
B: Schneise, wie sie heute von schwer beladenen Flugzeugen geflogen wird.
C: Flugweg für den Grossteil der Flugzeuge nach der Pistenverlängerung."[36]

In der entsprechenden Vorlage des Grossrats wurde denn auch die oben zitierte Zusage noch einmal bestätigt und wesentlich präzisiert. Dort gab es nun erstmals ein eigenes Unterkapitel zur „Verminderung des Fluglärms durch die Wahl geeigneter Flugverfahren", in dem es zur „Festlegung von An- und Wegflugvolten" folgendermaßen hieß:

> „Hier gilt vor allem die Vorschrift, nach dem Start in Richtung Stadt eine Rechtskurve
> einzuleiten, nachher den Kurs 270° bis auf eine Höhe von 1050 m zu halten und erst
> dann links zum Flugfeuer Hochwald abzubiegen. Dieses muss in einer Höhe von min-
> destens 2150 m ü.M. überflogen werden. *Startende Flugzeuge werden also um das
> Weichbild der Stadt herumgeleitet.*" (BS Grossratskommission 1971, S. 21, Hv. MF)

Diese „Abflugvolte" wurde auch im Ratschlag 7164 an den Grossen Rat im Jahr 1976 noch einmal dem prognostizierten Lärmkurvenbild im Jahr 1985 zugrunde gelegt. Doch die generellen Zusagen der 1960er und 1970er Jahre wurden in den folgenden beiden Jahrzehnten immer wieder zur Disposition gestellt. Bereits Mitte der 1980er Jahre brachte der Flughafen, wohl getrieben von französischer Seite, eine Ausweitung der Direktstarts erneut ins Spiel, und 1984/85 sowie 1988/89 wurden jeweils einjährige „Versuche" mit einer erhöhten Zahl von Direktstarts durchgeführt. In beiden Fällen entwickelten sich heftige Debatten in der Basler

---

36 Die Skizze stellt eine der ersten öffentlichen Darstellungen der bis heute umstrittenen S-
Kurve dar. Man beachte die eingezeichnete Landesgrenze, auch im Bezug zu dem als Regelfall anvisierten Flugweg C. Die Nutzung der Route A, so hatten wir oben gesehen, wurde bereits zehn Jahre zuvor stark eingeschränkt, wie sich dem Dokument der Grossratskommission
aus dem Jahr 1962 entnehmen lässt.

Presse und die Lärmreklamationen beim Flughafen stiegen in bisher ungekanntem Ausmaß.[37]

Dabei trat zunächst besonders der Verkehrsclub der Schweiz (VCS) als scharfer Kritiker der Direktstarts hervor. Im Jahr 1989 kam mit Unterstützung des WWF (Region Basel), der Basler Arbeitsgemeinschaft zum Schutz von Natur und Umwelt (BASNU), sowie der Ärzte für den Umweltschutz (AefU) eine baselstädtische „Initiative für einen rücksichtsvollen Flugverkehr" zustande, die u.a. die Direktstarts auf gesetzlichem Wege verbieten lassen wollte (*Basler Zeitung*, 18. Sept. 1989).[38] Im Frühjahr 1991 wurde dennoch eine Einführung der Direktstarts vom Verwaltungsrat wieder gut geheißen, wenn auch mit einer Einschränkung auf „sechs Starts von Düsenflugzeugen" täglich (*Basler Zeitung*, 1. März 1991).

Als Grundlage für zukünftige Veränderungen sollte jedoch vor allem die „Vereinbarung zum Abflugverfahren ‚Direktstart Hochwald'" aus dem Jahr 1998 dienen, welche den Beschluss von 1991 folgendermaßen präzisiert:

> „1. In Berücksichtigung der technischen Fortentwicklung sind insbesondere solche Flugzeuge der [Lärm-]Gruppe 5 nicht mehr zur Benutzung der sog. Direktstartroute zugelassen: MD 80iger Serie, wie z.B. MD 83.
> 2. In Berücksichtigung der Entwicklung des Flugverkehrs sind maximal 8 Strahl-Flugzeuge pro Tag im Jahresdurchschnitt zur Benutzung der sog. Direktstartroute zugelassen." (Vereinbarung vom 27.04.1998)

Unterzeichnet wurde diese Vereinbarung von der Direktion des Flughafens, den einschlägigen Basler Departementen, der Schweizer Delegation des Verwaltungsrats und dem Bundesamt für Zivilluftfahrt - bezeichnenderweise aber nicht von der eigentlich zuständigen Institution auf französischer Seite, so dass seine Rechtswirksamkeit von vorneherein stark angezweifelt werden muss. Die Flughafendirektion verpflichtet sich zwar mit Unterstützung der anderen genannten Parteien, „alle ihr zur Verfügung stehenden Mittel einzusetzen, um die getroffene Regelung einzuhalten" (ebd., Art. 2), doch zeigt dieser Passus selbst schon an, dass es letztlich gar nicht in ihrer Macht steht, entsprechende Beschlüsse zu fassen bzw. durchzusetzen. So wird in einem weiteren Artikel auch bereits angedeutet, dass die Vereinbarung bei einer Änderung wesentlicher Umstände „frühestens im Jahr 2000" anzupassen sei, etwa bei einer „allfälligen Überarbeitung des Pistenbenutzungskonzept" (ebd., Art. 3). Die Bedeutung dieser Vereinbarung wird nicht

---

37 Siehe insbesondere die z.T. polemisch gehaltenen Artikel in der *Basler Zeitung* vom 27. April 1985, 1. Nov. 1985, 11. Nov. 1987, 6. Juli 1988, 11. Aug. 1988, 28. Juni 1989 (Kommentar des VCS-Vorsitzenden) und 15. Sept. 1989.

38 Diese Initiative wurde jedoch auf juristischem Wege ausgebremst. Nach der Überweisung an den Regierungsrat im November 1989 zur Berichterstattung geschah zunächst einmal gar nichts. Auf Antrag des Regierungsrates erklärte im März 1992 der Grosse Rat die Initiative für ungültig, „da sie gegen höherstehendes Recht verstosse. Die gegen diesen Entscheid erhobene Verfassungsbeschwerde lehnte das baselstädtische Appellationsgericht im Juni 1993 ab. Im November 1994 hob das Bundesgericht den Entscheid des Appellationsgerichtes teilweise auf. Daraufhin hat das Basler Appellationsgericht seinerseits den Beschluss des Grossen Rates betreffend Ungültigerklärung der Initiative aufgehoben." Angesichts der lange verstrichenen Zeit und der veränderten Lage wurde die Initiative im Frühjahr 1998 zurückgezogen (BS Regierungsrat, Medienmitteilung vom 15. Apr. 1997 und 31. März 1998).

zuletzt daran kenntlich, dass sie als „Auflage" in das Abstimmungspaket eingebracht wurde, mit dem im Juni 1999 ein weiterer Investitionsbeitrag von 66 Millionen Franken zugunsten des Flughafens genehmigt werden sollte, welcher auch
die Zustimmung der Bevölkerung beider Basler Halbkantone fand.

Da jedoch, wie oben dargestellt, schon ab dem Jahr 2000 die Möglichkeit einer „allfälligen Überarbeitung" in der sogenannten „Auflage" selbst eingeräumt
worden war, lässt sich deren Einhaltung selbst dann noch behaupten, wenn ihre
ursprünglichen substanziellen Bestimmungen entfallen. So überrascht es wenig,
dass die zahnlose Auflage nicht lange Bestand hatte. Schon in den ersten Empfehlungen der unabhängigen französischen Lärmkontrollkommission ACNUSA
für den Basler Flughafen aus dem Jahr 2001 stand die Begrenzung der Direktstarts
erneut in der Diskussion. Die Reduktion von den zuvor (nach Angaben der
ACNUSA) üblichen 20 bis 30 Direktstarts täglich auf sechs bis acht sei nicht angemessen, hieß es. Angesichts der gestiegenen Unzufriedenheit der Anlieger nach
den Änderungen im Mai 2000 solle ein Teil der mit der ELBEG-Kurve über
Nordosten geführten Flüge mit südlichen Bestimmungszielen (Tessin, Mittelmeer-
raum) wieder auf die Direktstartroute zurückverlegt werden (ACNUSA 2002, S.
34). Die ACNUSA machte sich damit bezüglich der ELBEG-Route also eben je-
nes Argument der „Widersinnigkeit" zu eigen, wie wir es oben in den Zitaten
kennen gelernt haben. Zusätzlich empfahl die französische Behörde, bald auch
von Süden kommend ein Instrumentenlandesystem (ILS 34) einzuführen und
dann auch den Grenzwert für Rückenwind bei den Startbewegungen auf Piste 16
zu halbieren (von 10 auf 5 Knoten). Mit der Umsetzung des ILS 34, die im April
2006 vom französischen Verkehrsministerium beschlossen wurde, verbessern sich
in naher Zukunft die Möglichkeiten erheblich, aus der „Direktstartroute" auch
eine „Direktlanderoute" werden zu lassen, auch wenn eine „systematische Erhöhung der Südlandungen" von Basler Seite verschiedentlich explizit abgelehnt
worden ist (BL Regierungsrat 2002, o. S.). Die Weiterentwicklung in diesem Bereich mag denn auch noch einige Verzögerungen und Überraschungen mit sich
bringen. Doch alles deutet derzeit darauf hin, dass die Zahl der Flüge über den
Basler Westen in den nächsten Jahren zumindest leicht zunehmen wird.[39]

Ehe wir eine Zwischenbilanz ziehen, lassen wir noch einige Personen im Hinblick auf die Flugrouten zu Wort kommen, denn hier zeigen sich schon recht
deutlich die Heftigkeit und Konzentration des gesamten Konflikts, sowie die verschiedenen Aspekte der Umweltgerechtigkeit, die oben skizziert wurden. So
spricht etwa ein engagierter Lehrer, der an einer zweisprachigen Berufsschule
nahe der deutsch-französischen Grenze unterrichtet, im Zusammenhang von EL-
BEG-Kurve und der aktuell geringen Zahl von Direktflügen von einer „Bananen-
republik Schweiz". Im Verlaufe des Gesprächs komme zunächst ich auf diese Be-

---

39 Schon die geringfügige Erhöhung der sogenannten Direktstarts nach Süden infolge früherer
    Empfehlungen der ACNUSA ließ sich nach Auskunft mehrerer Bewohner der westlichen
    Basler Stadtteile deutlich wahrnehmen, nicht nur in den Vororten Binningen und Bottmingen,
    sondern bis hinein nach St. Johann.

zeichnung zurück, er antwortet darauf und nimmt den Ausdruck selbst später noch
einmal auf, was hier zu einer Aussage zusammengezogen wird:

```
(MF:) Wieso haben Sie gesagt 'Bananenrepublik'? Meinen Sie
damit Entscheidungsstrukturen?
                            Nein, die Schweizer die sind
einfach so eingerichtet [...]. Da fliegt doch niemand über
Riehen. Warum nicht? Weil dort wohnen die reichen Leute.
Man fliegt nicht über das Bruderholz. Warum nicht? Weil da
sind Leute da, wenn die reklamieren, dann ist am nächsten
Tag kein Flugzeug mehr da. Aber wenn Leute reklamieren wie
die Elsässer oder Leute wie wir, dann [heißt es]:'Wir flie-
gen über Dörfer und die sind nicht dicht bevölkert.' Ende.
Und wir haben Messungen gemacht in der Schweiz, wenn man
geradeaus fliegt, dann haben Sie in Allschwil noch 50 dB,
gerade Flüge und die stören dort Sekunden. Hingegen, wenn
Sie über Allschwil fliegen und kurven [...], dann hat
Allschwil Lärm, Schönenbuch, Hégenheim, Buschwiller, Wentz-
willer, all die Dörfer, und durch das Kreisen, langsamer
Steigen, dadurch haben sie den Lärm von Hégenheim bis sie
wieder in Blotzheim sind. [...]
Die fliegen so, dann gehen sie über den Schwarzwald und bei
Rheinfelden kommen sie wieder rein. Und wieso? Weil [in]
Basel, das ist ganz klar, [...] die Regierung, die haben
das fertig gebracht mit dem Flughafen ein gentlemen's
agreement zu machen. Das nenn' ich jetzt Bananenrepublik.
Das ist einfach klar, die Leute missachten die Bevölkerung.
(XVm, Z. 59-73, 179-183)
```

Ohne auf die einzelnen Schattierungen der Betrachtung einzugehen, – etwa die
Gegensätze Schweiz/Elsass, Dorf/Stadt –, verdeutlicht dieses Zitat noch einmal, in
welchem engen Zusammenhang die verschiedenen Flugrouten gesehen werden.
So treten hier, wie insgesamt in den gegenwärtigen Konflikten, die zwei historisch
unabhängigen Konflikte ELBEG-Kurve und Direktstarts als ein zusammenhängendes Problem hervor. Zugleich wird in dieser Passage auch der prozedurale Aspekt der Flugverteilung noch einmal pointiert in den Vordergrund gerückt: Irgendwelche „Leute" in Basel und die „Regierung" machten undurchsichtige
„gentlemen's agreement[s]" in einem Bereich, der formell gesehen doch einfach
der französischen Flugsicherung untersteht. Schließlich findet sich in der letzten
Wendung des Zitats noch ein klarer Hinweis auf die Dimensionen des Konflikts,
die in der vorliegenden Studie unter dem Begriff der Anerkennung zusammengefasst werden. Das „Missachten" der Bevölkerung, von dem die Rede ist, bezieht
sich hier augenscheinlich vor allem auf einen Mangel an Gerechtigkeit, der sich
an den undurchsichtigen und als ungerecht empfundenen Entscheidungsstrukturen
festmachen lässt.

Dieser Aspekt der Gerechtigkeit wird in Zusammenhang mit den Flugrouten
vielfach betont und variiert. Das folgende Zitat eines Rentners, der sich seit Jahrzehnten mit dem Thema befasst, gibt so etwa den Eindruck wieder, ewig hin-

gehalten zu werden und letztlich bei den Entscheidungen keinerlei „Rücksicht" zu erfahren:

> Wissen Sie, das geht über zehn Jahre zurück, bei der
> Pistenverlängerung Nord-Süd, da hat man uns gesagt, wir
> sollten zustimmen, dann sind die Flugzeuge höher. [...]
> Aber dann starten nicht alle ganz unten, das ist auch ein
> Punkt, den wir beanstanden. Wenn ihr Rücksicht nehmen wollt
> auf die Anwohner, dann müsst ihr Starts anbieten am An-
> fangspunkt und nicht mittendrin, denn die haben ja diese
> Runways, wo man sich eindrehen kann. Immer hören wir wie-
> der: Ja, wir kümmern uns drum, aber die letzte Entscheidung
> ist noch nicht gefallen. [...] Aber das hat alles [nur] mit
> dem Flugbetrieb zu tun und überhaupt nirgendwo eine Rück-
> sichtnahme auf die Anwohner. Es wäre so viel, wie ich ein-
> gangs schon erwähnt habe, so vieles machbar. Und diese
> viele kleine Dinge, die im Grunde nichts kosten. (XVIIIm,
> Z. 453-472)

Der Mangel an Rücksichtnahme, der konstatiert wird, mündet hier unverkennbar in eine Enttäuschung, dass nicht einmal die „kleinen Dinge" getan werden, die ohne Anstrengung bzw. Kosten zu haben wären und wenigstens ein grundsätzli-ches Bemühen erkennen ließen, die Lage der Anwohner zu verbessern. In diesem Sinne wird auch beklagt, dass die Kritik und die Vorschläge der Fluglärmbetrof-fenen von Seiten der Flughafenleitung nicht ernst genommen würden:

> Ich hab [zu dem Umweltbeauftragten] gesagt: Herr [X], Sie
> wissen ganz genau, dass wir hier über dem Wald ein Kreuz
> machen können, [...] und dann fliegen alle Flieger, die
> Südanflug machen, über den Wald. Da hat er nur wieder ge-
> lacht, der lacht ja immer. Und deswegen: Ich verstehe das
> nicht, dass der Flughafen und die Direktion einfach nicht
> einsehen, dass wir unten ebenso wichtige Leute sind wie
> ihre Passagiere. Ich bin ja auch mal Passagier, oder? Und
> es ist eine katastrophale Situation, weil die Leute dort
> das einfach nicht wahrnehmen, dass Leute am Boden so über-
> flogen werden können, wie sie das machen. (XVm, Z. 103-113)

Schließlich wird in diesem Gespräch auch noch einmal das generelle Desinteresse an den Betroffenen beklagt, welches eine völlige Unkenntnis der lokalen Situation mit sich bringe:

> Die sitzen zwar da und entscheiden, aber da ist noch nie
> einer hier gewesen, weder der Herr [X], [p,1] also die ent-
> scheiden über Sachen, die sie nicht kennen. Und jetzt ma-
> chen wir Petitionen, und wir schreiben, und das nehmen sie
> alles auf und ihnen ist das gleich. (XVm, Z. 124-128)

Die Reihe solcher und ähnlicher Zitate ließe sich fortsetzen. Doch dürfte der Punkt bereits hinreichend deutlich geworden sein, dass der Konflikt um die Flug-hafen-nahen Routen nicht in der Verteilungsfrage aufgeht, wie viele Flugzeuge sich in welchen Korridoren bewegen, sondern auch generelle Fragen der Achtung umschließt, die sich vor allem um das Prozedere ranken, wie diese Verteilung vorgenommen wird. Dabei steht nicht oder nicht nur die formal-rechtliche Seite des Verfahrens in der Kritik. Beklagt wird hier auch ein Mangel an Rücksicht, ein fehlender Respekt, ein generelles Desinteresse, die Lage der Betroffenen überhaupt zur Kenntnis zu nehmen.

An dieser Stelle lässt sich zu einer vorläufigen Bilanz des „Maßstabs der Flugrouten" ansetzen. Die Verteilung von Flugrouten bzw. Kontingenten auf den einzelnen Routen ist kaum weniger komplex institutionalisiert, informell institutionalisiert, als die Sphäre der Lärmzonen. Wie wenig hier überhaupt eine formal eindeutige Lösung im Sinne einer klaren Zuständigkeit oder gesetzlichen Festlegung von wichtigen Akteuren angestrebt wird, lässt sich noch einmal mit einem Passus aus der Begründung illustrieren, mit der der Basler Regierungsrat im April 1997 die oben erwähnte „Initiative für einen rücksichtsvollen Luftverkehr" abzulehnen empfahl:

> „Aufgrund der Besonderheiten des Flughafens Basel-Mulhouse als binationalem Flughafen im Ausland stellt der Erlass eines zusätzlichen Gesetzes keine sinnvolle Lösung dar ... [Stattdessen kann] nur das geschickte politische Ansprechen der Anliegen im Einzelfall und in einem für alle anderen Partner akzeptablen Mass ... das notwendige Verständnis und damit eine erhöhte Rücksichtnahme auf die Anliegen der direktbetroffenen baselstädtischen Bevölkerung bewirken." (BS Regierungsrat, Medienmitteilung v. 15. April 1997)

Hier wird in einer öffentlichen Erklärung deutlich zum Ausdruck gebracht, dass das Prozedere der Verteilung, um das es geht, aus Sicht dieses beteiligten Akteurs bevorzugtermaßen im Bereich des Unklaren bleibt – jedenfalls jenseits einer transparenten vertraglichen Regelung oder gar einer einklagbaren Schwelle. Mehr noch: gerade in dieser Unklarheit wird die Stärke der eigenen Einflussmöglichkeiten gesehen. Allein aus demokratietheoretischen Erwägungen ist eine solche Situation kaum akzeptabel, und aus heutiger Sicht wird man dies zumindest als einen Konstruktionsfehler in dem ursprünglichen Abkommen von 1949 beurteilen.

Hatten wir es bei den Lärmschutzplänen sozusagen mit einer leeren, nicht ausgefüllten Institution auf französischer Seite zu tun, so können wir bei der Verteilung der An- und Abflugrouten von einer institutionalisierten Nicht-Institutionalisierung auf binationaler Ebene sprechen oder, etwas vorsichtiger, von einer Teilinstitutionalisierung. Als ein „Machteffekt" der Lärmschutzpläne war im ersten Fall die Verteilung von Positionen der Legitimität gekennzeichnet worden, in einer Grenzziehung, die von dem Empfinden der Störung ganz abgekoppelt wird, und die nicht darauf angewiesen ist, dass die in Frage stehenden Pläne jemals realisiert würden. Die Grenzen, die mit der ‚Regulierung' der Flugrouten entstehen, ziehen eine zweiten, räumlich und politisch weiteren Horizont. Die physischen Eckpunkte dieser Sphäre werden von den nationalen Flugsicherungen abgestimmt, zunehmend in einer gesamteuropäischen Perspektive, verkündet auf dem Wege der Verordnung. Dadurch entsteht ein zweites, großräumigeres Konfliktgebiet und zugleich ein zweiter Maßstab im institutionellen Sinne, denn automatisch wird für dieses Gebiet die lokale Flugsicherung in bestimmten Funktionen zuständig. Die in den *Standard Instrument Departures* und vergleichbaren Regelwerken festgehaltenen Prozeduren klären jedoch nicht die Verteilung *innerhalb* dieses Maßstabs, etwa die Mengenkontingente für die verschiedenen Routen. Hier überlagert nun ein Feld von Einflussfaktoren den technisch-organisatorisch bestimmten ‚Primärmaßstab'. Diese Faktoren werden in einem weiteren ökonomischen und politischen Umfeld bestimmt, ein Umfeld, das sich aus Sicht der Fluglärmkritiker vor allem dadurch auszeichnet, dass im Einzelnen sehr unklar bleibt, wie die resultierenden Verteilungseffekte zustande kommen. Daher werden die Ergebnisse, die sich unter anderem in distinkten ‚Klanglandschaften' manifestieren, auch häufig nicht nur substanziell abgelehnt, sondern heftig in prozeduraler Perspektive kritisiert. Einige wichtige, wiederkehrende Argumentationen und die in diesem Zusammenhang mobilisierten Deutungshorizonte werden im folgenden Kapitel dargelegt.

6 Maßstäbe der Bedeutung

Die Festlegung der Flugbahnen und die Etablierung von Lärmzonen lassen sich mit bestimmten Konventionen, mit rechtlichen und administrativen Bestimmungen sowie den zugehörigen Praktiken ins Verhältnis setzen, mit mehr oder weniger klaren Regelungen, die sich als formale Institutionen beschreiben lassen. Als ‚Maßstäbe der Bedeutung', so wurde im zweiten Teil dieser Arbeit bestimmt, sollen dagegen Produkte sozialer Sinngebung verstanden werden, mehr oder weniger kohärente Deutungshorizonte, die nicht formalen Zuständigkeiten entsprechen. Es geht also um die Rahmungen, die das Verständnis und die Interpretation der verschiedenen Akteure leiten. Genauer sollte gesagt werden: Rahmungen, die die unterschiedlichen Interpretation leiten und sich zugleich auch aus diesen ergeben. Denn es ist ja nicht so, dass sich größere Deutungsmuster und Sinnhorizonte schlicht vorfänden und dann durch das situativ vorhandene ‚Material' einfach ausgefüllt würden; vielmehr müssen sich auch die Leitlinien der Deutung erst herausbilden, sie werden verändert, beansprucht, zurückgewiesen oder durchgesetzt. Der Wissensfundus, aus dem sich diese weiteren Deutungen speisen, ist prinzipiell kaum erschöpflich und mit hoher Wahrscheinlichkeit für verschiedene Akteure unterschiedlich. Vor allem wird dieser Fundus von verschiedenen Akteuren in unterschiedlicher Weise beansprucht und konfiguriert.

Auch die Maßstäbe der Bedeutung, um die es im Folgenden geht, werden somit nicht in gleichem Maße von den unterschiedlichen beteiligten bzw. hier untersuchten Akteuren mobilisiert. Im Grenzfall ist jede Bedeutung des Fluglärms für sich genommen einzigartig in dem Sinne, dass sie nie ganz in den größeren Mustern aufgeht, die sich rekonstruieren lassen, wenn man eine größere Zahl von Deutungen betrachtet, bzw. eine größere Zahl von Interviews analysiert. Da die folgende Rekonstruktion methodisch nicht auf eine quantifizierende Verallgemeinerung abzielt, stellt sich in besonderem Maß das Problem der Reduktion, die Frage, welche unter den vielfältigen Deutungsangeboten näher betrachtet und hier ausgebreitet werden. Die folgende Auswahl lässt sich einerseits von Bildern, Metaphern und komplexeren Interpretationen leiten, die häufig wiederkehren und daher als eine Art Leitmotive angesehen werden können; von Erzählungen und Erzählweisen, die offenbar einen gewissen Grad an Verbindlichkeit unter den Fluglärmgegnern und -gegnerinnen erlangt haben. Aufgrund der explorativen Zielsetzungen der Studie sollen andererseits auch solche Deutungen Beachtung finden, die das Feld gewissermaßen abstecken, kontrapunktische oder abseitige Motive, die nur vereinzelt vorkommen, aber dennoch geeignet sein können, unser Verständnis der Konfliktsituation insgesamt zu vertiefen.

Diese raren oder singulären Deutungen werden aber insgesamt aus ersichtlichen Gründen im Hintergrund bleiben; die Grundstruktur der folgenden Ab-

schnitte orientiert sich an drei wiederkehrenden Motiven, die im Titel dieses Kapitels genannt wurden: an den *Gefahren*, die mit dem Flugverkehr in Verbindung
gebracht werden, am *Bedarf*, der für einen Flughafen bestimmter Größe in der
Region als vorhanden ausgemacht wird, und schließlich an der *Nation*, die als eine
Art synthetisches Moment in ganz unterschiedlichen Deutungen fungiert. Insofern
diese Maßstäbe der Bedeutung bei verschiedenen Akteuren in unterschiedlicher
Intensität und auf unterschiedliche Weise zum Tragen kommen, wird dies jeweils
anhand der Interviewauszüge deutlich gemacht und, wo entsprechende schriftliche
Äußerungen vorliegen, durch diese ergänzt.

Gefahren – der bedrohliche Lärm

Das Thema der Gefahren war im vierten Kapitel bereits angeklungen, als es um
die Rekonstruktion der *sozialen Lärmsituationen* ging. Das nächtliche Aufschrecken, aber auch einzelne, tiefe Flüge am Tag wurden als Angst erweckende Ereignisse beschrieben. Selbst ohne eine explizite Erwähnung wurden dabei schon
Vorstellungen von einem Absturz hervorgerufen oder von anderen katastrophi-
schen Geschehnissen, denen die unter den fliegenden Maschinen befindlichen
Personen wehrlos ausgeliefert sind. Die weitere Betrachtung der Interviews führt
hier zu einer umfangreichen Konkretisierung; es lässt sich an dieser Stelle schon
festhalten, dass unterschiedliche Gefahren (bzw. Risiken)[1] als weitere Deutungshorizonte generell eine wichtige Rolle spielen und sehr weit verbreitet sind.

Ein erstes, variantenreiches Motiv ist das der Flugzeugabstürze. Dabei wird
häufig direkt auf tatsächliche historische Ereignisse Bezug genommen und eine
Verbindung zu bestimmten Punkten des Flugregimes in der Region Basel hergestellt. So illustriert etwa eine Bewohnerin des Markgräfler Landes die empfundene Regellosigkeit ausgehend von einem markanten Einzelereignis, indem sie
auf ein Flugzeugunglück aus jüngster Zeit Bezug nimmt. In einer engen Wendung
wird diese Dramatik sodann wieder an die akustischen Störungen zurückgebunden:

```
Da kam einer fast übers Dach, der Nachbar kam unter der
Markise raus und hat geguckt, was los ist, da hat alles ge-
dröhnt. Dann ist er da rübergeflogen und macht 'ne Schlei-
```

---

1   Im Anschluss an Luhmann (1991, Kap. 1 u. 6) unterscheide ich hier begrifflich zwischen
    Gefahren, die der Umwelt im weiten Sinne zugerechnet werden und *Risiken*, die als Folge
    von Entscheidungen betrachtet werden. Wo „Entscheider" und „Betroffene" (in der [Selbst-]
    Beobachtung) auseinandertreten, wird derselbe Sachverhalt für die einen ein Risiko und für
    die anderen eine Gefahr darstellen (ebd., S. 117). Da ich hier überwiegend die Perspektive
    von Betroffenen in obigem Sinne referiere, die in der Regel die in Frage stehenden Zustände
    nicht auf ihre eigenen Entscheidungen zurückführen, spreche ich zunächst von Gefahren. Der
    Risiko-Begriff taucht entsprechend vor allem in den quantifizierenden Betrachtungen der zu-
    ständigen Institutionen auf; er findet sich allerdings verschiedentlich auch in den Aussagen
    der Betroffenen wieder, die in ihrem Sprachgebrauch einen alltäglichen, objektivierenden Ri-
    sikobegriff verwenden.

```
fe, dann kam er wieder, ist wieder übers Dach, und dann ist
er geschlingert, dann ist er zuerst rechts geflogen, dann
hat er einen Linksschlenker gemacht und dann war er weg.
Und da hat jemand den Funk mitgehört [...]. Da hat der
[Fluglotse] gesagt: 'Jetzt rechts' und dann hat der Pilot
wohl gemeint: 'Sind Sie sicher, eigentlich sind wir schon
da und da, wir müssten jetzt links!', und dann der Lotse:
'Jaja, links, links.' Und genau so hat auch die Flugbewe-
gung ausgesehen, wir dachten, der hätte Schwierigkeiten
oder so. [p1] Was in Überlingen passiert ist, das ist für
mich also nur eine Frage der Zeit gewesen, wir haben in Eu-
ropa soviele Beinahe-Zusammenstöße.

(MF:)                                Das war ja in relativ
großer Höhe - Sie meinen, die [Basel anfliegenden Flug-
zeuge] kreuzen sich hier mit den Spuren, die Richtung Zü-
rich gehen?
        Ja, genau, da sitzt man draußen sonntags und es
ist still, da hat man früher nur die Kondensstreifen gese-
hen und das muss irgendso eine Europastrecke sein. Und da
haben sie auch den Luftraum erweitert, dass die in mehreren
Schichten fliegen, weil die keinen Platz mehr haben oben,
und die hört man jetzt auch, die sind tiefergelegt. Also,
das ist ein fernes Geräusch, aber ich kann's wahrnehmen.
Früher waren die so hoch, da war wirklich nix zu hören.
(IVw, Z. 332-357)
```

Die Gefahr eines Zusammenstoßes von Flugzeugen, wie er im Juli 2002 im Über-
linger Gebiet in großer Höhe stattfand, wird in dieser Passage zu einem Scharnier
zwischen der empfundenen Regellosigkeit oder mangelnden Ordnung der Flugbewegungen in der Umgebung des Flughafens Basel-Mulhouse und den Gefahren
der großräumigeren Flugverbindungen. Die Störung durch den Fluglärm wird, wie
wir früher gesehen haben, durch die empfundene Regellosigkeit intensiviert; auf
der größeren Ebene scheint der Bezug umgekehrt: das ferne Geräusch, welches
die optische Präsenz in Form der Kondensstreifen ergänzt, wird nun seinerseits zu
einem Indikator drohender Gefahr.

Dasselbe Flugzeugunglück taucht mit konkreterem Bezug auf, als es in einem
anderen Interview um die Einrichtung der ELBEG-Schleife und die „Direktflüge"
Richtung Süden geht. Die Überlastung von Teilen des Schweizer Flugraums, die
als Begründung für diese Veränderung unter anderem von Seiten des Flughafens
bemüht wurde, wird hier indirekt bestätigt:

```
Avant, beaucoup de ces avions allaient directement vers le
Sud. Mais au-dessus de la Suisse, il y a pas mal de problè-
mes de trafic, d'ailleurs ça s'est vu encore à Konstanz
[resp. Überlingen]. Donc [...] l'instance européenne qui
contrôle le ciel européen a dit qu'il faut changer tout le
système au-dessus de la Suisse. (IIm, Z. 47-53)[2]
```

---

2   Früher gingen viele von diesen Flugzeugen direkt nach Süden. Aber über der Schweiz gibt es
    ganz gehörige Verkehrsprobleme, das hat man übrigens noch mal in Konstanz [das Flugzeug-

Dass der Flugzeugzusammenstoß im Bodenseegebiet zeitlich über ein Jahr später liegt als die Restrukturierung der Flugrouten, um die es geht, spielt für das Argument keine Rolle. Der Unfall dient als generelle Illustration der Überlastung des Flugraums, der Gefahren, die von einer solchen Situation ausgehen können.

Immer wieder erwähnt werden auch frühere, spektakuläre Flugzeugabstürze, insbesondere das größte Flugunglück der Schweizer Geschichte, der oben bereits kurz behandelte Absturz einer englischen Maschine bei Hochwald südlich von Basel im Jahr 1973. In einigen Fällen geschieht dies im Kontext einer spezifischeren Fragestellung, so in dem folgenden Zitat, in dem es um die Einführung des Instrumentenlandesystems für Anflüge von Süden (ILS 34) geht, das eine steigende Zahl von Flügen über städtisches, dicht besiedeltes Gebiet erwarten ließe:

```
[Nun ist] das wieder in Diskussion mit dem Instrumentenlan-
desystem [von Süden]. Das ist jetzt unser aktuelles Prob-
lem, und dass dieser Lärm eben über dicht besiedeltes Ge-
biet führen wird. Und das wirft zwei Fragen auf, und zwar
erstens, den Fluglärm, und zweitens das Risiko. Und die
Swiss Airlines respektive ihre Vorgängerin gilt ja nicht
mehr als die Sicherste. Wir hatten ja in den letzten Jahren
zwei Flugzeugabstürze [der Crossair] gehabt, nicht. Und es
gab schon auch mal, also von hier sieht man's nicht, aber
an einem Hügel acht Kilometer außerhalb von Basel gab es
1970 [1973] einen Flugzeugabsturz, da ist eine englische
Maschine abgestürzt, mit über 90 Toten damals.
(MF:)                                          Ja, davon
hab' ich gehört.
               Also, wie gesagt, dieser Lärm kommt [...]
über dicht besiedeltes Gebiet [...](IXm, Z. 220-230)
```

Wie alle drei aufgeführten (und weitere) Zitate zeigen, können die Bezüge zu Flugunfällen relativ eng oder direkt im Zusammenhang mit dem Fluglärm oder lärmrelevanten Änderungen der Flugrouten hergestellt werden.

Von besonderer Bedeutung im Blick auf die Befürchtungen sind verschiedene Anlagen im Anflugbereich, die ein spezifisches Gefahrenpotenzial bergen. Insbesondere die von mir befragten Personen im städtischen Bereich (Basel, Lörrach, Weil a. Rh.) erwähnten mit großer Regelmäßigkeit die chemische Industrie, die sich in und um Basel konzentriert; vereinzelt werden auch nördlich des Flughafens bestimmte Gefahrenherde benannt, das Atomkraftwerk bei Fessenheim etwa, oder die chemische Industrie, die in Ottmarsheim angesiedelt ist. Die Risiken, die sich durch die Standorte der chemischen Industrie in und um Basel ergeben, sind seit Jahrzehnten in der Diskussion. Sie spielten jedoch bei den verschiedenen Ausbauetappen des Flughafens bis in die 1970er Jahre hinein kaum eine Rolle, so etwa bei der Debatte um die Pistenverlängerung in den Jahren 1970 bis 1976 (vgl. Kap. 5). Klar erkennbar treten die Gefahren als Deutungshorizont der Flughafenkritiker erst in den 1980er Jahren hervor, im Anschluss an das Sandoz-Unglück

---

unglück nahe Überlingen am 1. Juli 2002] gesehen. Also hat die europäische Instanz, die den europäischen Luftraum kontrolliert, gesagt, dass man das ganze System über der Schweiz ändern muss.

und auch als Spätfolge der Seveso-Katastrophe, die in und um Basel über lange
Zeit stark wahrgenommen wurde, weil hier (in Kleinhüningen) in deren Folge
eine Hochtemperatur-Verbrennungsanlage geplant und gebaut wurde, die auf erhebliche Vorbehalte in der Bevölkerung stieß.

Eine beispielhafte Illustration, wie die verschiedenen Gefahrendiskurse im
Gefolge dieser Ereignisse verschmolzen werden, findet sich in Form eines Flug-
blatts der *AG Morgenluft*, einer in Weil am Rhein aktiven Bürgerinitiative, die
ursprünglich vor allem mit der Luftschadstoffbelastung im Weiler Gebiet befasst
war, sich jedoch bald auch zu einem wichtigen Akteur im Bezug auf die damals
aktuellen Pläne der Flughafenerweiterung entwickelte. Das Flugblatt (Abb. 7)
nimmt ein spektakuläres Flugzeugunglück, das sich im Oktober 1992 am Rande
der Stadt Amsterdam ereignete, als Ausgangspunkt einer ebenso einfachen, wie
optisch wirksamen Darstellung des ‚Gefahrenradius', der sich bei einem entsprechenden Ereignis im Basler Raum ergibt. Chemie-Anlagen sind dabei nicht in der
schematischen Darstellung verzeichnet, der Bezug wird nur durch einen Satz hergestellt. Unter der Überschrift „Amsterdam ist überall" heißt es, quasi als Legende
zur Darstellung: „Start- und Landerisiken über Wohngebieten und Chemiearea-
len" (ebd.). Die Verbindung ergibt sich ansonsten auch durch weitere Texte und
die übrige Tätigkeit der Bürgerinitiative, die in der regionalen Presse bereits seit
mehreren Jahren ein beträchtliches Echo fand, vor allem im Zusammenhang mit
den Einsprüchen gegen den erwähnten Sondermüllofen der Firma CIBA (s. etwa
Weiler Zeitung vom 6. März 1989, 21. Juni 1989).

In dem andauernden Kampf um die sogenannte Direktstartroute, – die ironi-
scherweise mit der Bezeichnung des Funkfeuers ‚Hochwald' zugleich schon das
größte Schweizer Flugunglück im Namen trägt –, wird die Lokalisierung der
chemischen Industrie zu einem immer stärker genutzten Argument, vor allem auf
Seiten der Basler Initiativen. Der ‚Maßstab der Gefahr' wird über die Jahre hinweg langsam in der breiteren Öffentlichkeit durchgesetzt. Dies manifestiert sich
bald auch in parlamentarischen Vorstößen (sog. Interpellationen) Basler Politiker
und führt schließlich, im Jahr 1999, zu dem Beschluss der Basler Kantonsparla-
mente, eine großangelegte „Risikoanalyse für den Flughafen Basel-Mülhausen"
zu veranlassen. Unter Federführung des Kantons Basel-Stadt wird eine trinationale Trägerschaft gebildet; die lang geforderte Studie wird nach internationaler
Ausschreibung von zwei deutschen Privatfirmen im Jahr 2000 durchgeführt und
im Folgejahr in Auszügen veröffentlicht (BS, Wirtschafts- und Sozialdepartement,
2001). Das Gesamtergebnis der Analyse lautet, „dass am EuroAirport aufgrund
[sic] der unterstellten Szenarien und untersuchten Risiken eine sichere Situation
gegeben ist. (...) Die Verteilung und Grössenordnung der ermittelten Werte für
das Einzelrisiko von nicht am Flugverkehr beteiligten Personen entsprechen der
Situation an anderen europäischen Flughäfen mit ähnlicher Dimension wie der
Euroairport." (ebd., S. 18). Dieses Gesamtergebnis führt jedoch keineswegs zu
einer Beruhigung der Diskussion. Zunächst einmal, berichtet das Mitglied einer
Basler Initiative, sei man sehr „enttäuscht" gewesen über die Darstellung dieses
Resultats:

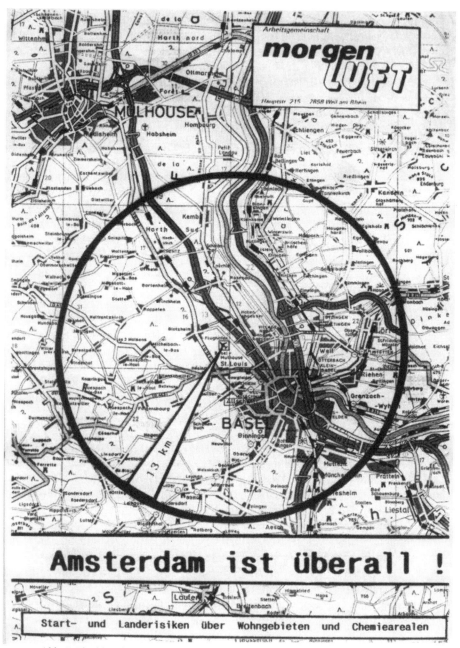

Abb. 7: Flugblatt der „Arbeitsgemeinschaft MorgenLuft", Weil am Rhein, Ende 1992.

Mir sind im letschte Summer sehr enttüscht gsi, und zwor
nit über de B'richt, de find ich e sehr e gueti Arbet, die
henn do an sich au e sehr seriösi Arbet abglieferet. Me

hett denn aber gwüssi Maßnahme us politische Überleggige
usegno. [...] Enttüschend isch gsi, dass me das eigetlig so
verkauft hett, dass der Flugbetrieb im EuroAirport risiko-
mässig sicher isch. Das isch fahrlässig, das isch fahrlässig. Wil: me nimmt do nur bschtimmti Ergäbniss use (XVIm,
Z. 264-274)[3]

Nicht nur die Auswahl und Betonung der dargestellten Ergebnisse sind umstritten.
Wie bei jeder Expertise bieten sich zahlreiche Interpretationsmöglichkeiten der
Teilergebnisse und erst recht unterschiedliche Akzente in deren Bewertung (vgl.
dazu schon Nelkin 1972). So lässt eine der Basler Gruppierungen die Ergebnisse
selbst von unabhängigen Experten prüfen und geht daraufhin in die Offensive.
Angezweifelt werden einerseits methodische Grundlagen, wie die Auswahl eines
20km-Radius, der sehr unterschiedlich besiedelte Gebiete zusammenfasst. Vor
allem aber kommt das sogenannte ‚Gruppenrisiko' in die Kritik, welches die
Wahrscheinlichkeit bestimmt, dass durch einen Unfall „mehr als eine bestimmte
Anzahl (n) von Personen im Untersuchungsraum zu Tode kommt" (ebd., S. 13).
Die hierfür errechneten Zahlen bzw. Häufigkeitsdiagramme werden von den Kritikern nicht bestritten. Sie werden jedoch ganz anders interpretiert und bewertet,
und zwar vor allem aufgrund eines Vergleichs mit den Akzeptabilitätsgrenzen,
wie sie die schweizerische Störfallverordnung für stationäre Anlagen (z.B. chemische Fabriken) vorgibt. Aus der vergleichenden Betrachtung (deren Zulässigkeit
diskutabel ist) ergibt sich, dass für den Flugverkehr Risiken in Kauf genommen
werden, die um ein Vielfaches höher liegen, als sie für stationäre Anlagen als akzeptabel gelten, bei einem Schadensausmaß von 1.000 Toten immerhin um einen
Faktor größer zehn hoch fünf.[4]

Das Gefahren-Argument erhält damit noch einmal eine etwas andere Verbindung zur Präsenz der chemischen Industrie um Basel. War ursprünglich die artikulierte Befürchtung vor allem, dass ein Flugzeugabsturz direkt auf potenziell
gefährliche Anlagen verheerende Folgen in dem dicht besiedelten Gebiet nach
sich ziehen würde, so kommt nun ein direkter Vergleich ins Spiel: Für den Flugverkehr werden von den „Entscheidern" (Luhmann 1991) offenbar in bestimmter
Hinsicht sogar größere Risiken in Kauf genommen als für die als gefährlich er-
achtete (und erfahrene) chemische Industrie.

Nur einmal wurde in den Interviews ein nicht näher spezifizierter Unfall quasi
herbeigewünscht. Allein solch ein dramatisches Ereignis könne dazu führen, dass
auf französischer Seite endlich etwas passiere:

---

3   Wir waren im letzten Sommer sehr enttäuscht, und zwar nicht über den Bericht, den finde ich
    eine sehr gute Arbeit, die haben da an sich auch eine sehr seriöse Arbeit abgeliefert. Man hat
    dann aber gewisse Maßnahmen aus politischen Überlegungen herausgenommen [...] Enttäu-
    schend war, dass man das eigentlich so verkauft hat, dass der Flugbetrieb im EuroAirport ri-
    sikomäßig sicher ist. Das ist fahrlässig, das ist fahrlässig. Weil: man nimmt da nur bestimmte
    Ergebnisse heraus.

4   Das in der Studie berechnete Gruppenrisiko für diesen Fall beträgt etwa $1{,}4 \times 10^{-4}$, die entspre-
    chende Akzeptabilitätsgrenze für stationäre Anlage liegt demgegenüber bei 1×10^{-9} (vgl. Inter-
    pretation der Risikoanalyse des Schutzverbandes, http://schutzverband.ch/forum v. 04.08.02).

```
C'est effectivement au niveau de la préfecture ou d'abord
au niveau du ministère des transports qu'il faudrait dire:
voilà, à partir de telle date ça sera comme ça et pas
autrement. Mais l'ACNUSA n'a aucun pouvoir, c'est juste des
conseils. Voilà. Et ils peuvent constater. Et le jour où il
y aura un accident ils diront tous: ben oui, voilà, mais ça
sera la faute de personne. Et il [n']y aura pas de change-
ment tant qu'il [n']y aura pas d'accident. C'est toujours
pareil. (IIw, Z. 330-336) [5]
```

Eine entscheidende Aktualisierung und Zuspitzung erfuhr das Gefahrenthema in seinen verschiedenen Spielarten schließlich durch die willentlich herbeigeführten Flugunglücke bzw. terroristischen Flugzeugangriffe des 11. September 2001. In sehr vielen Interviews wird dieses Datum als einschneidendes Ereignis genannt und auf verschiedene Weise in die Erzählungen und Argumente eingearbeitet. Zunächst einmal knüpft sich daran die mehr oder weniger naheliegende Befürchtung, ähnliches könnte auch in Basel-Mulhouse geschehen. Dies kann unmittelbar in ein Szenario umgemünzt werden, dass sich auf die Flugrouten bzw. auf die Verteilung der Starts und Landungen auf der Hauptpiste bezieht.

Lassen wir noch einmal das Mitglied einer Basler Initiative zu Wort kommen, die sich ausgiebig mit den Gefahrenpotenzialen und Risikokalkülen in Bezug auf den Flughafen beschäftigt hat. Der Ausgangspunkt dieser längeren, facettenreichen Passage ist auch in diesem Fall wieder der Lärm:

```
Also, das, wo am problematischte isch, vom Lärm her, das
sind Frachtflugzüüg, das sind alti Flugzüüg, vollgladeni
Flugzüüg, bis an d' Limite, die hänn scho Problem Höchi z'
gwinne. Ich hann scho Flugzüüg beobachtet [...] do sind mer
bim Bahnhof gschtande und henn en Jumbo beobachtet, wo grad
gfloge isch, da hemmer scho dänggt, wenn er jetzt nit d'
Kurve fliegt, kummt er nit vorbii. Und dänn isch er tat-
sächlich do hinte duregfloge und isch nachher es Birstal
duruf. [...] Also da gseht ma di verrüggdischte Sache, also
das isch an und für sich das Problem. Also, solang Flug-
zeugtype oder Frachtflugzüüg, wo voll belaschtet sind, die
werde aus wirtschaftliche Gründe, wenn mer die nach Süde
laat starte, da wird's kei Verbesserig mehr ge. Und Starts
in Richtig Süde, das isch au vom Risiko her e sehr tragende
Moment: Flugzüüg wo starte, sind normalerwis volltankt. Die
Bilder, won ich im Fernseh gsäh ha vom 11. September, das
isch mir scho lang bewusst gsi, dass äs Flugzüüg isch a
fliegendi Bombe, oder? Dass d'Menschheit oder Mensche auf
die wahnsinnige Idee kömmet, das als Bombe iizsetze, dass
hätt ich mir nie könne usmole. Und das isch an und für sich
```

5   Es müsste eben auf Ebene der Präfektur, oder zuerst mal auf Ebene des Transportministe-
    riums gesagt werden: bitte sehr, ab diesem Datum wird es so sein und nicht anders. Aber die
    (Fluglärmbehörde) ACNUSA hat überhaupt keine Macht, das sind nur Ratschläge. Und Fest-
    stellungen. Und an dem Tag, wenn es einen Unfall geben wird, werden sie alle sagen: ja, da
    haben wir's, aber niemand wird daran schuld sein. Und es wird keine Veränderungen geben,
    solange es keinen Unfall gibt. Das ist immer das Gleiche.

```
das Problematische, dass mer eigentlich Starts mit voll-
tankte Flugzüüg hauptsächlich über bevölkerungsdichtes Ge-
biet führt. (XVIm, Z. 162-180)
```
[6]

Zwei Elemente dieses Gedankengangs sind als „an und für sich das Prob-lem(atische)" hervorgehoben: erstens, dass sich offenbar unkontrollierte, „ver-rückte" Flugbewegungen von schweren alten Frachtmaschinen beobachten lassen, und zweitens, dass man Starts mit vollgetankten Flugzeugen Richtung Süden über das Stadtgebiet führt. Die Verbindung zwischen diesen Problemen ist die Gefahr, die mit der Vorstellung einer Bombe einhergeht, einer Bombe, die im Lichte der Ereignisse des 11. September nicht nur im Rahmen eines Unglücks hochgehen könnte, sondern womöglich sogar als solche gezielt eingesetzt werden kann. Diese Vorstellung ist in der Tat höchst problematisch und als Argument heikel. Das mag auch in der widersprüchlichen Formulierung des Gedankens zum Ausdruck kom-men: einerseits sind die Bilder schon „lang bewusst" gewesen, im Geiste präsent, zugleich aber so „wahnsinnig", dass sie bisher jenseits dessen lagen, was der Sprechende sich überhaupt „ausmalen" konnte oder durfte. Sich-Ausmalen könnte hier demnach heißen: konkrete Szenarien entwickeln, die solche Geschehnisse enthalten, und diese nicht nur sich, sondern auch anderen darlegen – also eben das, was in dem Interview geschieht. So gesehen eröffnen die terroristischen Ta-ten des 11. September 2001 (auch) den in Sachen Fluglärm Engagierten neue Ar-gumentationswege.

In einer späteren Passage desselben Gesprächs blitzt eine kleine Konkretisie-rung dieser Szenarien denn auch auf, als es um das oben erwähnte Gruppenrisiko geht:

```
Also, wie oft kann so ein Ereignis stattfinde, dass z.B.
soundsoviel 100 oder 1000 Personen zu Schaden kommen? Inte-
ressant isch, wenn man die Grafik aluegt, [...]: es gibt
plötzlich ein Abriss bei der Wahrscheinlichkeit, das isch
quasi es gröschte Flugzüüg, und wieviel Leut könnte bei un-
serer Bevölkerungsdichte praktisch da zu Tode kommen. Also,
mir henn natürlich net so Gebäude wie's World Trade Center.
```

---

6   Also, das, was am problematischsten ist, vom Lärm her, das sind Frachtflugzeuge, das sind alte Flugzeuge, vollgeladene Flugzeuge, bis zum Anschlag, die haben schon Probleme Höhe zu gewinnen. Ich habe schon Flugzeuge beobachtet, da sind wir beim Bahnhof gestanden und haben einen Jumbo beobachtet, der gerade geflogen ist, da haben wir schon gedacht, wenn er jetzt nicht die Kurve fliegt, kommt er nicht vorbei. Und dann ist er tatsächlich da hinten durchgeflogen und nachher das Birstal hinauf. Also da sieht man die verrücktesten Sachen, also das ist an und für sich das Problem. Also, solange Flugzeugtypen oder Frachtflugzeuge, die voll belastet sind, die werden aus wirtschaftlichen Gründen, wenn man die nach Süden starten lässt, da wird es keine Verbesserung mehr geben. Und Starts in Richtung Süden, das ist auch vom Risiko her ein sehr ein tragender Moment: Flugzeuge, die starten, sind norma-lerweise vollgetankt. Die Bilder, die ich im Fernsehen gesehen habe vom 11. September, das ist mir schon lange bewusst gewesen, dass ein Flugzeug eine fliegende Bombe ist, nicht wahr? Dass die Menschheit oder Menschen auf die wahnsinnige Idee kommen, das als Bombe einzusetzen, dass hätte ich mir nie ausmalen können. Und das ist an und für sich das Problematische, dass man eigentlich Starts mit vollgetankten Flugzeugen hauptsächlich über bevölkerungsdichtes Gebiet führt.

```
[...] Offensichtlich liegt das bei uns, und das isch au no
interessant, [...] bei knapp 1100 Personen, die bei einem
Flugzeugabsturz umkäme. (XVIm, Z. 306-313)⁷
```

Verschiedentlich wird mit Bezug auf die terroristischen Taten auch die Krise des internationalen Flugverkehrs in den Jahren 2001 und 2002 thematisiert. Sie wird zum Teil als deutliche Lärmentlastung erlebt, verstärkt in Basel noch durch den Zusammenbruch der Swissair und in deren Gefolge der Crossair, die hier am Flughafen ihre Basis hatte (Vw, Z. 345-349.; Xm, Z. 244f.; XIw, o.Z.). Explizit und häufiger werden jedoch negative Folgen benannt, die die Attentate und die folgende Krise für das Engagement der Fluglärmkritiker mit sich bringen. Da ist zum einen die geplante trinationale Demonstration im Oktober 2001, eine über mehrere Monate geplante Kundgebung am Flughafen, die aufgrund der Ereignisse von den französischen Behörden im Rahmen des landesweiten *plan vigipirate* aus Sicherheitsgründen verboten wird.

Jenseits dieser konkreten Einschränkung wird von mehreren Engagierten zudem eine schlechte Konjunktur für jegliche Kritik am Flugverkehr gesehen. So beschloss ein Basler Quartierverein, der in seinem halbjährlichen Bulletin die erwähnte Risikostudie kritisch kommentieren wollte, bis auf Weiteres darauf zu verzichten:

```
Nach dem 11. September, da hemmer gsait, das bringe mer
nit. [...] Aus finanztechnische Gründ, also wil das Risiko
im Moment für uns z' groß isch, und wil eifach das Thema
nit mehr so das Thema isch, nach dem 11. September. (XVIm,
Z. 278-284)
```

```
Mir hänn dänn uns gsait, da müemer ufpasse, wil wemmer so
witerschaffe wie vorher, dänn laufe mer Gfohr, dass sogar
Lüüt, wo Spende gmacht hänn und uns au unterstützt hänn,
abspringe. Die wo finde, nach dem 11. September ka me nümme
so politisiere [...]. Mir hänn unseri Aktivität zrückgno
[...] wil sunscht, wenn's dänn wieder aktuell wird, werde
mer in dere Zeit so quasi als Fundi und als Weltverbesserer
agsäh, und dänn hämmer kei Wirkig meh. [Wir befürchten,]
dass mer jetzt in der Zit, bis die Betroffeheit wieder zu-
nimmt, gwüssi Entwicklige zulaat, Bewilligunge usstellt,
Vorussetzige schafft, dass nachher, und da sind mir sogar
überzüggt davo, e schlimmeri Situation da si wird wie vor-
her, au vom Flugverkehr. (ebd., 597-619)⁸
```

---

7   Also, wie oft kann so ein Ereignis stattfinden, dass z.B. soundsoviel 100 oder 1.000 Personen zu Schaden kommen? Interessant ist, wenn man die Grafik ansieht: es gibt plötzlich einen Abriss bei der Wahrscheinlichkeit, das ist quasi das größte Flugzeug, und wie viel Leute könnten bei unserer Bevölkerungsdichte praktisch da zu Tode kommen. Also, wir haben natürlich nicht so Gebäude wie das World Trade Center. Offensichtlich liegt das bei uns, und das ist auch noch interessant, bei knapp 1.100 Personen, die bei einem Flugzeugabsturz umkämen.

8   Nach dem 11. September, da haben wir gesagt, das bringen wir nicht. Aus finanztechnischen Gründen, also weil das Risiko im Moment für uns zu groß ist, und weil einfach das Thema

Die schwierige Lage macht sich für diesen Verein nicht zuletzt an einem deutlich geringeren Spendenaufkommen bemerkbar. Von derselben Interviewperson wird insgesamt auf dieser Grundlage ein weiter gehender Schluss gezogen, der ähnlich auch bei anderen Personen anklang:

```
Also wenn ich das jetzt alueg als Gsamtbetrachtig, dänn
stell' ich fest, dass der 11. September eigentlich nit nur
weltwit, sondern au am Euroairport einiges veränderet hett.
Vo dr Schwiiz uus het's en enorms Potenzial freigsetzt für
de Flugverkehr, politisch gseh. (XVIm, Z. 560-566)⁹
```

Wie dies in den Gesprächen immer wieder vorkam, verschwimmen hier die Konturen dreier verschiedener Phänomene: erstens die direkten Auswirkungen der Attentate, zweitens die globale Krise der Flugindustrie, die dadurch verschärft wurde, aber auch anderen Faktoren wie dem konjunkturellen Einbruch geschuldet ist, sowie drittens der Niedergang der nationalen Fluggesellschaft Swissair, dessen komplexe Gründe hier nicht erörtert werden sollen: es reicht festzuhalten, dass dieser Niedergang landesweit diskutiert und als nationales Debakel erlebt wurde. In diesem Konglomerat entsteht die Stimmung einer nationalen Herausforderung, spürbar etwa in den großen Tageszeitungen, eine Stimmung, in der es die regelmäßig partikularistische Kritik des Fluglärms schwer hat.

Dass nun wahrlich nicht die Stunde der Kritik sei, meint so auch eine Angestellte im Flughafenbereich. Jetzt, „nach der Tragödie" gebe es viel Wichtigeres als den Lärm, es gehe hier schlicht noch „ums Überleben" – wobei im Gespräch unklar bleibt, ob sie dabei tatsächlich an eine physische Bedrohung denkt, wie sie terroristische Taten darstellen, oder eher an die ökonomische Perspektive der Swissair, an den Expansionskurs des Flughafens in Basel-Mulhouse in Zeiten der Crossair oder an ihren individuellen Arbeitsplatz:

```
Da gibt es wirklich wichtigere Sachen jetzt [als den Flug-
lärm]. Wir wissen gar nicht, wie das hier weitergeht, wei-
tergeht nach der Tragödie, die mit dem 11. September ange-
fangen hat. Eigentlich geht's bald nur noch ums Überleben
[p,1]. Aber was sollen wir da machen, das sind größere Sa-
chen, da dahinter. (XIw, o.Z.)
```

---

nicht mehr so das Thema ist, nach dem 11. September. [...] Wir haben uns gesagt, da müssen wir aufpassen, weil wenn wir so weiterarbeiten wie vorher, dann laufen wir Gefahr, dass sogar Leute, die Spenden gemacht haben und uns auch unterstützt haben, abspringen. Die finden, nach dem 11. September kann man nicht mehr so politisieren. Wir haben unsere Aktivität zurückgenommen, weil sonst, wenn's dann wieder aktuell wird, werden wir in dieser Zeit so quasi als Fundi und als Weltverbesserer angesehen, und dann haben wir keine Wirkung mehr. Wir befürchten, dass man jetzt in der Zeit, bis die Betroffenheit wieder zunimmt, gewisse Entwicklungen zulässt, Bewilligungen ausstellt, Voraussetzungen schafft, dass nachher, und davon sind wir sogar überzeugt, eine schlimmere Situation da sein wird als vorher, auch vom Flugverkehr.

9   Also wenn ich das jetzt anschaue als Gesamtbetrachtung, dann stell' ich fest, dass der 11. September eigentlich nicht nur weltweit, sondern auch am Euroairport einiges verändert hat. Von der Schweiz aus hat das ein enormes Potenzial freigesetzt für den Flugverkehr, politisch gesehen.

Der folgende Abschnitt wird die ökonomischen Deutungshorizonte näher betrachten, die sich hier bereits abzeichnen. Ehe wir zu einer Zwischenbilanz für der
Maßstab der Gefahren kommen, ist hier noch eine ganz spezifische Gefahrenasso-
ziation kurz zu illustrieren, die sich immerhin bei drei Gesprächspartnern bzw. -
partnerinnen fand, die allesamt im Elsass wohnhaft sind. Dort, und nur dort,
wurde mehrfach die Erfahrung bzw. Assoziation kriegerischer Handlungen benannt, Bezug auf den Zweiten Weltkrieg nehmend. Das können kleinere Bemerkungen sein wie die folgende, deren Ausgangspunkt die Störung des abendlichen
Fernsehens ist:

```
Diejenigen Leute, die hier permanent wohnen, die können
dann zum Beispiel nicht mehr Fernsehschauen. Und vor allem
sagen uns die Alten, es ist wie im Krieg. Das sind Kriegs-
flüge, weil die hier so kreischen, wenn sie drehen. Und das
erinnert sie an Krieg. Ich finde das noch interessant,
oder? (XVm, Z. 262-265)
```

Dass der Gesprächspartner diese Assoziation bzw. Deutung „noch interessant"
findet, zeigt sich an späterer Stelle in demselben Gespräch. Hier wird das Thema
noch einmal aufgenommen und bissig auf die gegenwärtige Situation bezogen,
wobei sowohl die Absturzgefahren als auch der Lärm direkt in die Argumentation
einbezogen werden:

```
Es muss einfach umverteilt werden. Es kann nicht mehr so
aussehen, wie das jetzt hier aussieht. Und ich habe auch
gesagt - [das Dorf X] ist ja im Zweiten Weltkrieg geleert
worden - ich habe gesagt: Wir könnten doch [X] auflösen.
Wir könnten doch das Dorf einfach, wir könnten eine
Schneise deklarieren
(MF:)                    [?,1] ist [X] auch evakuiert worden?
"Die sind ja in die Landes von Frankreich evakuiert worden,
die sind in die Landes gezogen" [?,2]. Da wir jetzt einen
Kriegszustand haben, [(lacht)] da könnten wir doch [X] und
Hégenheim leeren, und dann könnten sie eine richtige Flug-
schneise machen. Ich mein': die fliegen ja, die Leute haben
Angst, in Hégenheim haben wir die Schule, oder, da ist ein
collège, und ich bin letztens, in den Ferien machen sie im-
mer so ein Fest und da wollten sie ein Lied singen, und
dann hat der Musiklehrer dreimal aufgehört, weil die Flug-
zeuge fliegen ja so, dass man nichts mehr hört; man hört
den Gesang nicht mehr, hört die Musik nicht mehr - gut, es
war warm, die Fenster waren offen -, und ich hab' gesagt:
Ja, und wenn einmal so ein Flugzeug übers collège runter-
geht, - ich meine, das ist einfach verantwortungslos. [...]
Nur weil man nicht teilt. (XVm, Z. 283-287, o.Z.)
```

Bemerkenswert an diesem Zitat ist nicht nur die Zusammenschau von Argumenten, die auf den ersten Blick wenig miteinander zu tun haben, sondern wie direkt
die einzelnen Elemente hier aneinander angeschlossen werden, wie etwa von der
klanglichen Dimension – Musik, die von den Flugzeugen übertönt wird – zu der
Gefahr eines Unglücks gewechselt wird. In dem offensichtlich ironisch gemeinten

Vorschlag, einige der elsässischen Dörfer kurzerhand zu evakuieren, wie dies aus militärischen Erwägungen im Zweiten Weltkrieg geschah, klingt zudem erkennbar das Thema an, dass die Bevölkerung hier unkontrollierbaren Mächten und fremden Kalkülen unterliegt, der Geschichte im Weg steht, wenn man so will. Dass die Fremdbestimmung jedenfalls in diesem Fall letztlich eher zum Nachteil der Bewohner geschieht, lässt sich heraushören. Vor allem klingt deutlich der Mangel an Selbstbestimmung an, an Achtung, die der Bevölkerung hier entgegengebracht wird, und so ist es auch eine Geschichte der Nicht-Anerkennung, auf die der polemische Vorschlag Bezug nimmt.

Daran lässt sich eine Passage anfügen, die von einer Person stammt, die selbst den Krieg als kleines Kind noch miterlebt hat. Die gebürtige Elsässerin, die lange in der Schweiz gelebt hat und nun wieder hier über einen zweiten Wohnsitz verfügt, formuliert ihre Sorgen wegen des Fluglärms fast ausschließlich durch die Bedenken ihres Mannes hindurch. Sie ist nicht gegen den Fluglärm engagiert, sie findet ihn erklärtermaßen „nicht schlimm", nein, sie findet es sogar „ganz schön", die Flugzeuge zu sehen, die sie generell an den Fortschritt, und im Besonderen an den neugewonnenen „Komfort" und die Ferien in den 1960er Jahren erinnerten. Ein Schatten, der in ihrer positiv gestimmten Erzählung auftaucht, ist aber auch hier der Krieg:

```
Mon mari il râle des fois. Vous savez, je fais partie d'une
époque du début du siècle,
(MF:)                        C'est un peu exageré, quand même.
                         ⌐Non, non⌐,
j'ai vécu la deuxième guerre mondiale, j'ai vu les premiers
avions, les avions de chasse. Je me rapelle du bruit des
avions sur Mulhouse, à Rixheim, les bombardiers, quand les
bombardiers passaient la nuit vers la fin. Moi j'avais donc
huit ans à la fin de la guerre; mes parents nous couchaient
tout habillés parce qu'on savait qu'il fallait se lever.
Moi j'avais l'impression que c'étaient des centaines qui
passaient; c'étaient des Anglais qui venaient nous libérer
et c'est surtout l'Allemagne qui a pris, qu'ils ont bombar-
dée, mais c[e n']était qu'après la guerre qu'on a su ce qui
s'était passé. [...] J'avais un peu peur au début, mais
j'avais surtout peur que mon mari ne supporte pas le bruit
et que lui, il s'énerve. (XXIw, o.Z.)[10]
```

---

10 Mein Ehemann regt sich manchmal auf. Wissen Sie, ich komme aus einer Epoche am Anfang des Jahrhunderts... / MF: Das ist aber ein bisschen übertrieben / Nein, nein, ich habe den Zweiten Weltkrieg erlebt, ich habe die ersten Flugzeuge gesehen, die Jagdflugzeuge. Ich erinnere mich an dem Lärm der Flugzeuge über Mulhouse, in Rixheim, Bomber, als die Bomber gegen Ende [des Krieges] vorbeikamen. Ich war damals acht Jahre alt, am Ende des Krieges; meine Eltern brachten uns ganz angezogen ins Bett, weil man schon wusste, man wird aufstehen müssen. Ich hatte den Eindruck, dass das Hunderte waren, die da vorbeikamen; es waren Engländer, die kamen um uns zu befreien, und es war hauptsächlich Deutschland, das es abbekommen hat, das sie bombardiert haben, aber das war erst nach dem Krieg, dass wir erfahren haben, was passiert war. Anfangs hatte ich etwas Angst, aber ich hatte hauptsächlich Angst, dass mein Mann den Lärm nicht aushält und dass er sich aufregt.

Dieses Zitat lässt sich im Übrigen ausgezeichnet an die Rekonstruktion der *sozialen Lärmsituationen* anschließen, wie sie oben durchgeführt worden ist (vgl. 3.3.1): Hier werden eigene Bedenken, falls vorhanden, gar nicht erwähnt bzw. sie gehen radikal in der sozialen Konstellation auf, in der Lärmerfahrung *als* sozialer Störung, die durch die Störung eines anderen, nahestehenden Menschen hervorgerufen wird.

Ein letzter Bezug zum Krieg geht wiederum vom Lärm aus. Hier wird der Zusammenhang zwar nicht nach der Gefahrenseite gewendet, doch wird das Thema der Fremdbestimmung noch einmal aufgenommen, genauer die als *octroi* empfundene Gründung des Flughafens in der unmittelbaren Nachkriegszeit (vgl. Kap. 3), die der Gesprächspartner als Jugendlicher miterlebte. Der assoziative Ausgangspunkt der Passage ist der besondere Lärm, den die frühen Düsenflugzeuge verursachten:

```
Il y a eu quand même une amélioration, par rapport aux Ca-
ravelles à l'époque. [p, 1] Et ce qu'on avait toujours
constaté, c'est: l'aéroport est franco-suisse, déjà il a
été voulu par la Suisse au départ, au lendemain de la
guerre. Eux, ils avaient réfléchi pendant que nous, on fai-
sait encore la guerre. Et donc ils ont dit: on va leur pro-
poser ça, et ils vont être tout accepter. C'est
c'est demeuré comme ça. Au début ça [ne] gênait personne,
c'était un petit aéroport avec de vieilles machines là, les
DC 3, rrrrr [(imitiert das Brummen der Propellermotoren)],
des petits coucous en somme. (VIIm, Z. 73-81)[11]
```

Auch hier noch einmal die Artikulation des Gefühls, ein unterlegener Partner zu sein, ja betrogen, über den Tisch gezogen worden zu sein mit einem Vertrag, der unter fragwürdigen Bedingungen zustande gekommen ist und dessen Ergebnisse zudem kaum abzusehen waren. Und „das ist so geblieben", dass „alles akzeptiert" wird und man dabei noch „ganz zufrieden" sein soll.

Damit sind weitere Themen eröffnet, die in den folgenden Abschnitten behandelt werden, doch ist an dieser Stelle zunächst eine kurze Zwischenbilanz für den Maßstab der Gefahren zu ziehen. Wie sich zahlreichen Passagen entnehmen lässt, spielen die Gefahren des Flugverkehrs eine bedeutende Rolle in den Argumenten der Fluglärmkritiker. Dabei wird, generell gesprochen, eine komplexe Sphäre konstruiert, in der sich spezifische Gefahren, die in der Regel gesellschaftlich als Risiken anerkannt sind, mischen mit ausgewählten historischen Ereignissen, mit Flugzeugabstürzen, Chemieunglücken, mit dem Zweiten Weltkrieg, sowie mit konkreten, in der näheren Umgebung lokalisierbaren Gefahrenpotenzi-

---

11 Es gab schon eine Verbesserung, im Vergleich zu den *Caravelles* früher. Und was wir immer festgestellt haben: der Flughafen ist französisch-schweizerisch, er war am Anfang von der Schweiz gewollt, unmittelbar nach dem Krieg. Die hatten nachgedacht, während wir noch im Krieg waren. Und sie haben [sich] gesagt: Wir werden ihnen das vorschlagen, und sie werden ganz zufrieden sein, alles akzeptieren. So ist das geblieben. Am Anfang hat es niemanden gestört, das war ein kleiner Flughafen mit alten Maschinen, die DC 3, rrrrr, kleine Kuckucksvögel, alles in allem.

alen. Die Zurechenbarkeit der gesamten Sphäre oder ihrer einzelnen Bestandteile ist nur auf einem sehr abstrakten gesellschaftlichen Niveau gegeben; im Anschluss an Luhmann (1991, S. 117) lässt sich formulieren, dass für die „Betroffenen", – hier ursprünglich vor allem ja vom Fluglärm Betroffenen –, eine „Selbstzurechnung nicht in Betracht" kommt. Sie sehen verschiedene Gefahren, nicht Risiken, die sie kalkulierend eingehen und, sei es auch indirekt, durch ihre Entscheidungen beeinflussen. Zwar werden die Expertendiskurse der damit befassten Einheiten des politisch-administrativen Systems zur Kenntnis genommen, zum Teil auch übernommen und weiterentwickelt, von einzelnen Organisationen und Personen bis hin zu einer Gegenexpertise, die sich in Ansatzpunkt und Methode ganz in die Perspektive der „Entscheider" begibt, die unterschiedliche Risiken abwägen, verrechnen und schließlich auch in Kauf nehmen. Doch sind die positionalen Differenzen auch damit nicht auflösbar, weil deren Grund außerhalb der berechenbaren Eintrittswahrscheinlichkeiten und Schadensausmaße bestimmter Ereignisse liegt.

Ein Hinweis auf die Schwierigkeit derart kalkulierter Lösungen lässt sich schon darin finden, dass das Hervortreten des Risiko-Gefahren-Diskurses während der letzten Jahre von bestimmten Gefahren bzw. Risiken insgesamt weitgehend entkoppelt ist. Es ist ja weder das Fliegen in den letzten Jahrzehnten insgesamt gefährlicher geworden, jedenfalls nicht in Europa, noch hat sich die chemische Industrie erst in jüngster Zeit in dem betreffenden Raum angesiedelt: dennoch, oder weitgehend unabhängig davon, ist hier eine Betrachtungsweise entstanden und politisch etabliert worden, die im Bezug auf bestimmte Routenführungen mobilisiert werden kann. Voraussetzung hierfür waren offensichtlich größere gesellschaftliche Entwicklungen, als deren zentraler Bestandteil sich die Variante von Umweltdiskursen ausmachen lässt, die mit den 1970er Jahren in den Industrieländern einflussreich wurde. Die entsprechenden Argumente kommen jedoch nicht beliebig oder freischwebend zum Einsatz. Häufig werden sie im vorliegenden Fall an Überlegungen zur Verteilung der Bevölkerung angeknüpft, und damit stark den Überlegungen bezüglich der Verteilung des Fluglärms angenähert. Dies erscheint auf den ersten Blick zwar einleuchtend, denn die Zahl der potenziell betroffenen Bevölkerung wird bei jeder Kalkulation von Schadensausmaßen eine wichtige Rolle spielen. Doch kann auch dies letztlich nicht zu einer argumentativen Auflösung der in Frage stehenden Gegensätze führen: Erstens wegen der grundlegenden Verschiedenartigkeit der in Frage stehenden Schäden, zweitens aufgrund der Tatsache, dass die verschiedenen denkbaren Schäden gar nicht sehr spezifisch kalkuliert werden (im Sinne einer genauen Unterscheidung unterschiedlicher chemischer Produktionsstätten jenseits der Kategorie Seveso I/II, der potenziellen Gefahrenlagen in Verbindung mit dem Atomkraftwerk in Fessenheim, mit den Stadtzentren von Basel und Mulhouse und den dort befindlichen Einrichtungen etc.), drittens und vor allem aber angesichts dessen, dass die denkbaren Schäden gerade unter dem Blickwinkel des Fluglärms gar nicht einem positiven Nutzen gegenüber gestellt werden. Aus Sicht der Fluglärmkritiker, vor allem jener in den dicht besiedelten Gebieten und in der Nachbarschaft von chemischen Produktionsstätten, konvergieren vielmehr einfach zwei Problemlagen. Wie wir weiter oben gesehen hatten, spielt der erlebte Kontrollverlust bzw. die „Ohnmacht" bereits eine Rolle bei der Konstitution der sozialen Lärmsituationen. Hier findet der Gefahrendiskurs einen direkten Hebel, eine schlagkräftige Verbindung, die dem offiziellen Risikodiskurs in dieser Frage fehlt und fehlen muss. Indem jedes berechnete Risiko bestimmter Flugrouten im oben genannten Sinn eine Gefahr darstellt, und indem die Gefahr gerade zur solchen wird, als sie der eigenen Handlung bzw. dem eigenen Handlungsvermögen nicht zugerechnet wird, verstärkt die Gefahr gewissermaßen den Lärm. Das heißt: die Gefahr befördert die Genese sozialer Lärmsituationen.

Bedarf – der (nicht) notwendige Lärm

Ein zweiter, sehr häufig bemühter Deutungshorizont bezieht sich auf den Bedarf, genauer meist den regionalen Bedarf für einen Flughafen bestimmter Größe. So wiederkehrend das Bekenntnis auftaucht, dass die Gegnerschaft zum Flughafen keine generelle Kritik des Flugverkehrs oder eine völlige Ablehnung des Flughafens Basel-Mulhouse ausdrücke, so oft wird die bisherige und erst recht die projektierte Größe dieses Flughafens mit entsprechenden Argumenten infrage gestellt. Der ‚Maßstab des Bedarfs' ist heute nicht in der gleichen Weise politisch zugespitzt wie derjenige der Gefahren, indem beispielsweise analog zu den Chemierisiken jüngst von offizieller Seite umfangreiche Gutachten präsentiert worden wären, in denen der Nachweis versucht würde, das Wachstum des Flughafens als wirtschaftliche Notwendigkeit zu belegen. Doch finden sich zahlreiche Belege in den Schriften, Leserbriefen und mündlichen Äußerungen der Fluglärmkritiker, die den Versuch deutlich werden lassen, auch in dieser Frage gewichtige Deutungen hervorzubringen bzw. dieses Terrain überhaupt erst als relevantes Feld der Auseinandersetzung aus ihrer Sicht zu konstituieren.

Man ist versucht, dem gleich hinzufügen, dass sich entsprechende Äußerungen zum Bedarf mit umgekehrten Vorzeichen erst recht und seit jeher auf Seiten der „Befürworter" finden lassen, doch weist uns dieser unpassende Begriff nur direkt auf das Thema zurück. Denn es gibt ja gar keine Befürworter des Fluglärms an und für sich, sondern nur Personen (bzw. Gruppen, Einrichtungen), die den Fluglärm in relativ größerem Ausmaß in Kauf nehmen wollen oder in Kauf nehmen lassen wollen. Was diese Akteure in der Regel explizit befürworten bzw. für notwendig erachten ist vielmehr gerade das Vorhandensein bzw. das kontinuierliche Wachstum des Flugverkehrs an diesem gegebenen Ort. Und dabei ist in aller Regel der angenommene Bedarf eine zentrale Größe, ein Bedarf, der sich im Übrigen keineswegs aus einer nicht befriedigten und zahlungskräftigen Nachfrage ergeben muss, sondern auch sehr allgemein aus einem für die Zukunft vorhergesagten Wettbewerb der Regionen abgeleitet werden kann. Insofern ist der Bedarf auf dieser Seite eine zentrale, meist *implizite* Größe, und der Versuch der fluglärmkritischen Gruppen, entlang dieser Dimension zu argumentieren, trifft einerseits den Kern der Sache, stößt andererseits vom Ansatz her auch auf sehr starken, prinzipiellen Widerstand.

Eine historische Rekonstruktion kann entsprechend zeigen, dass die Frage des (lokalen, regionalen, nationalen) Bedarfs schon bei der Standortdebatte während der 1930er und 1940er Jahre eine wichtige Rolle spielte. Ein kleiner Spottvers, der während der Basler Fasnacht im Jahr 1947 vorgetragen wurde, illustriert auf nette Weise die bereits damals kursierenden Deutungsmuster:

> „Ellerli, Bellerli, rippedi raa / d'r Beppi mueß e Flugplatz ha. / D'r jetzig, dä isch minder, / goht hegstens no fir Kinder, / är will e große, dolle - / rippedi rappedi Bolle // Ellerli, Bellerli, rippedi raa / so bleed ka's nur d'r Basler ha: / M'r baue, 's Volk tuet loose, / e Flugplatz fir d'Franzose, / statt ein uff eigener Scholle / mit unserem guete Schwyzerbolle. // Blooze-n-isch's Projäggt, wo zindet, / d'Fraid do driber isch begrindet, / Basel hett jetz freji Bahn. / Läse kasch's in jeder Zyttig: / Baselstadt griegt Wältbedyttig / und d'r Beppi Greeßewahn.“ (Schwarz 1947, S. 163)[12]

Ironisch wird hier die Sucht des Basel-Städter „Beppi“ nach Weltbedeutung als Größenwahn gekennzeichnet, wofür auch noch der gute Schweizerfranken (Schwyzerbolle, wie es hier heißt) nach Frankreich investiert wird. In verschiedenen Varianten finden sich diese Zweifel an einem realen Bedarf in der Region durch die ganze Nachkriegsgeschichte hindurch wieder. Eine kompakte Darlegung in Form des Konkurrenzarguments bietet etwa die Werbung des „Aktionskomitees für den Basler Flughafen“ zur Abstimmung 1960, die auf mehreren Ebenen zugleich argumentiert, nämlich sowohl auf gesamtschweizerischer Ebene wie im innerschweizerischen Wettbewerb mit den Flughäfen Zürich-Kloten und Genf-Cointrin (vgl. Abb. 8, unten).

Heftig wurde um den regionalen Bedarf aber vor allem anlässlich der Debatte um die Pistenverlängerung in den 1970er Jahren gerungen, wie im vorausgehenden Kapitel (S. 115ff.) bereits deutlich wurde. *„Ein NEIN“*, so schrieb etwa die Basler Arbeitsgemeinschaft zum Schutz von Natur und Umwelt (BASNU) in ihrem Flugblatt zur Volksabstimmung 1976, *„verhindert das für Basel überhebliche Projekt eines dritten Schweizer Interkontinentalflughafens,* zusätzlich zu Kloten und Cointrin (Holland mit seiner 13-Mio.-Bevölkerung kommt mit *einem* Überseeflughafen aus)“ (WWZ, 3. Nov. 1976, Hv. im Orig. unterstrichen). In zahlreichen Stellungnahmen und Leserbriefen der Zeit lässt sich die Gegenüberstellung wiederfinden zwischen einem Flughafen, der die „notwendigen“ regionalen Funktionen erfüllt und einem „überheblichen Interkontinentalflughafen“, der nur den *„übertriebenen Ansprüchen einiger Transportfirmen und Reisebureaus [sic]“* diene (ebd., Hv. im Orig. unterstrichen). Es wurde oben argumentiert, dass die steilen Wachstumsprognosen, die Ende der 1960er Jahre publik wurden, eine wesentliche Rolle in der Ablehnung der Ausbaupläne während der Volksabstimmung im September 1971 spielten.

---

12 Ellerli, Bellerli, rippedi raa / der Beppi muss einen Flugplatz haben / Der jetzige ist minder- [wertig] / geht höchstens noch für Kinder, / er will einen großen, tollen - / rippedi rappedi Bolle // Ellerli, Bellerli, rippedi raa / so blöd kann's nur der Basler haben / Wir bauen, das Volk hört zu, / einen Flugplatz für die Franzosen, / statt einen auf eigener Scholle / mit unserem guten Schweizerfranken. // Blotzheim ist das Projekt, das zündet, / die Freude darüber ist begründet, / Basel hat jetzt freie Bahn. / Lesen kannst du es in jeder Zeitung: / Baselstadt kriegt Weltbedeutung / und der Beppi Größenwahn.

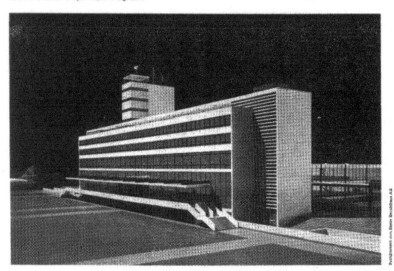

Zürich-Kloten wird bereits ausgebaut
Genf-Cointrin ist in Erweiterung begriffen
Jetzt geht es um unseren Basler Flughafen

Die Schweiz braucht ihn –
die Swissair und die Balair brauchen ihn
Vor allem aber:
Basel braucht seinen Flughafen

Flughafen-Vorlage Ja

Aktionskomitee für den Basler Flughafen

Abb. 8: Flugblatt des „Aktionskomitee für den Basler Flughafen" vom Juni 1960. (Schweizerisches Wirtschaftsarchiv WWZ, Verkehr D2). Die Konkurrenz-Argumente verfingen bei der Basler Bevölkerung offenbar nicht: Diese lehnte den Kredit zum Ausbau des Flughafens in der Volksabstimmung Ende Juni 1960 ab. Erst bei einem zweiten Versuch im Herbst 1962 fand eine deutlich reduzierte Vorlage die notwendige Zustimmung.

Erst Ende der 1980er Jahre kommt erneut Fahrt in diese Debatte, wiederum angesichts von Ausbauplänen, die in der Umbenennung des Flughafens in ‚Euro-Airport Basel-Mulhouse Freiburg' (eingetr. Warenzeichen, 1987) ihren symbolischen Nenner finden, ihren materiellen Kern jedoch im Beschluss der Fluggesellschaft

Crossair, ihren Hauptsitz nun ganz an diesen Flughafen zu verlegen. Die Ausbauvorhaben über das kommende Jahrzehnt werden auf 433 Mio. Schweizer Franken veranschlagt, wobei allein 100 Mio. in ein neues Frachtterminal investiert werden sollen. Angeheizt durch die umstrittenen Direktstartversuche mobilisieren zunächst vor allem der Verkehrsclub Schweiz (VCS) sowie der ‚Schutzverband der Bevölkerung um den Flughafen Basel-Mülhausen' im Basler Süden und Westen, so erfolgreich, dass ein Sprecher des Flughafens in der Presse „eine Hetzkampagne" beklagt, deren Urhebern es darum gehe, dass sie „überhaupt keinen Flughafen wollen" (*Basler Zeitung* vom 11. Aug. 1988). Tatsächlich sind die Forderungen jedoch begrenzt und konkret: Neben einer unabhängigen Lärmüberwachungsstelle und einem „wirklichen" Nachtflugverbot wird eine Neukonzeption der Flugrouten gefordert. Als eine „absolute Katastrophe" bezeichnen die Fluglärmkritiker in diesem Zusammenhang die vermuteten Pläne, den Flughafen zu einer „Frachtdrehscheibe Europas" zu entwickeln (*Basler Zeitung* vom 26. Nov. 1988). Die genannten Forderungen werden in einer baselstädtischen Abstimmungsinitiative „für einen rücksichtsvollen Flugverkehr" zusammengefasst, die im September 1989 die notwendigen Unterschriften erhält (jedoch nie zur Abstimmung kommt, vgl. Fn. 38, S. 141).

Die Frage des Bedarfs rückt schon wenig später ganz in den Vordergrund der Debatte, als sich eine Reihe von Umweltverbänden zu einer „Drei-Länder-Erklärung vom 5. Oktober 1989" zusammenschließen, einer Erklärung, die schon deshalb als Meilenstein in der Debatte angesehen werden muss, weil hier, wie der Name schon sagt, erstmals Organisationen aus allen drei Anliegerstaaten zu einem gemeinsamen Forderungskatalog kommen. Erster Punkt und Gesamtnenner der Erklärung ist die Forderung nach einem „Stopp für den quantitativen Ausbau des Flughafens". Ein Vertreter der beteiligten ‚Arbeitsgemeinschaft Morgenluft' aus Weil a. R. wird in der Presse zitiert: „Basel braucht einen Regionalflughafen, aber der Anspruch ‚EuroAirport' passt nicht in eine Verkehrskonzept der Zukunft"; auch für die Regio seien nun „die Grenzen des Wachstums erreicht" (*Basler Zeitung*, 6. Okt. 1989).

Noch deutlicher, wenn auch mit anderer Stoßrichtung, heben die Befürworter eines Flughafenausbaus zu dieser Zeit auf die Frage des Bedarfs ab, organisatorisch unterstützt durch die Gründung oder Reaktivierung einer ganzen Reihe von Vereinen und Verbänden, deren genereller Zweck die Förderung des Flughafens ist. Die ‚Basler Vereinigung zur Förderung des Luftverkehrs', die ‚Interessengemeinschaft Basler Luftverkehr', das ‚Komitee Pro EuroAirport' und die ‚Association française pour l'EuroAirport' sind einige der Akteure, die sich für eine Steigerung des Flugverkehrs stark machen; sie finden gleichgesinnte Organisationen in den Handelskammern der Region und nicht zuletzt im Flughafen selbst. In einem vierseitigen „Flugblatt", das die oben zuerst genannte ‚Basler Vereinigung' 1988 in einer Auflage von 140.000 [!] Exemplaren unter das deutschsprachige Volk bringt, wird die wirtschaftliche Bedeutung und der wachsende Kapazitätsbedarf des Flughafens vielfach hervorgehoben: „Basel braucht den Flugverkehr!", „Verkehrsgunst erhalten!", „Es geht auch um Ihren Arbeitsplatz!" u.ä. lauten die Überschriften; in den Beiträgen fordert dementsprechend ein Vertreter der Basler

Handelskammer, den Aufbau eines „leistungsfähigen Lufverkehrsnetzes" in der Region, „das den Ansprüchen der Wirtschaft in jeder Beziehung gerecht zu werden vermag" (Basler Vereinigung ... 1988). In diesem Geiste gibt später denn auch der Flughafendirektor Paul Rhinow anlässlich einer größeren Demonstration gegen die Expansion des Flughafens zu Protokoll: „Wir stellen uns ganz in den Dienst der Wirtschaft" (*Die Weltwoche*, 13. Dez. 1990).

Das starke Wachstum des Flughafens in den folgenden Jahren, angeführt vom Aufstieg der CrossAir, die Basel zu ihrer europäischen Drehscheibe (dem „Euro-Hub" oder auch „Euro-Cross") entwickelt, scheint diese Diagnosen und Absichtserklärungen zu bestätigen: Endlich erfüllen sich nun die kühnen, viel früher gestellten Prognosen und liefern die lange beschworenen Bilder von einem dynamischen Flughafen mit enormen Potenzialen, der die gesamte Region „beflügelt", wie es in einer Plakatwerbung des Flughafens heißt. Aus dieser im Sinne der Befürworter erfolgreichen und optimistischen Zeit des Wachstums stammt auch die einzige größere wissenschaftliche Studie über den Flughafen unter dem programmatischen Titel „Chance Regio-Flughafen" (Walker 1995). Der Autor der Studie unterteilt die ökonomische Bedeutung des Flughafens methodisch in „mehrere räumliche Dimensionen" und unterscheidet dabei Betriebsansiedelungen auf dem Flughafenareal, Betriebsansiedlungen in den unmittelbar angrenzenden Gemeinden St. Louis, Hésingue und Blotzheim, sowie die Rolle des Flughafens als „Makrofaktor für die ganze Regio, besonders für Basel, Mulhouse und Freiburg" (ebd., S. 99). Während die lokalen Effekte unmittelbar auf dem Gelände und um den Flughafen herum trotz des Scheiterns der meisten größeren Projekte durchaus beeindruckend sind, lassen sich großräumigere Effekte schon aufgrund der methodischen Probleme kaum nachweisen. Die Umfragen des Autors in Wirtschaftskreisen zeigen zwar an, dass der Flughafen durchweg als wichtig eingestuft wird, doch geben sie uns keinerlei Hinweise zur Beantwortung der heiß umstrittenen, entscheidenden Frage, „wie viel" Flughafen in der Region gebraucht wird.[13] Insofern verfehlen die resultierenden Befunde, wie Walker selbst feststellt, die Kritik der „Flughafen-Opposition", die sich vor allem „gegen die makroökonomisch nicht notwendigen und volkswirtschaftlich nicht unmittelbar nützlichen Teile des Flugverkehrs" richtet (ebd., S. 120).

Wenn im Folgenden gegenwärtige, kritische Äußerungen zum bestehenden ‚Bedarf' im Blick auf die Größe des Flughafens Basel Mulhouse betrachtet werden, so sind diese Äußerungen also vor einem doppelten Hintergrund zu sehen. Zum einen haben wir es mit einer Debatte zu tun, die den Flughafen seit Anbeginn begleitet und vor allem in den Phasen der Expansion immer wieder neu aufgelegt wurde. Zum anderen bewegen wir uns auf einem Terrain, dass von vorne-

---

13 Auch „in Unternehmerkreisen" fanden sich laut Walker (1995, S. 119f.) „keine Hinweise auf Neuansiedlungen, bei denen der Flughafen ein ausschlaggebendes Motiv gewesen wäre". So lautet auch das Fazit aus Unternehmenssicht nüchtern, dass der Flughafen insgesamt „kein Faktor für den Erfolg der Unternehmen in der Regio [war], sondern der internationale Erfolg der in der Regio ansässigen Unternehmungen ... ein Faktor für das Wachstum des Flughafens". Für eine ausgiebige Diskussion und Illustration der methodischen Probleme, die ‚Nachfrage' nach einem *bestimmten* Flughafen zu ermitteln, siehe bereits Adams (1971).

herein nur sehr vage zu erschließen ist, wie verschiedene Autoren in wissen-
schaftlich-methodischer Perspektive betont haben (Voigt 1986; Atzkern 1992;
Feldhoff 2000). Umso weniger wird es im Folgenden darum gehen, den empirischen Gehalt der jeweiligen Aussagen einer wie auch immer gearteten Prüfung zu
unterziehen.

Beginnen wir mit einem der wichtigsten Punkte, der in der derzeitigen Diskussion große Bedeutung erlangt hat, nämlich der Frage der *Arbeitsplätze*, die im
Zusammenhang mit dem Flughafen bestehen, und was sich aus deren Vorhandensein in Bezug auf den Fluglärm ableiten lässt. Der Flughafen selbst versäumt es
nicht, auf diesen Punkt mit großer Regelmäßigkeit hinzuweisen und spricht selbst
von über 6.500 Beschäftigten, die im Jahr 2001 bei „am EuroAirport ansässigen
Unternehmen beschäftigt" gewesen seien (EuroAirport 2001, S. 18). Eine kurze
Passage aus einem Interview führt in das Thema ein. Die nicht berufstätige, vielfach in lokalen Belangen engagierte Frau aus einem elsässischen Anrainerdorf
kommt auf das Thema der Arbeitsplätze zu sprechen, als es um die Schwierigkeiten geht, sich bei den lokalen Politikern Gehör zu verschaffen:

> Ça a toujours été comme ça. Quand vous réclamiez, depuis le
> début on a toujours dit: mais il y a tant et tant de mil-
> liers d'emplois à l'aéroport. Alors maintenant il y en a
> près de six mille, on ne sait plus si le chiffre a baissé,
> [...] je le suppose. Mais on disait toujours: oui, mais
> dans tous ces villages touchés par le bruit il y a tant et
> tant de familles qui vivent de l'aéroport, qui travaillent
> à la maintenance, qui travaillent aux gates, qui travail-
> lent etc etc. Oui, c'est vrai. Mais, écoutez, c[e n]'est
> pas une raison pour tout subir. Il faut qu'il y ait un
> équilibre. Il faut que, si on a du travail, et si d'un
> autre côté on est tellement fatigué qu'on [ne] peut plus
> récupérer pour aller travailler, c'est un travailleur qui
> n'est plus efficace [...]. (XIIw, Z. 633-642)[14]

Hier wird zunächst einmal konzediert, dass eine beträchtliche Zahl von Personen
aus den umliegenden Dörfern am Flughafen arbeiten, und weiterhin festgestellt,
dass dies weidlich dahingehend als Argument genutzt wird, dass man sich hier
nicht über den Flughafen zu beschweren habe. Doch seien diese Arbeitsplätze
kein Grund „alles über sich ergehen zu lassen". Ein „Gleichgewicht", so die
Rückkehr zur ökonomischen Figur, sei letztlich sogar im Interesse der entsprechenden Arbeitgeber.

---

14 Das war immer so. Wenn Sie reklamiert haben, so hat man von Anfang an stets gesagt: ja
    aber es gibt so und so viele Tausend Arbeitsplätze am Flughafen. Jetzt gibt es fast sechstau-
    send, falls die Zahl nicht gesunken ist [...] was ich annehme. Aber man sagte immer: ja, aber
    in all diesen Dörfern, die vom Lärm betroffen sind, gibt es so und so viele Familien, die vom
    Flughafen leben, die im Unterhalt arbeiten, an den *gates* arbeiten usw. Ja, das ist wahr. Aber
    hören Sie mal, das ist kein Grund alles über sich ergehen zu lassen. Es muss ein Gleichge-
    wicht geben. Es muss, wenn man Arbeit hat, und wenn man andererseits so müde ist, dass
    man sich nicht mehr erholen kann um arbeiten zu gehen, das ist dann ein Arbeiter, der nicht
    mehr effektiv ist.

Ganz ähnlich kritisiert auch ein schweizerischer Pensionär die einseitige Ausrichtung auf die wirtschaftlichen Effekte, gleich zu Beginn unseres Gesprächs,
ausgehend von Motiven, die bereits bekannt sind:

```
Ja, ich möchte noch vorausschicken, den Flughafen gibt es
ja schon lange, [...] aber bis circa 1998 konnten wir mit
dem Flughafen leben, es gab schon alte Maschinen, Krachma-
schinen, alte Jumbos, die libanesische Airline, das war
schon ärgerlich, wenn Großmaschinen tief über die Dächer
brausen. Das macht Angst, aber summa summarum, wir konnten
damit leben. In der Folge hat der Betrieb sehr, sehr stark
zugenommen, sicher um 50 Prozent, und das hat dann zum Aus-
bau des Flughafens geführt, und da war nur von Wirtschaft
und Arbeitsplätzen die Rede und die Anliegen der Anwohner,
die kamen wirklich zu kurz. Und das haben wir dann natür-
lich realisiert, ich habe realisiert, dass Basel-Stadt den
Flughafen [...] sehr fördert, mit einbezogen die Basel-
Landschaftliche Regierung, die sind ja beide vertreten im
Verwaltungsrat vom Flughafen. Und da hat man also wirklich
nur noch vom Flughafen als wirtschaftlichen Faktor gespro-
chen. (XVIIIm, Z. 34-45)
```

Im weiteren Verlauf des Gesprächs mit der bereits zitierten elsässischen Dorfbe-
wohnerin werden dann auch die Konsequenzen benannt, die sich für die kommunikative Situation in den Dörfern ergeben können bzw. die Möglichkeiten, die
Bewohner und Bewohnerinnen der Region für die Mitarbeit in dem lokalen
„Verteidigungskomitee" zu gewinnen:

```
Il y a des personnes ici dans le village qui travaillent à
l'aéroport, je sais lesquelles. Il y a notamment M. [X] qui
est le responsable des [Y] qui habite ici dans le village.
Mais lui il [ne] va certainement pas dire qu'il y a du
bruit. Lui, il a dit un jour dans un article des Dernières
Nouvelles d'Alsace qu'un atterrissage ça fait aussi peu de
bruit qu'une mouche qui se pose sur un tringle de rideau
[(lacht)]
(MF):  ⌊[(lacht)]⌋
       Un grand article dans les Dernières
Nouvelles. Bon, il est responsable du [Y, à l'aéroport],
n'est-ce pas? Donc il ne va pas dire: à Mulhouse il fait
trop de bruit. Il y a d'autres personnes qui travaillent [à
l'aéroport]. [...] Je sais bien que quand quelqu'un a peur
de perdre sa place, il [ne] va pas venir aux côtés de l'as-
sociation de défense. C'est normal. [XIIw, Z. 647-658][15]
```

---

15 Es gibt Leute hier im Dorf, die arbeiten am Flughafen, ich weiß welche. Es gibt besonders
    Herrn X., der für Y verantwortlich ist und hier im Dorf wohnt. Ja, er wird sicher nicht sagen,
    dass es Lärm gibt. Er hat einmal in einem Artikel der *Dernières Nouvelles d'Alsace* [regionale
    Zeitung] behauptet, dass eine Landung so wenig Lärm macht wie eine Fliege, die sich auf
    eine Vorhangstange setzt. In einem großen Artikel in den *Dernières Nouvelles*. Gut, er ist
    [eben] der Verantwortliche für Y [am Flughafen], oder. So wird er [auch] nicht sagen: in
    Mulhouse gibt es zuviel Lärm. Es gibt noch andere Leute, die am Flughafen arbeiten. [Und]

Es lassen sich in den von mir geführten Gesprächen drei diskursive Strategien ausmachen, mit dieser Situation umzugehen. Zum einen wird das Argument der Arbeitsplätze geschwächt, indem deren Bedeutung relativiert wird. Zweitens kann die „Kostenseite" ins Spiel gebracht werden, die Einbußen an Gesundheit und Lebensqualität, mit denen ein unakzeptabel hoher Preis für die ökonomischen Gewinne erzielt werde. Drittens kann der Fokus ausgeweitet werden auf die weitere Region, in der sich die nachweislichen Effekte des Flughafens abschwächen und mit anderen Faktoren kontrastiert werden können. Das folgende Zitat, fast im Anschluss an die obige Passage, kombiniert die ersten beiden genannten Strategien:

```
Enfin, écoutez, [...] il y a combien de familles qui vivent
de l'aéroport ici, il y en a pas non plus des centaines, il
y en a peut-être, ici là dans le petit village peut-être
dix, c'est ça.
(MF):          Alors c'est une minorité?
                                   C'est une minorité.
Ecoutez, la plupart des gens sont frontaliers ici en
Suisse, à Bâle, mais pas dans le transport aérien. C[e n]'-
est pas une raison, ça c[e n]'est pas un argument. C'est
normal que l'aéroport nous dise: il y a les emplois. C'est
une forme de chantage mais on [ne] peut pas pour autant ac-
cepter, notamment la nuit. Ça c'est une chose sur laquelle
on veut être très ferme pour tout le monde, que ce soient
les Suisses, les Allemands ou les Français. La nuit, tout
le monde a le droit de récupérer. [XIIw, Z. 660-665][16]
```

Eine „Form der Erpressung" sei das Argument der Arbeitsplätze, doch diese greift dann nicht mehr, wenn, um im ökonomischen Bild zu bleiben, unveräußerliche Ansprüche betroffen sind: „Jeder hat das Recht auf Erholung".

In den folgenden beiden Zitaten wird dagegen der Deutungshorizont räumlich erweitert. Im Sinne von Walkers genannter Unterscheidung werden nun nicht mehr der Flughafen und seine unmittelbare Umgebung ökonomisch betrachtet, sondern die weitere Region, in welcher der Flughafen als „Makrofaktor" wirksam werden soll. Bemerkenswert, vielleicht auch passend, ist dabei, dass diese Erweiterung von zwei Personen aus dem Markgräfler Land vorgenommen wird, die beide sehr ähnlich argumentieren. Im ersten Fall wird das Argument mit der Frage der regionalen Verteilung des Fluglärms verknüpft:

---

ich weiß sehr wohl, dass derjenige, der Angst hat, seinen Arbeitsplatz zu verlieren, sich nicht an die Seite unseres Schutzverbands stellen wird. Das ist normal.

16 Hören Sie, wie viele Familien leben hier vom Flughafen, das sind auch nicht hunderte, das sind, hier in dem kleinen Dorf, vielleicht zehn, das ist es. // MF: Also ist das eine Minderheit? // Das ist eine Minderheit. Hören Sie, die Mehrzahl der Leute sind Grenzgänger hier in die Schweiz, nach Basel, aber nicht im Flugtransportwesen. Das ist kein Grund, das ist kein Argument. Das ist ganz normal, dass uns der Flughafen sagt: Es gibt diese Arbeitsplätze. Das ist eine Form der Erpressung, aber man kann dafür nicht [alles] akzeptieren, insbesondere nachts. Das ist eine Sache, bei der wir sehr fest bleiben wollen allen gegenüber, seien es die Schweizer, die Deutschen oder die Franzosen. Nachts hat jeder das Recht, sich zu erholen.

```
Achtzig Prozent der Landungen haben wir [hier], vierzig
Prozent der Starts [...] und das geht alles über uns und
den Naturpark Schwarzwald hinweg. Und das ist ja ein ganz
wichtiger Faktor für die Region. Und dieser Naturpark wird
eigentlich vom Regierungspräsidium auch hochgehalten und
dadurch sind ja auch zwanzig bis dreißig Tausend Arbeits-
plätze im Fremdenverkehr da. Und was sind da die sechshun-
dert [sic] Arbeitsplätze am Flughafen?
(MF:)                                        Im Vergleich zum
Fremdenverkehr?
                        Eben. Das ist ja auch unsere Grundlage hier,
und ich meine, die Leute, die hier jetzt nicht wegfliegen,
die jetzt nicht in die Dom[inikanische] Rep[ublik] wollen,
sondern sagen, sie möchten hier Ruhe finden, im Schwarz-
wald, die finden wir eben bald nicht mehr, ja? [Vw, Z. 558-
573]
```

Im zweiten Zitat, das sich wiederum auf den Fremdenverkehr als ökonomische Größe bezieht und bis in Details hinein Ähnlichkeiten mit der ersten Passage aufweist, wird der größere räumliche Bezug zunächst schon auf die Konkurrenzsituation der Schweizer Flughäfen angewandt. An dieser Konkurrenz macht sich die Hoffnung fest, dass der Basler Flughafen sich gezwungenermaßen auf die ihm von vielen Kritikern zugebilligte Rolle als „Regionalflughafen" zurückbesinnt:

```
Also, das [der aktuelle Rückgang der Flugbewegungen] ist ja
noch eher meine Hoffnung, Zürich hat ja auch Probleme, dass
die sich dann gegenseitig Konkurrenz machen und dass Zürich
dann einfach die Oberhand behält und die dann sagen: Gut,
dann muss Basel eben bluten, dann ziehen wir die alle zu
uns. Das ist eigentlich die einzige Hoffnung, die ich hab.
Weil Regionalflughafen, sagt man ja auch, das ist in Ord-
nung; es fragt sich halt was er überregional für die Region
bringt. Aber das ist nicht vergleichbar mit diesem Euro-
Cross [...], dass praktisch wenn einer von Hamburg nach New
York will, dass er dann in Basel umsteigt. Das bringt der
Region keinen Pfennig. Und das andere Argument, das ist ja
auch lächerlich, sechshundert Arbeitsplätze bringt der
Flughafen für Deutsche und [der] Tourismus bringt zweiund-
zwanzig Tausend Arbeitsplätze. Und es gibt hier Leute, das
weiß ich auch von einer Familie, [...] die haben eine Fe-
rienwohnung, da haben sie Dauergäste und die haben gesagt:
Ja, was ist denn bei euch los? Also, da kommen wir aber
nimmer. (IVw, Z. 126-140)
```

Während das Arbeitsplatzargument in sehr vielen Gesprächen auftauchte, gab es nur sehr wenige Stimmen, die den ökonomischen Bedarf im engeren Sinne explizit zum Thema machten, in Form der Nachfrage nach bestimmten Leistungen oder der wirtschaftlichen Notwendigkeit, bestimmte Dienste gerade an diesem Flughafen anzubieten. Zwar wurde wiederkehrend von einer Überdimensionierung des Flughafens gesprochen und fast durchgängig darauf verwiesen, dass man gerne bereit wäre, einen kleineren Flughafen für die „regionalen Bedürfnisse" zu akzeptieren. Doch nur in einem Fall wurde beispielsweise die Notwendigkeit des rapide gestiegenen Frachtverkehrs für die Industrie in der Region angezweifelt. Der betreffende Interviewpartner aus einem westlichen Basler Vorort war selbst lange Jahre in der physischen Distribution eines großen Basler Chemiekonzerns tätig, was er mit Nachdruck erwähnte und was ihn bewogen haben mag, dieses Thema relativ ausführlich zu behandeln. Die Bedürfnisse der Industrie seien allesamt nur „so vage Behauptungen", die sich bei genauerer Betrachtung kaum aufrechterhalten ließen. Es sei zwar zugegebenermaßen „bequem", bei Geschäftsreisen gleich in Basel einzusteigen, gerade für die Fracht sei das aber meist völlig irrelevant:

```
Wir haben viel Luftfracht spediert, an reinen Medikamenten,
an teuren Produkten, und das spielt auch überhaupt keine
Rolle, ob diese Dinge ab Basel, ab Lahr, ab Luxemburg - Lu-
xemburg ist ja ein großer Frachtflughafen -, ab Amsterdam,
ab Zürich oder wo immer, das spielt überhaupt keine Rolle,
das ist nur eine Frage der Organisation. Ob jetzt der LKW
eine Stunde zum Flughafen fährt oder vier spielt auf die
Distanz, nach Asien oder so, überhaupt keine Rolle. Man
muss einfach wissen, die Ware muss ladebereit dann und dann
am Flughafen sein, und das muss man dann einrichten; [...]
auch London wird benutzt: der Service spielt eine Rolle und
der Preis, ab wo, das ist doch egal. Aber die Leute, die
natürlich den Flughafen vertreten, sehen das anders, und
die finden immer wieder Gruppen, die das dann auch finden.
(XVIIIm, Z. 205-216)
```

In einem späteren Teil desselben Interviews wird auch auf das sogenannte „Euro-Cross" und den Bedarf an Geschäftsflügen noch einmal kurz eingegangen, was schließlich in prozedurale Forderungen mündet:

```
Da hat man einfach künstlich Passagiere geholt von Stock-
holm bis Barcelona via Basel. Aber das kann nicht andauern,
das hält nicht stand dem Markt, Sie werden sehen. [...][Mit
dem Niedergang der Crossair] sind auch schon europäische
Flüge ausgefallen, man hat sie gestrichen, weil die Flug-
zeuge zu wenig ausgelastet sind. Ich habe noch niemand ge-
hört, der das groß beanstandet hat. Man richtet sich ein.
Müssen wir denn vier, fünf Flüge haben nach München in
beide Richtungen am Tag? Es braucht das nicht. Wenn man
morgens und abends je einen für Geschäftsleute macht, ge-
nügt es. Das ist einfach Größenwahn, der hier entwickelt
wurde. Und die ganze Entwicklung muss in Einklang mit der
Anwohnerschaft gemacht werden, und das findet nur verbal
statt, das findet man nur in dem schönen Umweltkatalog vom
Flughafen, den kennen Sie vielleicht, mit tollen Stellen.
(XVIIIm, Z. 246-254)
```

Der „Größenwahn", der schon zur Fasnacht 1947 bespöttelt wurde, ist auch ein gutes halbes Jahrhundert später noch präsent; man könnte ihn zu einem Grundmotiv jedenfalls auf Schweizer Seite stilisieren, wo es diese oder ähnliche Formeln fast durchgängig gegeben hat, und man mag versucht sein, die Persistenz dieses Motivs mit dem gepflegten *understatement* in Verbindung zu setzen, das in Basels besseren Kreisen traditionell zum guten Ton gehört. Doch liegt die Vermutung nahe, dass es sich um eine weit verbreitete Denkfigur handelt, die sich vielerorts finden lässt, wo technische Großprojekte oder Infrastrukturmaßnahmen mit überregionalem Bezug zu einem erheblichen Wandel lokaler Gegebenheiten führen. Eine vergleichende Untersuchung mit anderen Projekten, um den Stellenwert des Motivs genauer zu taxieren, ist hier nicht notwendig, um zumindest einen weiteren Bedeutungsgehalt in dem Motiv auszumachen: Gerade in der letzten zitierten Form geht es bei dem „Größenwahn" offenbar vor allem um den Abstand zur lokalen Bevölkerung, um den als mangelhaft empfundenen Einbezug, den „Einklang" mit den Bewohnern der Region. Dieser sowohl prozedurale, als auch substanzielle Aspekt der Kritik an der Flughafenentwicklung lässt sich auch in einigen der früher aufgeführten Zitate dingfest machen, in der Formel vom akzeptablen „Regionalflughafen" wie in der Klage, dass beim Ausbau der 1990er Jahre „nur von Wirtschaft und Arbeitsplätzen die Rede" war.

Der Maßstab des Bedarfs ist damit hinreichend konturiert. Die der Flughafenentwicklung immer wieder neu zugrunde gelegten Annahmen einer ökonomisch wünschenswerten, ja sogar notwendigen Expansion, die Vorstellung, dass der Flughafen einer Region zwar zu klein, eigentlich aber nie zu groß sein kann – eine Vorstellung, die sich im Übrigen auf andere Bereiche der Infrastruktur ausdehnen lässt –, schließlich die Überzeugung, dass in diesem Sinne Vorleistungen in Höhe von mehreren hundert Millionen Euro durch sehr unscharfe regionalpolitische Ziele oder eine methodisch kaum belegbare Zahl von Arbeitsplätzen hinreichend gerechtfertigt seien: diese Annahmen, Vorstellungen und Überzeugungen kollidieren hier erkennbar mit den lebensweltlichen Prioritäten vieler Bewohner und Bewohnerinnen, vor allem in der unmittelbaren Umgebung. Ein Vergleich mit dem Maßstab der Gefahr verdeutlicht jedoch, dass es in punkto ‚Bedarf' nur zarte Ansätze zur Bildung wirksamer „story lines" (Hajer 1995) im Sinne der Fluglärmkritik gibt. Zwar steht oder besser stand die Funktion eines „Verschiebebahnhofs", des von der Crossair betriebenen Euro-Hub, weithin in der Diskussion. Auch wird von den Fluglärmengagierten nach wie vor auf die „Bedürfnisse der Region" rekurriert, wie in der trinationalen Resolution aus dem Jahre 2001. Generelle Zweifel am Wachstumskonzept, wie sie in der Debatte der 1970er und 1980er Jahre verschiedentlich und jedenfalls in Teilen erfolgreich vertreten wurden, sind jedoch kaum mehr erkennbar. Ebenso fehlen politische Kräfte, die willens und in der Lage wären, die ökonomisch orientierten Teildebatten etwa im Blick auf das regionale System der Flughäfen zu rationalisieren.[17] Die Fluglärm-Engagierten haben

---

17 Der Abzug verschiedener NATO-Kontingente im Oberrheintal hat im Laufe der 1990er Jahre erhebliche Phantasien und Planungsenergien im Bezug auf eine Vermehrung der Flughäfen in der Region freigesetzt (vgl. *Dreiland-Zeitung*, 08. Sept. 1994); dabei hat sich eine Konkurrenz zwischen neuen Projekten (u.a. in Lahr und Söllingen) und den bestehenden Flughäfen (Strasbourg-Entzheim, Karlsruhe-Forchheim, Baden-Baden-Oos, Freiburg sowie nicht zuletzt Basel-Mulhouse) ergeben, bei der einerseits die sogenannten Billigflieger eine wichtige Rolle spielen, andererseits die (inkonsistenten) politischen Einflussnahmen auf allen Ebenen. So hat etwa die Landesregierung Baden-Württembergs mit anliegenden Kommunen 2003 eine Rah-

es in jüngster Zeit offenbar kaum mehr vermocht, hier ihre Deutungen zu entwickeln und durchzusetzen, wobei der emotional aufgeladene Niedergang der Swissair (bzw. Swiss International Airlines) vermutlich ebenso eine hinderliche Rolle gespielt hat, wie der konjunkturelle Einbruch im Jahr 2001, der der Frage der Arbeitsplätze jedenfalls in der unmittelbaren Umgebung des Flughafens ein Gewicht verliehen hat, das fast jedes diesbezügliche Argument heute defensiv beginnen lässt.

Die wenigen Versuche, Fragen des Fluglärms über ökonomische Verbindungen mit großräumig strukturierten Themen der Lebensqualität in der Region zu verknüpfen, etwa mit dem touristischen Potenzial des Naturparks Südschwarzwald, sind eher hausgemacht und bisher kaum in der breiteren Diskussion. Die weiteren Gründe, warum der Maßstab des Bedarfs sich derzeit fragmentiert präsentiert und politisch vergleichsweise wenig Bedeutung erlangt, sind in der Art und Weise zu finden, wie die Region bzw. die Teilregionen argumentativ in größere, nationenbezogene Diskurse eingebunden werden. Darum geht es im folgenden Kapitel; sowohl der Maßstab der Gefahren, als auch der Maßstab des Bedarfs werden dabei erneut zur Sprache kommen.

Nation – der Lärm an der Grenze

Es ist eingangs dieses Kapitels bereits angedeutet worden, dass die Nation bzw. der ‚Maßstab der Nation‘ als eine Art synthetisches Moment in mehreren Teildiskursen des Feldes fungiert. Der Bezug auf die Nation, die Unterscheidung nach unterschiedlichen nationalen Zugehörigkeiten und Lagen (und in minderem Maße nach bestimmten Regionen) zieht sich durch fast alle bisher dargelegten Argumentationen hindurch. Entsprechend wird dies bereits zu einem frühen Zeitpunkt sicht- und hörbar, wenn man sich in das Feld der Untersuchung begibt. Im methodischen Abschnitt wurde erörtert, welche Konsequenzen sich daraus für das Vorgehen bei der Untersuchung ergeben, um so weit wie möglich zu vermeiden, dass die nationale Dimension schon in der Anlage der Studie reproduziert bzw. vorausgesetzt wird, sei es durch die entsprechende Vorstrukturierung der Grundgesamtheit der Befragten, sei es durch sprachliche oder inhaltliche Vorgaben in den Gesprächen (vgl. Kap. 3).

---

menvereinbarung zur ‚Rettung‘ des ‚Baden-Airpark Söllingen‘ unterzeichnet, nach der in den kommenden Jahren (weitere) 114 Millionen Euro in den betreffenden Flughafen investiert werden sollen. Im selben Jahr begann hier *Ryanair* zu starten, die dem Flughafen Strasbourg abgeworben worden waren und zwischenzeitlich auch in Basel im Gespräch – wo heute der Konkurrent *easyjet* agiert. Dem Flughafen Lahr, einem weiteren aufstrebenden Konkurrenten in der Region, war die Aufnahme des Passagierverkehrs zuvor untersagt worden, da, in den Worten des Karlsruher Oberbürgermeisters, „ein ruinöser Wettbewerb für uns nicht in Frage kommt" (vgl. *Badische Zeitung*, 22. Feb. 2003, 01. Aug. 2003 [für das Zitat] sowie 27., 28. u. 29. Aug. 2003). Seit 2006 fliegen aber auch in Lahr zumindest einige Passagiere ein, die von dort aus direkt an den Vergnügungspark (‚Europapark‘) in Rust gebracht werden.

Auf einer allgemeinen Ebene lässt sich die Formulierung von Problemlagen in
nationalen Termini gut mit dem folgenden kurzen Zitat illustrieren, das aus einem
Interview mit einem Vertreter eines überregionalen Umweltverbandes herrührt,
der selbst aus dem Elsass stammt, nun aber in Deutschland lebt und arbeitet:

```
Die Geschichte ist so kompliziert natürlich, dass man ein
bisschen mehr Zeit braucht um dahinterzukommen. [...] Der
Flughafen heißt Basel-Mulhouse. Die Leitung ist eine
schweizerische Leitung und der Flughafen befindet sich auf
französischem Boden, und das ist das Problem. Weil natür-
lich wirtschaftlich ist dieser Flughafen sehr interessant,
überspitzt für Basel, aber auch für die ganze Region, für
Freiburg, Müllheim, Basel, eminent wichtig. Die Schweiz
bzw. Basel möchte gern davon profitieren, aber Lärm und
Verschmutzung, Umweltverschmutzung wollen sie nicht haben,
weil die Bevölkerung ja natürlich daran nicht interessiert
ist, ja. Und das ist das Problem. (Xm, Z. 7-16)
```

In dieser Passage, die ganz am Anfang des Interviews steht, wird „das Problem"
zunächst kurzerhand auf den Nenner gebracht, dass die Flughafenleitung de facto
schweizerisch sei, der Flughafen jedoch auf französischem Boden. Im zweiten
Anlauf, der wortgleich endet, – „und das ist das Problem" –, wird der Gegensatz
spezifischer ausgeführt. Die Schweiz bzw. Basel profitiere ökonomisch, deren
Bevölkerung sei jedoch „nicht interessiert" an Lärm und Verschmutzung. Das
Argument ist offensichtlich etwas holprig. Zunächst ist ganz unklar, worin „das
Problem" überhaupt besteht. Im weiteren Verlauf müssen dann eine Reihe von
Gleichsetzungen und Verschiebungen vorgenommen werden: zwischen der Region und Basel, zwischen Basel und der Schweiz, zwischen Basel und „der Bevölkerung", zwischen der Bevölkerung der Region und der Bevölkerung Basels,
und letztlich zwischen dem nicht vorhandenen Interesse „der Bevölkerung" an
Umweltbeeinträchtigungen und der nationalen Zugehörigkeit der Flughafenleitung. Dabei entstehen Leerstellen, Verzerrungen und Vereinfachungen, die hier
nicht gleich im Einzelnen analysiert werden sollen. Sie führen an dieser Stelle nur
schon einmal exemplarisch und in allgemeiner Form vor, was wir im Folgenden
ausführlicher zu behandeln haben.

Zunächst begegnet uns vielfach ein Motiv, das sich als „nationale Lärmver-
schiebung" zusammenfassen lässt. Sehr häufig findet sich diese Deutung in Zusammenhang mit den neuen Flugverfahren, insbesondere mit der ELBEG-Kurve
(s.o.), sowie mit der neuen Ost-West-Piste (26). So argumentiert etwa eine junge,
berufstätige Mutter aus einem Neubaugebiet, das von der verstärkten Nutzung der
Ost-West-Piste direkt betroffen ist:

```
Bourgfelden a du bruit aussi, mais la grande partie de
Saint-Louis est de l'autre côté, alors ils n'ont pas de
bruit. Et Huningue est encore plus bas [...]. Par contre,
maintenant ils ont rallongé l'autre piste, la nouvelle
[p,1]
(MF:) Est-Ouest.
        ⌐Voilà⌐, et donc maintenant les avions atterris-
```

```
sent comme ça et décollent vers là [(zeigt Richtung O)].
Qui fait que tous les villages qui sont ici, comme Rans-
pach, Michelbach [?,1], ont également plus de bruit. Parce-
que nous, on est molesté [en tout cas?], mais ils les font
partir comme ça [(zeichnet mit den Händen eine Kurve)] au
lieu d'aller tout droit, pour que les Suisses n'aient pas
de bruit. Donc de toute façon, c'est du déplacement de
bruit, mais toujours encore en France. (Iw, Z. 137-146)[18]
```

Die Sequenz beginnt zunächst mit der unterschiedlichen Betroffenheit verschiedener französischer Orte im Süden und Südosten des Flughafens und schwenkt im zweiten Teil in die Polarisierung ein zwischen „den Schweizern", die vom Flughafen gezielt verschont würden, und den französischen Orten, zwischen denen der Lärm verlagert werde. Der Grund für die Routenführung wird auch an anderer Stelle dieses Gesprächs ganz in Begriffen der nationalen Zugehörigkeit der Betroffenen formuliert. Eine längere Fassung des folgenden Zitats wurde oben mit anderem Erkenntnisinteresse bereits aufgeführt, als es um die Einführung der ELBEG-Kurve im Mai 2000 ging; hier geht es nun um die Gesamtdeutung, den Grund für „das alles" (tout ça), am Ende der Passage:

```
[Avant,] pour les avions qui partaient vers le Sud, les dé-
collages se faisaient direct vers le Sud. Maintenant, [...]
à peine ils ont décollé, ils virent à droite, ils vont jus-
qu'à Mulhouse, [...] et après ils repiquent vers le Sud,
quand ils sont déjà bien haut. Tout ça pour que nos copains
suisses là ne soient pas incommodés. (Iw, Z. 43-53)[19]
```

Es ist dabei zunächst gar nicht entscheidend, wie es im Einzelnen um den empirischen Gehalt dieser Aussage steht, d.h. ob es zutrifft, dass a) durch die neue Flugregelung insgesamt weniger Schweizer vom Fluglärm betroffen werden bzw. die Gruppe der Schweizer weniger stark betroffen würde und b), dass dies auch das eigentliche Motiv der Flughafenleitung bzw. der mitbeteiligten Flugsicherungsbehörden für die Änderung war, was zugleich unterstellt wird. Jedenfalls gibt es, was den ersten Teil des Arguments betrifft, *auch* Schweizerinnen und Schweizer, die durch die ELBEG-Kurve in stärkerem Maße als zuvor betroffen werden, leicht erkennbar vor allem im Raum Allschwil, dessen Bewohner ebenso von einer Erhöhung der sogenannten Direktstarts profitieren würden. Diese simple Erkenntnis

---

18 Bourgfelden hat auch Lärm, aber der Großteil von Saint-Louis ist auf der anderen Seite, also haben die keinen Lärm; und Huningue ist noch weiter unten. Allerdings haben sie jetzt die andere Piste verlängert, die neue // MF: Ost-West // Genau, und so landen die Flugzeuge jetzt so rum und starten so [(zeigt)]. Was dazu führt, das all die Dörfer die hier sind, wie Ranspach, Michelbach, auch Lärm haben. Denn wir, wir werden immer belästigt, aber sie lassen sie jetzt so starten [(zeigt Kurve)] anstatt geradeaus zu fliegen, damit die Schweizer keinen Lärm haben. Also in jedem Fall ist das eine Lärmverlagerung, aber immer noch innerhalb Frankreichs.

19 Früher machten die Flugzeuge, die Richtung Süden flogen, auch ihre Starts direkt in Richtung Süden. Jetzt, kaum haben sie abgehoben, gehen sie bis nach Mulhouse, und dann stechen sie zurück nach Süden, wenn sie schon gute Höhe haben. All das, damit unsere Schweizer Kollegen nicht belästigt werden.

reicht schon aus, um die Subsumption zu erkennen, um die es hier geht. Sie lässt sich einstweilen neutral als Vereinfachung fassen, als eine Komplexitätsreduktion, deren weitere Folgen zu betrachten bleiben.

Eine ähnliche zusammenfassende Gegenüberstellung von Schweizern und Franzosen, oder der Schweiz und Frankreich findet sich insgesamt in vielen Äußerungen, und besonders häufig dort, wo es um die Festlegung der Flugrouten bzw. die Auslastungsänderung bestehender Strecken geht. Das folgende Zitat stammt von einem gewählten Repräsentanten einer französischen Kommune, der sich über viel Jahre um das Thema Fluglärm gekümmert hat:

```
Bon, le truc paradoxal dans l'histoire c'est que c'est un
aéroport binational, qui est surtout utilisé par les Suis-
ses puisque 70 pourcent des avions qui décollent sont des
avions suisses, mais comme il est sur sol français, les Su-
isses peuvent interdire le survol de leur pays. Donc, vous
avez des avions suisses qui décollent de l'aéroport suisse
et qui [ne] peuvent pas survoler la Suisse. Et la France,
la DGAC [Direction générale de l'aviation civile] française
ne peut rien imposer. Il faut qu'ils discutent, il faut que
les Suisses soient d'accord, ce qui est, pour moi, c'est un
paradoxe total.
(MF:)              On a les mêmes discussions à Zurich.
                                                        C'est
absolument fou. Mais à Zurich, ils sont en Suisse. Mais
chez nous, ils sont chez nous. Et nous, on peut rien leur
imposer. Vous, vous pouvez dire: ne survolez plus l'Alle-
magne, mais nous, on [ne] peut rien dire puisque l'aéroport
est en France. (IIm, Z. 96-107)[20]
```

Auch an dieser Passage soll vorderhand nicht der Wahrheitsgehalt der Behauptungen zur Debatte stehen. Entscheidend ist für die vorliegende Betrachtung wiederum, dass die vermeintlichen nationalen Zuständigkeiten in den Vordergrund gerückt werden, dass nationale Kriterien für die Flugroutenbelegung bemüht werden, hier sogar in Gestalt der Zugehörigkeit der Flugzeuge zu bestimmten Fluglinien, und dass schließlich auch bei dem Vergleich mit Zürich bejahend auf die Funktion der nationalen Grenze als Bruchlinie der Verteilung von Auslastungen Bezug genommen wird. „Mais chez nous, ils sont chez nous" – hier sind sie schließlich immer noch in Frankreich, ein Satz, der das weit verbreitete Gefühl

---

20 Gut, das paradoxe Ding an der Geschichte ist, dass das ein binationaler Flughafen ist, der vor allem von den Schweizern benutzt wird, denn 70 Prozent der Flugzeuge, die da abheben sind schweizerische Flugzeuge, aber weil er auf französischem Boden ist, können die Schweizer das Überfliegen ihres Landes verbieten. Also haben Sie schweizerische Flugzeuge, die von einem schweizerischen Flughafen abfliegen, aber die Schweiz nicht überfliegen können. Und Frankreich, die DGAC kann ihnen nichts aufzwingen. Frankreich muss diskutieren, die Schweizer müssen einverstanden sein, was für mich ein totales Paradox ist. // MF: Es gibt dieselben Diskussionen in Zürich. // Das ist absolut verrückt. Aber in Zürich, da sind sie in der Schweiz. Aber bei uns, das sind sie bei uns. Und wir, wir können ihnen nichts aufzwingen. Ihr, ihr könnt sagen: Fliegt nicht über Deutschland, aber wir, wir können nichts sagen, weil der Flughafen in Frankreich ist.

zum Ausdruck bringt, dass die ‚Entscheider' fremde, von außen kommende Eindringlinge sind. „Absolut verrückt", „totales Paradox": die starken Formulierungen lassen etwas von dem Druck erahnen, der hinter diesen Aussagen steht.

Die verschiedenen Spielarten der nationalen Deutungsvariante sind jedoch keineswegs auf die elsässische, oder hier besser französische Seite beschränkt. Nehmen wir beispielsweise ein Zitat einer Bewohnerin aus dem Markgräfler Land. Dabei geht es noch einmal um die Frage des Bedarfs, der sowohl individuell als auch regional thematisiert wird; der Anfang dieser Passage ist weiter oben bereits vorgestellt worden. Die an ihrem Wohnsitz berufstätige Bewohnerin des Markgräfler Landes hatte in ihrer Darstellung der Lärmprobleme erwähnt, dass ihr die Nachbarn, die sie nach der Störung befragte, entgegenhielten, sie, die Nachbarn, flögen ja nicht, ein Hinweis auf die Verstrickungen, mit denen es viele Fluglärmkritiker zu tun haben:

```
Also mein Mann muss ja geschäftlich auch mal fliegen [...]
Da sagen die Leut' vom Dorf: I flieg net, Ihr seid's doch
die flieget. [...] Aber wir sind ja [auch] nicht grundsätz-
lich gegen diesen Flughafen. Aber wenn der die regionalen
Bedürfnisse befriedigt, dann ist das in Ordnung, und dann
wär man auch bereit, einen Teil hier zu tragen. Aber hier
sind es immerhin sechzig Prozent der Landungen über deut-
sches Gebiet und das steht in keinem Verhältnis. (IVw, Z.
76-84)
```

Die eigene Nutzung des Flughafens (bzw. hier die durch den Ehemann) wird in den Interviews mehrfach erwähnt und als *regionales* Bedürfnis legitimiert, wie wir dies bereits kennengelernt haben. An dieser Stelle wird daran jedoch in einem zweiten Schritt ein Verteilungsmodell gekoppelt, das sich an den nationalen Anteilen an der Nutzung orientiert. Die Flugroutenauslastung, und mit ihr die Lärmverteilung, sollte sich demnach an den Mengenverhältnissen orientieren, die sich aus der nationalen Zugehörigkeit der Flugpassagiere ergeben. Es versteht sich, dass dabei nur die Zugehörigkeiten zu den drei „Anrainerstaaten" Schweiz, Frankreich und Deutschland zu berücksichtigen sind, denn jeder weitere Einbezug führte zu offensichtlich bizarren und nicht zu realisierenden Ergebnissen. In einer Internet-Stellungnahme der Bürgerinitiative Südbadischer Flughafenanrainer (BISF) findet sich dieser Gedankengang noch weiter ausgeführt:

„Es wird bei den deutschen Passagieren, die den Flughafen nutzen, auch nicht ausgewiesen, wie viele der Passagiere tatsächlich aus unserer Region und wie viel aus dem Verfahren Euro-Cross stammen. Euro-Cross ist eine Erfindung des Crossairchefs und besagt, dass Passagiere aus ganz Europa, also auch aus Deutschland, nach Basel geflogen werden, um von dort aus mit geringeren Verspätungen und zu Dumpingpreisen an andere Destinationen weiter befördert zu werden. (...) Wir wissen effektiv nicht, wie viele deutsche Passagiere insgesamt und regionalspezifisch den Flughafen nutzen. (...) Aber *was soll dieser Zahlenpoker* überhaupt? Noch einmal, wir haben vom Flughafen Basel-Mulhouse nur den Nutzen, dass wir gelegentlich von dort fliegen und hiesige Unternehmen Fracht versenden können. Basta!" (www.eapflug-laerm.de/bi-chauv.html v. 22.11.01, Hv. im Orig. fett und unterstrichen)

Hier findet sich der Hinweis darauf, dass auch der Flughafen seit einigen Jahren verschiedene Daten (Herkunft der Passagiere, Fluglinienanteile, Arbeitsplätze u.a.) in seinen Berichten immer wieder nach nationalen Kategorien ausweist, ebenfalls in der Regel beschränkt auf die drei Nationen Frankreich, Schweiz und Deutschland und offenbar in dem Bemühen, den (weitgehend informell) trinationalen Charakter des Flughafens zu unterstreichen. Der Abstand, der zu diesen Rechnungen von der Initiative in Form einer Frage eingenommen wird – „Aber was soll dieser Zahlenpoker überhaupt?" – ist bestenfalls halbherzig. Denn nicht nur werden zuvor diese Kategorisierungen argumentativ genutzt, auch das unmittelbar nachfolgende „wir" lässt noch anklingen, dass es nicht um die Bewohner und Bewohnerinnen der Region schlechthin geht, sondern vor allem um diejenigen deutscher Nationalität. Das wird wenig später im selben Text noch einmal deutlich:

> „Wir sollen uns das Recht, als Kunden des Flughafens Basel-Mulhouse fliegen zu dürfen, durch Opfer erwirken bzw. für die Zukunft absichern. Im Ernst, da stimmt doch etwas im Verhältnis von schweizerisch-französischen Anbietern und deutschen Kunden nicht. Im Klartext: Wir erhalten per Almosenregelung bzw. als Ausgleich für die Fluglärmentsorgung den Vorzug[,] von Basel-Mulhouse fliegen zu dürfen. Oder wie oder was?" (ebd.)

Die „Fluglärmentsorgung", von der hier die Rede ist, im Sinne einer illegitimen Verschiebung von Flugbewegungen im Start- und Landebereich eines Flughafens in das Gebiet eines angrenzenden Landes, wurde in den letzten Jahren vor allem mit Bezug auf den Flughafen Zürich ausgiebig diskutiert.[21] Hierauf wird in den Gesprächen vielfach Bezug genommen, und dabei werden zum Teil auch spezifische Bilder übertragen, die im Zusammenhang der Zürcher Debatten Durchschlagskraft entwickelt haben. Ein wiederkehrendes Motiv ist dabei die sogenannte „Goldküste", die reiche Villengegend am östlichen Ufer des Zürichsees:

```
Die [Schweizer] sind sowas von arrogant, also da denk ich
oft, die Deutschen könnten sich das gar nicht erlauben.
Also, auch wie die Zürcher, die sagen: Unsere teuren Grund-
stücke! Bei denen klickert's ja gleich, die rechnen ja
gleich runter, den Wertverlust. [...] Und wenn man das hier
zu den Leuten sagt: Hey, ihr habt hier Grundstücke, wenn
sich das einbürgert, dann habt ihr einen enormen Wertver-
lust, dann gucken die einen an und sagen: Ja, da hab ich ja
noch gar nicht dran gedacht! Also, das ist schon eine be-
ängstigende Naivität da.
(MF:)                    Der Wertverlust wär' dann so hoch?
Jaja, für die Goldküste. Zu den Wertverlusten sagen sie,
das wär ja auch net so schlimm, aber wenn's dann über ihre
Köpfe geht, dann ist es untragbar. Es ist eigentlich gar
nicht nachvollziehbar, wie man so einen Standpunkt nachhal-
tig vertreten kann.(IVw, Z. 634-646)
```

---

21 Nach der Ablehnung des ausgehandelten Luftverkehrsabkommens durch das schweizerische Parlament hat eine deutsche Verordnung mit Wirkung zum 17. April 2003 einseitige Maßnahmen in Kraft gesetzt; die Verhandlungen dauern bis heute an (*NZZ online* 31. Okt. 06).

Die „Goldküste" kommt in diesem Zitat etwas überraschend, denn gerade war ja vom Wertverlust im Markgräfler Land die Rede und darauf zielte auch die Nachfrage ab. So schimmert im zweiten Teil der Passage, die mit der Goldküste beginnt, auch die eigene Lage wieder durch. Die „Arroganz" der reichen Schweizer, von der eingangs die Rede ist, scheint es diesen „zu erlauben", etwas zu formulieren, was sich nicht gehört, nämlich den Wert ihrer Grundstücke als Argument für einen geringere Zuteilung von Fluglärm zu bemühen, also aus dem Vorhandensein eines gesellschaftlichen Privilegs den Anspruch auf weitere Privilegien abzuleiten. Auf den Sprechakt bezogen bietet sich eine andere Schlussfolgerung an. Hier sieht es vielmehr so aus, dass die Mobilisierung des *Bildes* von den arroganten Schweizern bzw. von der Züricher „Goldküste" es „erlaubt", die riskanten eigenen Bedenken zu formulieren. Denn die zuletzt genannte Position, dass der Wertverlust an sich nicht so schlimm sei, nicht hinnehmbar dagegen, wenn es über die eigenen „Köpfe" geht, ist der Argumentation der Interviewperson mindestens so nah wie derjenigen, die einige Lobbyverbände aus dem Züricher Süden vertreten.[22]

Auch die folgende Interviewpassage setzt die an den nationalen Grenzen orientierte Debatte um die Fluglärmverteilung zum Topos der „Goldküste" in Bezug. Sie ist dem Gespräch mit einem Basler Arzt entnommen ist, der sich seit vielen Jahren in Fragen des Fluglärms engagiert. Hier wird mit dem Bild jedoch insofern reflektiert verfahren, als diese Rahmung des Konflikts kritisch hinterfragt und letztlich durch eine differenzierte Betrachtung abgelöst wird:

```
Es ist leider so, dass die Interessen nicht ganz dieselben
sind und das wird ausgenützt vom Flughafen, wenn sie zum
Beispiel die Starts und Landungen etwas anders regeln, dann
können sie die eine Gemeinde entlasten und die andere be-
lasten. Die gleiche Situation haben wir jetzt auch in Zü-
rich, als Folge des bevorstehenden Abkommens mit Deutsch-
land, dass die nicht alle übers deutsche Gebiet landen dür-
fen. Also, Kloten ist ungefähr dreizehn Kilometer von der
Landesgrenze weg, nicht, Hohentengen ist Ihnen vielleicht
ein Begriff.
(MF:)         Jaja.
              Und diese Orte bekommen jetzt sehr viel
mit an schweizerischem Fluglärm und eben, und jetzt plötz-
lich müssen die sogenannte Goldküste, das sind die reichen
Gemeinden am rechten Zürichsee-Ufer, die bekommen jetzt
plötzlich Fluglärm, weil über Hohentengen nun weniger ist.
Und die haben bereits eine 'Aktionsgemeinschaft Goldküste'
gegründet.
(MF:)     Die heißt wirklich so?
                        Jaja. Die sagen: wir haben
so viel Steuern gezahlt und riesige Villen hierher gebaut
und das kann einfach nicht sein, dass man uns jetzt Flug-
```

---

22 Eine generelle Darstellung dieser Position findet sich auf der Internetseite des Vereins Flugschneise Süd Nein (VFSN) (http://www.vfsn.ch), spezifischer mit Bezug zu den Wertverlusten die Schweizer Wochenzeitung *Cash* vom 25. Aug. 2000.

```
lärm zumutet. Demgegenüber sind wir, wir sprechen von der
demokratischen Verteilung des Lärms, nicht. Also, wenn
schon, dann sollen alle etwas abbekommen, nicht wahr?
(MF:)                                                    Und
demokratische Verteilung heißt in dem Fall nach Zahl der
Betroffenen?
        Ja, es sollen nicht einzelne Gebiete mit guten
Steuerzahlern total ausgespart bleiben, sondern es sollen
alle etwas abbekommen, [...] Natürlich muss man sehen, wie
das flugtechnisch ist. Aber wenn das flugtechnisch möglich
ist, dann soll, wie in Zürich jetzt, nicht nur eine Zone
belastet werden. (IXm, Z. 177-201)
```

Hier wird ein dezidiertes Gegenmodell gegen die Verteilung nach einem Nationenproporz entworfen, das Modell einer „demokratischen Verteilung" des Fluglärms, wobei offen gelassen ist, ob dabei streng nach der Zahl der betroffenen Bevölkerung zu verfahren wäre, wie die Zwischenfrage suggeriert, oder nach Gebieten (Zonen, Gemeinden), die jedenfalls unabhängig von ihrer ökonomischen Stellung zu behandeln wären.

Ein letztes Zitat, das die Fälle Basel und Zürich parallelisiert, eröffnet noch zwei weitere Dimensionen. Wiederum ausgehend von der Frage der Flugrouten wird hier, was häufig geschieht, die Schweiz nicht Frankreich, sondern dem Elsass gegenüber gestellt. Im zweiten Teil wird dann die politische Stellung der Regionen in Frankreich kurz mit derjenigen in Deutschland kontrastiert:

```
Distribuer uniformement le bruit: Ça c[e n]'est pas pos-
sible théoriquement puisque l'aéroport a un axe Nord-Sud et
puis un petit axe Est-Ouest donc l'axe Nord-Sud on peut pas
répartir ça, ils sont forcément [...] sur la piste au
départ et ensuite ils sont à cent mètres, à deux cents
mètres, à trois cents mètres. Et ils survolent forcément la
France à basse altitude, donc avec une nuisance maximum.
Alors la moindre des choses qu'il faut réaliser, à mon
avis, pas seulement exiger, c'est qu'à cette partie on es-
saie de réduire au maximum ce bruit là. Donc ces décollages
en ligne droite permettraient d'avoir une altitude maximum
et donc un bruit réduit au minimum et ensuite, si on veut
faire participer un peu la Suisse, il faut forcément allon-
ger ces courbes un peu sur la Suisse, pourque le reste de
l'Alsace soit survolé à plus haute altitude. Et ça, bon,
évidemment la Suisse est contre, comme elle est contre à
être survolée à Zurich. C'est le même combat là-bas. Bon,
mais je crois que vous en Allemagne vous êtes quand même un
peu plus liés pour combattre. [...] [Et] puis le phénomène
qu'il y a même une administration régionale chez vous qui
est puissante, c'est un Land, alors que chez nous dans la
région c[e n]'est pas encore très efficace. (VIIm, Z. 374-
397)[23]
```

---

23 Den Lärm gleichmäßig verteilen: Das ist schon theoretisch nicht möglich, weil der Flughafen
    eine Nord-Süd-Achse hat und eine kleine Ost-West-Achse, da können Sie die Nord-Süd-

Die Stellung der Region im Verhältnis zur Nation ist ein Thema, dass die Fluglärmengagierten in sehr unterschiedlichem Maße beschäftigt. Unter den in der Schweiz wohnhaften Interviewpartnern und -partnerinnen wurde die Stellung der Basler Halbkantone innerhalb der Schweiz kaum problematisiert, wenn auch vereinzelt „Berner" Institutionen wie das Bundesamt für Zivilluftfahrt (BAZL) kritisiert wurden und der Bezug zu den anderen Landesflughäfen Genf und Zürich häufig vorkam. Unter den in Deutschland ansässigen Interviewpartnern gab es vereinzelte, zum Teil heftige Kritik an überregionalen oder nationalen Institutionen, vor allem aus dem ländlichen Bereich des Markgräfler Landes an den Städten Lörrach und Weil, die sich im Schatten Basels zu schützen wüssten, an der „Freiburger Politik" (Bürgermeister, Regierungspräsidium), die vom Flughafen nur „profitieren" wolle, ohne die Kosten zu tragen, und an der „fatalen Entscheidung" der Bundesregierung, „die Luftraumkontrolle ohne Vorgaben [an Frankreich] abzugeben" (http://www.eap-fluglaerm.de v. 22. Nov. 01). Doch insgesamt hielt sich auch hier der Bezug zur Region in Maßen, spielten Landkreis und Bundesland in den Erwägungen und Argumentationen der Fluglärmgegner eine untergeordnete Rolle und jedenfalls wurden die Probleme der Etablierung einer wirkungsvollen Position in den Auseinandersetzungen kaum mit der größeren regionalen Zugehörigkeit in Verbindung gebracht.

Ganz anders bei den in Frankreich ansässigen Fluglärmgegnern. Hier spielte der Bezug zum Elsass eine ganz erhebliche Rolle, eine oftmals problematische Rolle, die eng mit der eigenen Position in den Fluglärmkonflikten verknüpft wurde. Nicht selten erweckten die Darstellungen den Eindruck, dass die Bewohner des Elsass mit ihren Anliegen zwei Nationen gegenüberstehen, der Schweiz, die reich und mächtig ihre Interessen vertritt, und Frankreich (‚Paris'), dass die Seinen aus der Ferne verwaltet ohne sich um ihre Anliegen zu kümmern. Zunächst wird häufig beklagt, dass die Verwaltung einen zu großen Abstand zu den Problemen vor Ort habe, und die Kommunalpolitik über die Steuereinnahmen zu eng mit den wirtschaftlichen Effekten des Flughafens verquickt sei:

```
Le préfet c'est un Corse, ou un qui a fait l'école natio-
nale d'administration ou qui est polytechnicien. Ensuite
les politiques qui le représentent à l'aéroport, c'est le
```

Achse nicht verteilen, die sind zwangsläufig am Anfang auf der Piste und dann sind sie hundert Meter [hoch], zweihundert Meter, dreihundert Meter. Und sie überfliegen zwangsläufig Frankreich in niedriger Höhe, also mit maximaler Belästigung. Also wäre es das wenigste, was realisiert werden müsste, nicht nur gefordert werden müsste, meiner Meinung nach, dass man versucht den Lärm auf diesem Abschnitt maximal zu reduzieren. D.h. diese Direktstarts erlaubten es eben, eine maximale Höhe zu haben und dadurch einen aufs Minimum reduzierten Lärm, und dann, wenn man die Schweiz ein bisschen daran beteiligen will, dann muss man zwangsläufig diese Kurven ein bisschen auf die Schweiz ausdehnen, damit der Rest des Elsass' in größerer Höhe überflogen werden kann. Und das, gut, die Schweiz ist natürlich dagegen, genauso wie sie dagegen ist, in Zürich überflogen zu werden. Das ist derselbe Kampf dort. Gut, ich glaube, Sie in Deutschland stehen da etwas besser zusammen im Kampf. [...] Und dann das Phänomen, dass es bei Ihnen sogar eine regionale Verwaltung gibt, die mächtig ist, das ist ein *Land* (im Original deutsch), während bei uns in der Region noch nicht sehr viel zu machen ist.

```
Président du Conseil régional, qui est à Colmar ou je [ne]
sais pas où, qui ne connait pas de bruit, puis il y avait
le député maire de Mulhouse qui vit aussi trop loin, il au-
rait quand même pu intervenir avec rigueur mais c[e n]'
était pas le cas, et ensuite le dernier français du coin
c'était le maire de Saint-Louis qui dit, bon, je [ne] veux
pas dire qu'il [n']est jamais intervenu, mais il faut aussi
dire que c'est lui qui encaisse toute la taxe de l'aéro-
port. (VIIm, Z. 397-405)[24]
```

Der „korsische" Präfekt wurde mehrfach erwähnt, er steht symbolisch für den von
außen kommenden, an den lokalen Verhältnissen desinteressierten Technokraten,
der von ‚Paris' für begrenzte Zeit in der Provinz eingesetzt wird. An anderer
Stelle wird dieses Empfinden im selben Gespräch noch einmal kurz auf den Punkt
gebracht:

```
Les autorités françaises, bon, c'est un autre inconvénient
qu'on a, nous, en France. C'est que le Dieu français, il
est à Paris quoi [p,1] et nous, on est au bout du monde.
(VIIm, Z. 273-275)[25]
```

„Am Ende der Welt": hier schwingt einmal mehr die mangelnde Achtung oder
jedenfalls Beachtung durch, die sich schon in verschiedenen Passagen gezeigt hat
und die hier auf die Region bezogen wird. In einem anderen Gespräch kommt dies
mit Bezug zum Elsass noch expliziter zum Ausdruck. Der Lehrer, der selbst lange
in der Schweiz gelebt hat und dort heute noch arbeitet, greift dabei zunächst wieder das Bild vom Regionalflughafen auf:

```
Es wäre ja möglich, oder, wir sind ja ein Regionalflugha-
fen, es ist absolut möglich, diese Lage zu verbessern, aber
das muss man paritätisch machen. Gut, es ist ja klar, die
Elsässer, die reagieren, viele Elsässer, die arbeiten in
der Schweiz, dann kommen sie abends zurück, und finden,
dass die Schweizer ihnen den Dreck auch noch abladen hier
am Flughafen, also psychologisch ist das total falsch. Und
dann spricht man auch noch von Regio Basiliensis, auch
noch. Aber irgendwie haben die noch nicht begriffen, dass
sie fliegen könnten, auf eine gute Art, und wir sind be-
reit, Flüge zu haben über unsere Köpfe, das haben wir ja
immer gehabt, aber so wie jetzt nicht. (XVm, Z. 274-282)
```

---

24   Der Präfekt ist ein Korse, oder einer, der die ENA (frz. Verwaltungselite-Hochschule) absol-
        viert hat oder das Polytechnikum. Dann die Politiker, die ihn am Flughafen repräsentieren,
        das ist der Präsident des *Conseil régional*, der in Colmar sitzt oder ich weiß nicht wo, der kei-
        nen Lärm kennt, dann gab es den zweiten Bürgermeister von Mulhouse, der auch zu weit weg
        wohnt, der hätte wenigstens entschlossen intervenieren können, aber das war nicht der Fall;
        und schließlich der letzte Franzose aus der Ecke war der Bürgermeister von Saint-Louis der
        sagt, - gut, ich will nicht sagen, dass er nie eingegriffen hätte, aber man muss auch sagen,
        dass er derjenige ist, der die ganzen Steuern des Flughafens kassiert.

25   Die französischen Autoritäten, gut, das ist ein anderer Nachteil, mit dem wir zu tun haben, in
        Frankreich. Denn der französische Gott, der ist in Paris, und wir, wir sind am Ende der Welt.

Hier wird das Empfinden einer generellen Missachtung der Elsässer vor allem
‚den Schweizern' angelastet. Die Etikettierung dieser Situation als „psychologisch
falsch" ist kaum so zu verstehen, dass der Gesprächspartner der Schweizer Seite
eine geschicktere Strategie nahelegen möchte, „den Dreck abzuladen"; er verweist
damit wohl vielmehr beschreibend auf sich verstärkende negative Gefühle, die aus
der Überlagerung der ökonomischen Abhängigkeit mit dem Gefühl entstehen, bei
der ‚Entsorgung' der Wohlstandskosten nicht hinreichend vertreten und in der
Konsequenz benachteiligt zu werden. An anderer Stelle im selben Gespräch wird
dies noch einmal sehr nachdrücklich bekräftigt. Das im Folgenden wiedergege-
bene Zitat verdichtet dabei eine ganze Reihe von Themen, die einzeln jeweils
schon diskutiert wurden. Es zeigt damit auf beispielhafte Weise, wie die verschiedenen behandelten Sphären der Regulierung und der Bedeutung miteinander verwoben werden, wie die Themen ineinander greifen und schließlich zu größeren
politischen Argumenten führen können:

```
Wir sind wie Hégenheim mitten in dieser Kurve, und so kann
man Leute einfach nicht behandeln. [...] So kann man ein-
fach nicht mehr fliegen über die Häuser, weil eines schönen
Tages wird mal einer herunterkommen. Und das andere, das
muss einfach, die ELBEG-Kurve, die muss man lahmlegen, so
gut es geht, und Direktflüge wieder machen, damit die Flug-
zeuge in der Region wirklich so schnell wie möglich raus-
fliegen und so wenig wie möglich Lärm machen. Und dann sind
wir wieder okay, oder, mit der Situation! [p,1] Wir finden
einfach dass die Elsässer, wir nennen das: 'nous sommes une
poubelle, nous sommes la poubelle de la Suisse', und das
stimmt, oder? [p,1] Und die Schweiz hat ja wie Deutschland
einfach die Tendenz, oligarchisch sich zu verhalten und sie
haben ja jetzt gesehen mit Zürich, die unterschreiben ja
die Abkommen nicht.
(MF:)              Ja, man wird seh'n
                ⌐ Die Schweizer⌐, die machen Abkom-
men, und dann unterschreiben sie sie nicht, und dann geht's
wieder weiter. Und dann probieren sie's, und das muss auf-
hören. Die Schweizer müssen wissen, dass sie Europäer
sind.(XVm, Z. 412-429)
```

Das starke Bild des Mülleimers, des Elsass' als Mülleimer der Schweiz, bringt
wiederum Kategorien der Entwertung und der Nicht-Achtung ins Spiel, wie sie
schon verschiedentlich aufgezeigt wurden. Das „wir nennen das so", mit dem das
Bild des Mülleimers eingeführt wird, und der Wechsel ins Französische weisen
ein Zitat aus, das auf eine Vorgeschichte Bezug nimmt, und in der Tat ist diese
Aussage wohl nicht nur metaphorisch gemeint. Das elsässische Gebiet vor den
Toren Basels blickt auf eine lange und konfliktreiche Geschichte der Müllentsor-
gung zurück. Vor allem die Basler chemische Industrie hat hier über viele Jahre
alle erdenklichen legalen und semi-legalen Möglichkeiten genutzt, nachdem die
Entsorgung in den Rhein nicht mehr opportun war. Dieses Geschehen wurde erst
in jüngerer Zeit umfassend aufgearbeitet (Forter 2000), und seine Ergebnisse beschäftigen in Form von bedenklichen Altlasten eine ganze Reihe von Gemeinden

in unmittelbarer Umgebung des Flughafens, nicht ausschließlich, aber vor allem
auf elsässischer Seite. Auch heute noch kommen in den betroffenen Gemeinden
immer wieder neue Deponien zum Vorschein, so zuletzt im März 2007 auf einem
Acker nahe Hagenthal (*Basler Zeitung* vom 14.03.07).

Das Bild des Mülleimers, das von diesen Zusammenhängen inspiriert sein
mag, kommt noch in einer weiteren Interviewpassage vor. Der Ausgangspunkt
sind hier die Beschränkungen bzw. Nicht-Beschränkungen der Nachtflüge in Basel-Mulhouse, die wiederum mit Züricher Standards verglichen und in die Opposition Schweiz-Elsass eingeordnet werden. Im Zentrum des Zitats steht die Erzählung von einer aus dem Ausland zurückkehrenden Schweizer Fußballmannschaft,
eine Erzählung, die ich in leichter Abwandlung insgesamt dreimal zu hören bekam, womit sie sich auch hier ihren Platz verdient hat:

```
[Les Suisses] ont toujours su très bien se protéger. [...]
[Ici] il y a eu beaucoup, beaucoup plus de dérogations la
nuit. Même en pleine nuit il y en a eu à peu près dix fois
plus qu'à Zurich. A Zurich, il n'y a pratiquement aucun vol
commercial, la nuit. Quand il y a un mouvement de nuit,
c'est un mouvement de sauvetage. Ça vous [ne] pouvez pas
éviter. [...] Mais on [ne] comprend pas qu'en pleine nuit,
un appareil commercial, qui ramène une équipe de football,
par exemple, vous savez que l'équipe de Zurich, les Grass-
hoppers, il y a quelques années, quand ils sont revenus
d'un match à Auxerre en France, ils [n']ont pas eu le droit
d'atterrir à Zurich – c'est pourtant l'équipe de Zurich - à
atterrir à une heure du matin. Ils les ont fait atterrir à
Bâle-Mulhouse et ils ont du prendre le bus pour aller à Zu-
rich, ils [n']étaient pas contents, les joueurs. Mais c'est
un bon exemple, une petite anecdote pour vous dire, là-bas
on a refusé leur propre équipe de foot, parce-qu'on a dit à
une heure du matin vous allez faire du bruit en atterris-
sant, là-bas à Mulhouse il y a [pas de problème?]. Alors
qu'ils étaient de Zurich. C'est quand même, vous voyez, [p]
ça ce sont des choses qu'on a apprises après et qui nous
choquent, quand même. Il y a donc beaucoup plus de vols
commerciaux [la nuit], dix fois plus qu'à Zurich, alors
qu'à Zurich, il y a à peu près six fois plus de passagers
qu'à Bâle-Mulhouse. C'est beaucoup plus grand comme aéro-
port. Et pourtant, pourtant, à Bâle-Mulhouse on a longtemps
dit, c'est la poubelle de Zurich. Parce que tous les appa-
reils bruyants dont on [ne] voulait pas à Zurich, surtout
la nuit, ils pouvaient encore venir ici à Bâle-Mulhouse, où
c'était beaucoup moins contraignant. Et tout ça, c'était
pour l'Alsace et spécialement pour le Nord, à cause de
cette forêt [de la Hardt], et on croyait qu'il y avait que
des oiseaux qu'on dérangeait. (XIIw, Z. 420-451)[26]
```

---

26 Die Schweizer haben sich immer gut zu schützen gewusst. Hier gab es viel, viel mehr
    Ausnahmen nachts. Selbst mitten in der Nacht gab es hier davon fast zehnmal mehr als in Zü-
    rich. In Zürich gibt es nachts praktisch keine kommerziellen Flüge. Wenn es da mal eine

Der sachliche Kern dieser Aussage lässt sich leicht überprüfen. Tatsächlich war im Jahr 2001 die Zahl der nächtlichen Flugbewegungen in Basel, wenn man nur die (relativ) harte Sperrzeit von Mitternacht bis fünf Uhr morgens betrachtet, um mehr als den Faktor zehn größer als in Zürich.[27] Das Bild des „Mülleimers" ist hier so wenig ein reines Phantasieprodukt wie im Blick auf die Chemieabfälle. Die diskursive ‚Konstruktion', wie heute so gerne wie missverständlich gesagt wird, besteht in dem vorliegenden Gesprächsabschnitt vor allem darin, bestimmte Vergleichsparameter (die Schweizer, die Elsässer), eine überlieferte Geschichte (die zurückkehrenden Grasshoppers) und starke Bilder (der Mülleimer, die Vögel im Wald) in einer Weise zu verknüpfen, die letztlich eine ganz bestimmte Gesamtbedeutung aufweist, in eine spezifische Deutung mündet und diese dem Zuhörer nahelegt: „Und all das war für das Elsass", alles bekam das Elsass ab, besonders der Norden des Flughafengebiets, weil man uns hier nicht wahrnimmt, weil man denkt, hier lebten nur ein paar Vögel im Walde.

Wenden wir uns aber noch einmal den ‚nationalen' Deutungen zu, die in dem ersten „Mülleimer"-Zitat stärker hervorgetreten sind. Schon der Schluss jener kompakten Interviewpassage, die Berufung auf ein Europa der grenzüberschreitenden, demokratisch verwirklichten Standards deutet an, dass der Gesprächspartner nicht etwa nationalistisch in dem Sinne denkt, dass er die Angehörigen eines Nationalstaates in irgendeiner Weise von vornherein für besser oder überlegen hält, dass er für die Nation, in der er lebt, besondere Rechte reklamiert oder der-

---

Flugbewegung gibt, ist das ein Rettungsflug. Das kann man nicht vermeiden. [...] Aber was wir nicht verstehen ist, dass mitten in der Nacht ein kommerzieller Flug, der eine Fußballmannschaft zurückbringt, - zum Beispiel, wissen Sie, dass die Mannschaft von Zürich, die Grasshoppers, die sind vor einiegen Jahren einmal von eine Match in Auxerre zurückgekommen, da wurde ihnen das Recht zu landen in Zürich verweigert - es war immerhin die Mannschaft aus Zürich - das Recht um ein Uhr morgens zu landen. Da haben sie sie in Basel-Mulhouse landen lassen und sie mussten den Bus nach Zürich nehmen, das waren sie nicht zufrieden, die Spieler. Aber das ist ein gutes Beispiel, eine kleine Anekdote um Ihnen zu sagen, dort haben sie ihre eigene Fußballmannschaft zurückgewiesen, weil man gesagt hat, um ein Uhr morgens werden sie Lärm machen beim Landen, [aber] in Mulhouse [gab es kein Problem?]. Obwohl sie aus Zürich stammten. Das ist [...], das sind Dinge, die wir später erfahren haben und die uns doch schockieren. Es gibt also viel mehr kommerzielle Flüge [nachts], zehnmal mehr als in Zürich, und das, obwohl Zürich ungefähr sechsmal mehr Passagiere hat als Basel-Mulhouse. Das ist ja ein viel größerer Flughafen. Und doch, doch, in Basel-Mulhouse hat man lange gesagt, das sei der Mülleimer von Zürich. Denn all die lauten Maschinen, die man in Zürich nicht wollte, besonders nachts, die konnten noch hierher nach Basel kommen, wo es wesentlich weniger streng war. Und all das bekam das Elsass ab, besonders der Norden, wegen diesem Wald, und man dachte, da gäbe es nur Vögel, die man stört.

27 Für das Jahr 2001 ergeben sich in Basel-Mulhouse ca. 1.850, in Zürich 163 Flüge zwischen 24h und 5h morgens; allein zwischen 3h und 4h nachts verzeichnet Basel-Mulhouse ca. 240 Flugbewegungen, gegenüber vier Flugbewegungen in Zürich (eig. Berechnung auf Grundlage von Euroairport 2002, S. 12, sowie Unique Airport Flughafen Zürich 2002, S. 62). Vergleichbare Zahlen wie in Basel-Mulhouse wurden in Zürich zuletzt 1970 ausgewiesen; bereits zum 01. November 1972 trat dort ein vergleichsweise effektives Nachtflugverbot in Kraft (vgl. a. Eidgenössisches Departement ... 2001).

gleichen. Dies zeigt sich im vorliegenden Fall an zahlreichen Stellen des Interviews und lässt sich ebenso für die zweite, im Anschluss zitierte Passage demonstrieren.

Es wäre aber auch überhaupt ein Missverständnis, die Konstruktion eines ‚Maßstabs der Nation' in den Gesprächen als Ausdruck des Nationalismus in diesem Sinne zu deuten, und zwar ungeachtet der Tatsache, dass es auf französischer wie deutscher Seite eine Reihe von Äußerungen in den Gesprächen gab, die mit Fug und Recht nationalistisch genannt werden können. Die Nation als ein Maßstab der Bedeutung im verwendeten Sinne zu untersuchen heißt jedoch, – das sollte bereits deutlich geworden sein –, die Sinnhorizonte und Deutungsmuster zu erschließen, die den vorliegenden Konflikt in den Beschreibungen der betrachteten Gruppe strukturieren, d.h. im konkreten Fall der Frage nachzugehen, wie der Fluglärm hier „gedacht" wird, in welche Themen der Gegenstand diskursiv eingebunden wird, mit welchen Argumenten, Bildern, Metaphern und Figuren das Feld der Auseinandersetzung geprägt wird. Dabei ist die Frage der inhaltlichen, politischen und moralischen Standpunkte, die innerhalb der erzeugten Sphären eingenommen werden, zunächst einmal zweitrangig. Das wird bei den Maßstäben der Gefahr oder des Bedarfs schnell einsichtig. Entscheidend ist hier nicht die Ansicht in der Frage, ob eine Chemiefabrik oder ein Wohngebiet als gefährlicher erachtet werden, resp. ob der Flughafen nur für Geschäftsleute oder auch für deutsche Touristen aus der Region dimensioniert sein sollte. Entscheidend ist vielmehr, dass die Debatte über den Fluglärm in Begriffen und Bildern der Gefahr und des Bedarfs gestaltet wird, und dass kaum ein Interview und kaum eine längere schriftliche Äußerung der Fluglärm-Engagierten auskommt, ohne sich auf diese Deutungen zu beziehen und sie weiter zu bearbeiten. Für die Nation ist dies vor allem deshalb etwas schwerer nachvollziehbar, weil wir uns von vorneherein in einem stark politisch-normativ bestimmten Feld bewegen, in dem die Neigung schon besteht, Aussagen und Argumente in erster Linie nach entsprechenden Kriterien zu betrachten.

Im Sinne von Werlen (1997) sind wir mit einer politisch-normativen Regionalisierung konfrontiert, und diese Perspektive erinnert daran, dass wir es stets auch mit einem produktiven Prozess zu tun haben, mit einer *aktiven* Konstruktion des Nationalen (vgl. a. Strüver 2003). Angesichts der omnipräsenten territorial-administrativen Vorstrukturierung des Untersuchungsgebietes, die jedenfalls von den zahlreichen *frontaliers* alltäglich erfahren wird, ist auch diese aktive Seite nicht auf Anhieb zu erkennen. Die Übernahme der Nation als quasi bereitstehender, ‚fertiger' Deutungshorizont in alle erdenklichen Interpretationen von Konflikten und Lebenslagen ist jedenfalls der leichter ersichtliche Prozess. Nochmals im zeitgenössischen Jargon: Die Konstruktion der Nation als Lärmgemeinschaft tritt jeweils hinter die Konstruktion der Lärmgemeinschaft als Nation zurück. Letztere wird nicht nur an den Zuweisungen kenntlich – „die Schweizer" exportieren Lärm zu uns „Deutschen"–, sondern auch an den Ausblendungen, an den Deutungshorizonten, die zurücktreten, sehr schwach bleiben oder ganz fehlen.

Die Spannung zwischen der nationalen Vorstrukturierung und der Hervorbringung des Nationalen in dem Konflikt lässt sich auch an der simplen Darstellung einiger „diskursiver Regionalisierungen" nachvollziehen, wie sie in Tafel 4 versucht wurde. Die Nation als Maßstab taucht dort nur indirekt auf: Es zeigt sich, wie mehrere Fremd- und Selbstzuschreibungen eine nationale „Passung" aufweisen, die die Grenzen quasi bestätigt und verdoppelt. Als Ausnahme fungiert dabei vor allem der Maßstab der Gefahr, der über die Grenzen hinweg und von allen Seiten her diskursiv stabilisiert wird.

Ein letzter Aspekt bezüglich des Maßstabs Nation soll hier hinzugefügt werden: Die bisherigen Zitate, mit denen die Nation als ein Deutungsraster in Fragen des Fluglärms nachgezeichnet wurde, stammten mit einer Ausnahme sämtlich aus Gesprächen, die in Frankreich oder Deutschland geführt wurden. Die einzige Aussage einer schweizerischen Interviewperson, die bisher in dieser Sache zitiert wurde, nimmt zudem erkennbaren Abstand von der entsprechenden Deutung. Tatsächlich finden sich in den geführten Interviews auf schweizerischer Seite insgesamt nur selten Bezugnahmen auf die nationalen Bruchlinien in dem Konflikt. Es fällt nicht schwer, dies mit den Positionen in Verbindung zu bringen, die in der Auseinandersetzung vertreten werden, genauer mit den jeweils favorisierten Verteilungsmodellen für den Lärm. Von den Engagierten aus der Basler Agglomeration werden in erster Linie die Bevölkerungsdichte und die Gefahren als Argumente ins Spiel gebracht, die für eine Entlastung des südlichen und südöstlichen Sektors sprechen. Diese Rahmungen sind beide wenig günstig für die Bewohner der ländlichen Gebiete im Westen und im Nordosten des Flughafens. Als einfache Grundlage für eine generelle Entlastung kommen für jene vor allem Prinzipien in Betracht, die auf eine territoriale Gleichverteilung abzielen, oder eben auf einen Nationenproporz.

Dabei werden immer wieder Begriffe ins Spiel gebracht, die nahelegen, dass der Fluglärm zwischen Frankreich und der Schweiz etwa 50:50 aufzuteilen sei, was als Ausdruck einer Gleichberechtigung und -belastung der beiden Vertragsnationen verstanden werden kann. So heißt es in den Gesprächen verschiedentlich, die Flugbewegungen bzw. der Fluglärm solle „paritätisch" zwischen den Nationen verteilt werden, oder „gleichförmig" (uniformement) zwischen Nord und Süd. Wie wir oben gesehen hatten sind solche Überlegungen, jenseits ihrer politischen Implikationen, von vornherein recht unscharf. Denn offen bleibt dabei unter anderem, wie sich die Flugzeuge nach dem Start bzw. vor der Landung im Umkreis des Flughafens bewegen, welche Flugzeugtypen dabei zum Einsatz kommen und wie die Tages- und Nachtzeiten zugeordnet werden. Dennoch bleibt das nie formal sanktionierte Modell einer *gleichmäßigen Aufteilung des Fluglärms unter den Vertragsnationen* angesichts der heutigen Situation eine politisch attraktive Option aus Sicht der französischen Betroffenen, auf den ersten Blick jedenfalls weit attraktiver als von der Nation abstrahierende Pro-Kopf-Berechnungen oder Risikokalküle, die sich auf die chemische Industrie beziehen.

Insofern ist die Nation als Maßstab der Bedeutung immer auch strategisch oder taktisch zu sehen, als Mobilisierung eines günstigen Deutungshorizontes für bestimmte Teilnehmer und Teilnehmerinnen an der Auseinandersetzung.[28] Doch

---

28 Einen vergleichbare ‚strategische Regionalisierung' auf anderer Ebene zeigt Wolkersdorfer

birgt dieser Deutungshorizont für die meisten Beteiligten auch erhebliche Risiken.
Neben der mehrfachen Spaltung der Fluglärmgegner, die sich in der Vergangenheit verschiedentlich als Unfähigkeit manifestiert hat, gemeinsame Positionen zu
entwickeln, führt die nationale Rahmung auch zur Verhinderung von angebrach-
ten Differenzierungen. Das gilt auf schweizerischer Seite, wo mit dem Raum
Allschwil der am stärksten betroffene Raum zwischen die Fronten gerät, weil sich
der lokale Schutzverband gegen das ‚gesamtbaslerische‘ Interesse in den meisten
Fragen auf die Seite der elsässischen Dörfer im Westen des Flughafens stellt. Es
gilt nicht weniger auf französischer Seite, wo die Subsumption unter einen ‚nationalen Lärmanteil‘ ebenfalls ganz radikale und nach vielen Kriterien beachtens-
werte Unterschiede in der Betroffenheit verwischt. Hier hatten und haben etwa die
Dörfer Bartenheim und Bartenheim-la-Chaussée erhebliche Anteile der nächtlich
aus bzw. nach Richtung Norden verkehrenden Post- und Frachtmaschinen zu er-
dulden, die zugleich den Südwesten *relativ* entlasten. Und schließlich ist auch die
von deutschen Fluglärmgegnern genutzte Argumentation in nationalen Kategorien
durchaus riskant. Die Debatte im Anflugbereich des Züricher Flughafens stellt die
Erfolgsaussichten einer entsprechenden Strategie zwar derzeit in günstiges Licht.
Doch liegt der Fall hier anders, denn (abweichend von der Lage im Klettgau) liegen einige Ortschaften, insbesondere Weil am Rhein, in direkter Verlängerung
einer bisher nur minimal genutzten Startpiste (08). Und spätestens wenn die seit
Jahrzehnten immer wieder vorgetragenen Vorstellungen eines formell trinationalen Flughafens Basel-Mulhouse-Freiburg[29] an Gestalt gewinnen sollten, wäre einer bedeutenden Mehrbelastung der weiter nördlich gelegenen Gebiete im
Markgräfler Land argumentativ bereits der beste Boden bereitet.

Die Einsicht, dass eine vorrangig in nationalen Begriffen gefasste Position
kaum haltbar oder auf Dauer günstig ist, fasst in den letzten Jahren offenbar erneut Fuß unter den Verbänden und Gruppierungen, die sich rund um den Flughafen Basel-Mulhouse gegen den Fluglärm engagieren. Einen deutlichen Ausdruck
fand sie in der „Trinationalen Resolution", die im Vorfeld der geplanten (und untersagten) Demonstration im Oktober 2001 erarbeitet wurde und der sich zahlreiche Verbände aus allen drei Anliegernationen angeschlossen haben. In dieser Erklärung spielt die Frage der unterschiedlichen Interessen in nationalen Kategorien
keine erkennbare Rolle. Stattdessen werden eine Reihe von Maßnahmen zugunsten der „am stärksten vom Lärm betroffenen Wohngebiete" gefordert, darunter
Einschränkungen der Flugbewegungen zu bestimmten Tages- bzw. Nachtzeiten
und auf bestimmten Flugrouten, sowie eine „Plafonnierung", d.h. ein Einfrieren
der Gesamtzahl auf maximal 100.000 Flugbewegungen im Jahr, was in etwa dem
damaligen Stand entspricht.

(2000) am Beispiel der Konflikte um die Umsiedlung des sorbischen Dorfes Horno, wo der
Minderheitenbezug bewusst als „diskursive Plattform" gewählt wurde (ebd., S. 69, 73).

29 Einen frühen Vorstoß in dieser Frage unternahm der baden-württembergische Landtagsab-
geordnete Lorenz (Weil a. Rh., SPD) bereits im Oktober 1971, unmittelbar nach der Abstimmungsniederlage der Basler Regierung in der Frage der Pistenverlängerung.

Etwas anders gelagert sind hier zwar die Vorschläge einer kleineren Allianz von Gruppierungen, die im Jahr 2006 eine „trinationale Umweltcharta" verabschiedet hat: Darin findet sich die trockene Aufforderung grundsätzlich „direkt zu fliegen", was in der vorgeschlagenen Form zu einer kaum akzeptablen Mehrbelastung der schweizerischen Wohnbevölkerung – mit Ausnahme Allschwils – führen müsste. Aber auch dabei wird argumentativ kein ‚strategischer Nationalismus' betrieben, wie er sich in individuellen Aussagen von Fluglärmgegnern oder den Dokumenten einzelner Gruppierungen finden lässt. Zudem soll darauf hingewiesen werden, dass die strategischen und taktischen Dimensionen insgesamt nicht etwa auf den Bedeutungshorizont der Nation beschränkt sind, sondern sich in allen Interpretationen wiederfinden können. Die Probleme, die daraus resultieren, werden im folgenden, letzten Kapitel aufgenommen, nämlich die *notwendigen* Partikularismen der Fluglärmdebatte sowie die Fragen, die sich daraus für eine Untersuchung des vorliegenden Typs ergeben.

Reprise

„Die erste Lärmquelle liegt im Organismus, dessen propriozeptives Ohr, zuweilen vergeblich, das unterschwellige Gemurmel wahrnimmt: Milliarden von Zellen ergehen sich in einer biochemischen Aktivität, deren Lärm uns eigentlich das Bewusstsein rauben sollte. Tatsächlich hören wir es manchmal und nennen dieses Hören dann Krankheit. Das Tohuwabohu breitet sich in der Black-box aus lauter Black-boxes aus, welche die Integrationsebenen bilden: Moleküle, Zellen, Organe, Systeme ..., und verwandelt sich langsam, über Grenzen und Schranken hinweg in Information. Über diese Folge von Wandlern [...] gelangt es schließlich zum gesunden Schweigen und zweifellos zur Sprache. [...]

Die zweite Quelle von Lärm ist in der Welt zerstreut: Donner, Wind, Meeresbrandung, Vögel auf Feldern, Lawinen, das schreckliche Grollen, das einem Erdbeben vorausgeht, galaktische Zeichen. Die Vogelbeschauer hörten das Schwingen der Flügel in der Luft außerhalb des Theaters und bevor es begann, außerhalb des Sozialen und Politischen und vor ihnen. Auch dieses Rauschen verwandelt sich in Information durch den segensreich komplizierten Kasten des Außen- und Innenohrs, aber häufig bauen wir ebenso raffinierte Kästen um unsere Körper herum: Mauern, Städte, Häuser, Klosterzellen. Durch Türen und Fenster nimmt die Monade sanft wahr.

Die letzte Lärmquelle liegt im Kollektiv, und sie übertrifft die beiden anderen in eine Maße, dass sie diese oft sogar annulliert: Schweigen im Körper, Schweigen in der Welt. [...] Die Gesellschaft erzeugt einen gewaltigen Lärm, und letzterer wächst mit ersterer, die Stadtmaus unterscheidet sich von der Landmaus dadurch, dass sie gegen dieses Getöse immun ist. Die Megalopolis ist ohrenbetäubend: Wer könnte diese Hölle überhaupt ertragen, wenn er nicht gerade darauf gefasst wäre, dass Gruppe und Getöse eins sind? Der Gruppe angehören heißt den Lärm nicht hören. Je mehr Sie sich integrieren, desto weniger hören Sie, je mehr Sie darunter leiden, desto weniger gehören Sie dazu. Schreie, Hupen, Pfiffe, Motoren, Rufe, Schlägereien, Stereotype, Streit, Kolloquien, Versammlungen, Wahlkämpfe, Polemiken, Dialektik, Beifall, Kriege, Bombenangriffe, jede Nachricht aus sechstausend Jahre spricht nur von einem: von diesem Getöse. Der Lärm definiert das Soziale."

Michel Serres: *Die fünf Sinne. Eine Philosophie der Gemenge und Gemische.* Frankfurt/M. 1999, S. 139-140.

7 Fluglärm und Umweltgerechtigkeit

In den folgenden Abschnitten soll eine kurze Bilanz der durchgeführten Studie gezogen werden. Dabei werden nur einige empirische Befunde wiederholt, und es liegt von der methodischen Anlage der Arbeit her fern, allzu generalisierende Schlussfolgerungen über ‚den Fluglärm' oder ‚die Fluglärmkritiker' zu ziehen. Doch sollen im ersten Teil dieses Kapitels wesentliche Ergebnisse der Untersuchung noch einmal in einer Zusammenschau betrachtet werden. Daran schließt sich die Frage an, welche praktischen Schlussfolgerungen aus den Ergebnissen der Studie zu ziehen sind, für die Erforschung des Fluglärms, aber auch im Blick auf den konkreten Konflikt um Fluglärm im Umland des Flughafens Basel-Mulhouse. In einem zweiten Abschnitt wird sodann das Konzept der Umweltgerechtigkeit noch einmal kritisch befragt. Im Rückblick auf die empirische Studie wird diskutiert, inwieweit sich der vorgeschlagene Untersuchungsrahmen bewährt hat und wo seine Probleme und Grenzen im Blick auf weitere Studien zu sehen sind. Dabei werden insbesondere die Probleme diskutiert, die mit der Bindung dieses Ansatzes an bestimmte, mehr oder weniger klar definierte Akteure bzw. Gruppen oder *communities* von Betroffenen entstehen. Dies wirft, wie wir sehen werden, einige theoretische und methodische Fragen auf, die sich im Kontext der in dieser Studie vorgeschlagenen Unterscheidungen in unterschiedliche Aspekte der Umweltgerechtigkeit besonders deutlich konturieren lassen.

Zugleich werden die Ergebnisse dieser Überlegungen in einigen Punkten noch einmal an die humangeographische Debatte zurückgebunden. Dazu werden die theoretischen Befunde vor dem Hintergrund laufender Debatten eingeordnet, wobei als Bezugspunkt vor allem die humangeographische Umweltforschung dient, und im Besonderen die Forschungsrichtung, die sich unter der Bezeichnung ‚Politische Ökologie' in den letzten Jahren entwickelt hat. Im Ergebnis wird dafür plädiert, eine kulturwissenschaftliche Erweiterung dieses Ansatzes anzustreben. Vor dem Hintergrund dieser Überlegungen werden schließlich die Perspektiven noch einmal zusammenfassend erörtert, die die Forschungen unter dem Konzept der Umweltgerechtigkeit eröffnen können, vor allem im Feld einer konfliktorientierten Umweltforschung.

Befunde der Untersuchung

Der erste, allgemeine und zugleich weittragende Befund der Exploration ist die enge Verbindung zwischen den Geräuschen, die in einem bestimmten Gebiet von Flugzeugen erzeugt werden, und spezifischen symbolischen Gehalten in den Deutungen der Betroffenen bzw. Hörenden. Diese Verbindung, oder besser in der

Mehrzahl: diese Verbindungen geschehen offenbar auf mehreren Ebenen. Einerseits führt die Verknüpfung mit bestimmten Gehalten dazu, dass einige Schallimmissionen als besonders lästig empfunden werden oder überhaupt erst die Klassifikation als ‚Fluglärm' erfahren. Andererseits werden komplexe Deutungen an einzelne Ereignisse oder länger während Zustände interpretativ angebunden. Diese Prozesse sind in dem Sinne kreativ zu nennen, als sie aktive Interpretationsleistungen der Betroffenen darstellen; als eine passive Wahrnehmung, die durch äußere Faktoren verzerrt würde, ließen sie sich nur unter Preisgabe all dessen konzipieren, was den sozialen Sinn des Fluglärms in den Beschreibungen der Betroffenen (und ihrer Beobachter) ausmacht. Die Fluglärmgegner, die hier betrachtet wurden, entwerfen bis zu einem gewissen Grade ihre eigenen ‚Klanglandschaften', wenn wir mit Winkler (1999) die gesellschaftlichen Repräsentationen der Lautereignisse in diesen Begriff mit eingehen lassen (vgl. Kap. 1).

Die Interpretationen des Fluglärms und der damit um Basel-Mulhouse einhergehenden Konflikte, von denen einige im Folgenden noch einmal zusammenfassend betrachtet werden, sind erkennbar sehr variabel und bis zu einem gewissen Grade individuell unterschiedlich. Das heißt jedoch nicht, dass sie den Individuen einfach zur Disposition stünden; ihre Artikulation ist vielmehr offensichtlich durch gesellschaftliche Institutionen, Konventionen und Normen begrenzt und in Teilen präformiert. In einer anderen Theoriesprache formuliert: der gesellschaftliche Diskurs über den Fluglärm setzt einen Rahmen für mögliche, als sinnvoll anerkannte Äußerungen in diesem Zusammenhang, und dies gilt entsprechend auch für andere Teildiskurse, die mit dem Fluglärm verknüpft werden, wie etwa diejenigen der Gefahr, des Bedarfs oder der Nation, die oben genauer betrachtet wurden. Es gibt plausible Gründe, von einem *bereits existierenden* Diskurs über Fluglärm zu sprechen, denn offensichtlich sind die Argumente, die in diesem Zusammenhang auftauchen, in hohem Maße redundant und ‚geregelt', wenn wir etwa die zahlreichen Internetauftritte von Fluglärminitiativen oder die Leserbriefe in Zeitungen ansehen, die betreffenden Konflikten gewidmet sind. So finden wir etwa eine große Überschneidung, wenn wir die Argumente in der Basler Umgebung mit denen vergleichen, die im aktuellen Züricher Konflikt vorgebracht werden, oder in der jüngsten Erweiterungsrunde des Frankfurter Flughafens, bei der eine Chemiefabrik in der Einflugschneise einen wichtigen Streitpunkt darstellt (vgl. *SZ*, 15. Sept. 2003; *FAZ*, 22. Sept. 2005).

Doch sollte die etablierte, machtvoll prästrukturierende Seite des Diskurses im Foucaultschen Sinne nicht zu sehr in den Vordergrund gerückt werden, als eine quasi anonyme Wissensordnung, die in den gegen den Fluglärm engagierten Personen nur noch ihre Erfüllungsgehilfen findet. Denn zum einen zeigen die empirischen Befunde dieser und anderer Studien bei genauerer Betrachtung, dass individuell wie kollektiv auch unterschiedliche Akzente gesetzt werden können, ob mit spezifischen regionalen Bezügen, mit Auslassungen oder mit neuen Verknüpfungen, die aus dem großen, bekannten Fundus an Aussagen herausragen. Zum anderen – und dies ist der grundlegendere Einwand – wirft eine solche Sicht erhebliche theoretische und methodische Probleme auf. Schwer nachvollziehbar wird dann nicht nur, wie denn dieses Feld von Aussagen und Praktiken überhaupt entstanden sein soll und warum es sich in der Zeit erkennbar verändert hat, sondern auch wie ein dergestalt hermetischer Diskurs methodisch zu erschließen wäre, ohne die Beobachtenden in einer Weise zu privilegieren, die jedenfalls der hier gewählte Ansatz nicht zulässt.

Betrachten wir die untersuchten, generierten und generativen ‚Maßstäbe' hier noch einmal im Blick auf ihre wichtigsten Eigenschaften, ihre Rolle in den gegenwärtigen Konflikten und ihr Zusammenspiel. Der *Maßstab der Lärmzonen*, so hatten wir gesehen, ist das Produkt Jahrzehnte währender politisch-administrativer Prozesse. Deren Resultat muss über große Zeiträume, gemessen an den gesetzlich festgeschriebenen und planerisch offensichtlich sinnvollen Zielen, als vollständiges Scheitern beschrieben werden. Die Entwicklungsprognosen, die dem Flughafenausbau Ende der 1960er Jahre zugrunde gelegt wurden, waren in lärmtechnischer Hinsicht verfehlt, weil sie die lärmmindernde Effizienzsteigerung der Flugzeugtriebwerke in den kommenden Jahren unterschätzten, und sie waren in betrieblicher Hinsicht falsch, weil sie das Verkehrswachstum der nächsten zwei Jahrzehnte am Flughafen Basel-Mulhouse grandios überschätzten. Als aber die überzogenen Prognosen sich weit später unter anderen Bedingungen realisierten, nämlich Ende der 1990er Jahre, stellte sich heraus, dass die langfristigen planerischen Mittel gar nicht oder nur sehr bedingt zum Einsatz gekommen sind, die nötig gewesen wären, um auch nur ein weit geringeres Wachstum des Flughafens zu bewältigen. Ein gültiger Lärmzonenplan, ein *Plan d'Exposition au Bruit*, wie ihn das französische Recht vorsieht, existierte nicht, und auf schweizerischer Seite, wo das Gebiet in direkter Verlängerung der Hauptpiste (16) durch wacklige politische Kompromisse von Überflügen weitgehend verschont blieb, wurde ohne erkennbare Einschränkungen in großem Umfang gebaut – bis an die Grenzen der Legalität, lässt sich treffend sagen, denn hier kommen die Landesgrenze und die Grenzwerte bzw. Grenzwert-Isophonen gemäß der einschlägigen Lärmschutzbestimmungen unter den gegebenen Bedingungen recht genau zur Deckung. Ähnliche Probleme, die hier nicht noch einmal behandelt werden sollen, bereiten die Kompensationsmaßnahmen im Rahmen des *Plan de Gêne Sonore,* der vom Verwaltungsgericht Strasbourg während der vorliegenden Untersuchungen annulliert wurde.

Zwei Aspekte des Maßstabs der Lärmzonen verdienen hier noch einmal eine kurze Betrachtung. Das oben attestierte Scheitern der entsprechenden Pläne lässt sich mit einer ganzen Reihe von historischen und gegenwärtigen Konstellationen plausibel machen. Die Interpretation stellte letztlich aber die *produktiven* Aspekte des Scheiterns in den Vordergrund, die sich mit Foucault als „Machteffekte" verstehen lassen, als Fehlschläge, die „insgeheim nützlich" werden (Foucault 1977, S. 356). Die Lärmpläne begründen eine legitime Anliegerschaft, als in ihnen die Lärmbelästigung anerkannt und in besonderer Weise administriert wird. Das empirisch feststellbare Gestörtsein vieler Betroffener außerhalb der in Frage stehenden Gebiete wird zugleich negiert, die überwältigende Mehrzahl der Betroffenen zumindest abgetrennt. Diese Wirkungen werden in großen Zügen schon durch die fortdauernde Grenzarbeit, das *boundary work* erzielt, auch ohne dass die Pläne tatsächlich fixiert und formal verabschiedet würden. Mit dem Scheitern bleibt aber zugleich auch der Status der (wiederholt nur fast) eingeschlossenen Anlieger prekär, so dass die besonders legitimierte Sprech- und Anspruchsposition nicht wirklich erzeugt wird. Nicht zuletzt sind die materialen Resultate des Nichtvollzugs gut als produktive Größe zu fassen, nämlich in Gestalt der zahlreichen Bauten, die in den potenziell kritischen Zonen während der letzten Jahre entstanden oder vergrößert wurden.

An diese Lesart des Geschehens lässt sich der zweite Aspekt direkt anfügen. Sowohl in der Frage der Bauzonen als auch bei den finanziellen Hilfen zur Schallisolierung geht es aus Sicht der Betroffenen offenbar nicht nur um quantitative Fragen der Verteilung, sei es in Form der individuellen Zahlungen für schallisolierende Maßnahmen, sei es in Form des Zugangs der Kommunen zu wertvollem Bauland. Häufig wird auch eine umfassende prozedurale Kritik geführt, die sich auf die Intransparenz und Unverständlichkeit der Grenzwerte, ihrer Berechnungen und Kontrollmessungen bezieht, auf die idealen Annahmen über die Flugwege, die den Berechnungen zugrunde liegen, und auf die scheinbar willkürlichen Grenzziehungen, die daraus resultieren. Daran anschließend kann ein generelles Gefühl der „Entmächtigung" artikuliert werden. Die Frage der Lärmzonen, sei zum Abschluss dieses Punktes erinnert, beschäftigte in den geführten Gesprächen aber nur einen engen Kreis von Betroffenen in der engeren Umgebung des Flughafens, auch das noch einmal ein Hinweis übrigens auf ihre Wirkung als räumliches Trennmittel.

Eine weitaus wichtigere, herausragende Rolle in fast allen Gesprächen spielten dagegen die *Flugrouten*, die oben als zweiter ‚Maßstab der Regulierung' behandelt wurden. Kaum ein Interview, in dem nicht relevante Teile der Zeit damit vergingen, über den Verlauf der Flugbewegungen und die Mengenkontingente auf den alternativen Routen zu sprechen, kaum eine Äußerung in dieser Frage, die nicht zugleich schon eine Kritik enthielte. Die *Verteilungsfrage*, die darin verdichtet wird, ist zunächst diejenige der Verteilung einer bestehenden Zahl von Flugbewegungen im Raum, – vor allem in der flächigen Dimension, in minderem Maß in der Höhe –, und in der Zeit, hier vor allem zwischen Tag und Nacht, wobei die so genannten ‚Randstunden' dieser primären Differenzierung besonders umstritten sind, aber auch Zeiten im Verlauf der Woche und des Jahres. Herausgehobene Bedeutung haben jedoch auch die nicht geplanten, unordentlichen Bewegungen, die *Abweichungen* aller Art, hier nun besonders in der Höhe, aber auch im Verlauf der gesamten Flugbahn oder in der Tages- bzw. Nachtzeit. Dies bestätigt und erweitert die Erkenntnis von Leroux, die in ihren Erhebungen im Pariser Umland in der Abweichung von den vorgesehenen Flugrouten den „ohne Zweifel am meisten genannten Regelverstoß" fand (Leroux 2002, S. 57, Üs. MF).

Wenn wir die gesamten Auseinandersetzungen aus dieser Perspektive zuerst als einen Verteilungskonflikt ansehen, dann können wir zwei Maßstäbe der Bedeutung, die oben genauer analysiert wurden, zunächst einmal als Kommentare und Deutungshilfen in dieser Frage betrachten. Die ‚Gefahr' wird dann zum Argument, warum bestimmte Routen gemieden werden sollten, die ‚Nation' zum Referenzpunkt für ein Verteilungsschema. Doch greift diese Interpretation in mehrerer Hinsicht zu kurz. Richten wir den Blick zunächst etwas ausführlicher auf die *Gefahren,* woran sich einige grundlegende Fragen noch einmal zusammenfassend diskutieren lassen:

Die Untersuchung hat deutlich gezeigt, dass der *Maßstab der Gefahren* heute in dem Sinne durchgesetzt ist, als er in den offiziellen Erwägungen über die Ausgestaltung der flughafennahen Routen eine erkennbare Rolle spielt. Dies zeigt sich nicht zuletzt an der aufwändigen Risikostudie, die im Auftrag der Betreiber im Jahr 2001 erstellt wurde. Wenn darin auch insgesamt die ‚Gefahren' der Betroffenen zu hinnehmbaren 'Risiken' im Sinne der politisch Verantwortlichen transformiert werden, so wird zugleich doch ganz anerkannt, dass es hier überhaupt legitime und dem Feld zugehörige Fragen gibt. Gleichzeitig erhält die schon bisher geübte Praxis der Vermeidung bestimmter Korridore höhere, wissenschaftliche Weihen. Die erkennbare Wandlung seit den 1960er Jahren, als das gesamte Bedeutungsfeld noch eine viel kleinere Rolle spielte, ist fraglos an einen generellen Bewusstseinswandel mit Blick auf die chemische Industrie gekoppelt; die Ereignisse, die mit den Schlagworten ‚Seveso' und ‚Sandoz-Unglück' verknüpft sind, liefern wichtige Bausteine einer *story line* (vgl. Hajer 1995), die im Basler Raum zahlreiche weitere Anknüpfungspunkte und ‚frei flottierende' Elemente findet. Wir hatten gesehen, wie die Referenz auf bestimmte historische Ereignisse, die direkt nichts mit der chemischen Industrie zu tun haben (z.B. das Flugzeugunglück in Amsterdam-Schiphol) in die entsprechenden Rahmungen der Fluglärmkritiker zusätzlich eingebunden werden können (vgl. Abb. 7, S. 152). Doch der Maßstab der Gefahren geht über diese Dimensionen, die dem Prinzip nach heute auch in den offiziellen Risikoüberlegungen akzeptiert sind, hinaus. Erstens werden die klassischen Risikokalküle durch die Flugzeugattentate des 11. September 2001 nachhaltig erschüttert. Die Vorstellung, dass bestimmte Personen oder Gruppen den größten anzunehmenden Unfall *absichtlich* herbeiführen könnten, so fraglich dies im Blick auf Basel sein mag, stärkt die Annahme einer generellen Unberechenbarkeit der Gefahren und vertieft damit ganz allgemein die Gefühle einer diffusen Bedrohung, die von den vorhandenen Gefahrenpotenzialen in der Region ausgehen.

Zweitens sind die Gefahren, wie sie von den Betroffenen teilweise artikuliert werden, gar nicht auf mehr oder weniger stabile Muster der Gefährdung angewiesen, die durch das Zusammenspiel bestimmter Gefahrenherde mit den Flugrouten entstehen. Häufig ging es ja auch um das Bedrohungsgefühl durch einen abweichenden, tiefen oder merkwürdigen Flug, bei dem der besondere Lärm dann zum ‚Signallaut', zum Indikator und Ausdruck der Bedrohung wird. Die Kriegsassoziationen, die dabei im Elsass mehrfach artikuliert wurden, zeigen in radikaler Weise, wie andere Deutungen an die Schallimmissionen angeknüpft werden können, wie der Fluglärm als ein *Zeichen* für Dinge ‚gelesen' bzw. gehört wird, die mit einer konkreten, aktuellen Gefahr kaum in Verbindung zu bringen sind, wohl aber mit einem historischen Wissen oder sogar eigener Erfahrung (vgl. Honkasalo 1996).

In dem verbreiteten Gefühl einer generellen Bedrohung sehe ich nun, drittens, eine entscheidende Verbindung mit den *sozialen Lärmsituationen*, wie sie oben entwickelt wurden. Die Gefahren, so wurde später gefolgert, beförderten die Genese sozialer Lärmsituationen (Kap. 6, S. 161f.). Vielleicht sollte man genauer sagen: sie konvergieren mit Bedeutungshorizonten, die als wesentlich für das Entstehen der sozialen Lärmsituationen ausgemacht wurden. Der erlebte Kontrollverlust bzw. die Gefühle der *Ohnmacht* waren hier das entscheidende Bindeglied. Dass die Gefahrenhorizonte daran sozusagen ‚andocken' können ist leicht ersichtlich. Die besondere Kraft dieser Verbindung ist m. E. darin zu sehen, dass die Lärmsituationen als ‚soziale Mikrosettings' nicht oder nicht nur auf der Ebene der gesellschaftlich ausgetauschten Argumente anzusiedeln sind. In den Ohnmachtserfahrungen und ggfs. in der sozialen Scham, die als ihr allgemeiner Kern ausgemacht wurden, sind sie auf direkte Weise an die konkreten Gegebenheiten geknüpft. Vor allem sind sie in mehrerer Hinsicht *körpergebunden*: an das eigene Hör- und Ausdrucksvermögen, die in der Lärmsituation überwältigt werden, oftmals an das physische Zusammensein von Menschen, im weiteren Sinne an ihr gelebtes und zu lebendes Leben, das in der Ortsfixierung einen wichtigen Referenzpunkt haben kann, und zudem an die physischen Dimensionen der Situation in Gestalt der offenen Fenster, des Balkons, des Sommers usw., Dimensionen, die ihrerseits auch als körperliche Situierungen beschrieben werden können.

Damit haben wir uns in umgekehrter Richtung als in der ursprünglichen Entwicklung der Arbeit einem einfachen *Modell der Fluglärmwirkung* angenähert, welches einer Anmerkung bedarf. Die Vorstellung, die implizit in den obigen Absätzen enthalten ist, geht von zwei unterschiedlichen Ebenen aus, auf denen der Fluglärm wirkt: einerseits der Ebene der mikrosozialen, körpergebundenen Situation, und andererseits, daneben oder darüber, der Ebene weiterer gesellschaftlicher Bedeutungshorizonte. Die Abfolge in der Darstellung der vorliegenden Arbeit unterstützt dabei die Vorstellung, dass der erstgenannte Bereich in einer nicht näher bestimmten Weise primär oder grundlegender wäre, dass auf der ersten Ebene sozusagen der Kern oder die Rohmasse der Empfindsamkeit erzeugt wird, und sich auf der zweiten Ebene komplexere Interpretationen oder ausgeformte Teildiskurse um oder über diesen Kern lagern. Das zuletzt entworfene Bild birgt aber einige theoretische Probleme oder zumindest Unklarheiten. Es kann dahingehend missverstanden werden, dass in ihm die Annahme enthalten sei, dass sich die symbolischen Aktivitäten auf den beiden Ebenen notwendigerweise unterscheiden, oder gar, dass der ‚Kern' im Wesentlichen jenseits der Bedeutungssphäre oder außerhalb des Diskurses läge. Dies soll hier nicht suggeriert werden. Die unterschiedlichen Arten oder Mechanismen symbolischer Aktivität und die theoretische Stellung des Körpers in verschiedenen Diskursbegriffen standen in dieser Studie bisher nicht in der Diskussion und soll auch im Weiteren nicht erörtert werden (vgl. in der geographischen Diskussion dazu Seager 1997; Longhurst 1997; Valentine 2001). Mit der Rekonstruktion und Kennzeichnung der *sozialen* Lärmsituationen wurde zumindest eine Vorentscheidung in den damit zusammenhängenden Fragen insoweit getroffen, als gerade *nicht* versucht wurde, quasi vorsozialen Faktoren irgendeine Geltung im Blick auf die weiteren Deutungen zu verschaffen. Der Rekurs auf die Körperbindung dieser Situationen, oder in einer phänomenologischen Beschreibungssprache: auf die leibliche Erfahrung, steht dem nicht entgegen. Ein vorsichtigeres Modell, um das Argument hier zu schließen, lässt also die Frage offen, ob und inwiefern die beiden Ebenen einen unterschiedlichen theoretischen Status haben.

Noch einmal zurück zum Maßstab der Gefahren, denn schließlich stellt sich noch die Frage, wie denn nun eigentlich dieser Maßstab im Blick auf die Verteilung der Flugbewegungen mit dem Maßstab der Flugrouten interagiert. In erster Linie, das heißt: im öffentlichen politischen Raum am besten erkennbar, sind die Gefahren ein Thema, das erfolgreich von den Fluglärmkritikern aus dem Bereich Basel-Stadt mobilisiert werden kann. Hier werden die Gefahren zum Argument dafür, die Zahl der regelhaften Flugbewegungen über den zentralen und östlichen Teilen der Stadt zu beschränken oder ganz zu verhindern. Dies hat sich in den Gesprächen gezeigt, auch darin, dass ein ausgearbeiteter Expertendiskurs in dieser Frage vor allem auf Seiten der städtisch verankerten Initiativen gepflegt wurde. Der Maßstab der Gefahren hat in jüngster Zeit jedoch noch einen anderen Effekt gehabt. Mit dem wachsenden Einfluss dieses Maßstabs wurde auch die gefürchtete S-Kurve im Südwesten des Flughafens delegitimiert, weil eine solche Flugbewegung in den kritischen Start- und Landephasen höhere Gefahren bzw. Risiken birgt. Hier hat das zunehmende Gewicht von Gefahrenargumenten dazu beigetragen, dass das lange geforderte *Instrument Landing System* von Süden (ILS 34) nun beschlossene Sache ist. Damit scheint aber auch sicher, dass die Zahl der Landeanflüge über Basler Gebiet entlang der Achse Bottmingen-Binningen-Neuallschwil zunehmen wird. Die erfolgreiche Durchsetzung dieses Deutungshorizonts hat einstweilen also wohl zwei ,Gewinner': diejenigen, die damit ihren Status als potenzielles Gefahrengebiet aufgrund bestimmter Chemieanlagen untermauern konnten, und diejenigen, die damit bestimmte, ohnehin scharf kritisierte Flugverfahren intensiver zu problematisieren vermochten. Der bisherige Fluglärm in den beiden entsprechenden Gebieten könnte übrigens nicht unterschiedlicher sein: im Osten und Südosten, d.h. in dem Bereich von Weil a. Rh. bis Basel-Stadtzentrum fliegen bereits jetzt sehr wenige Flugzeuge und dies in der Regel in größerer Höhe, im Südwesten des Flughafens ist dagegen derzeit die höchste Fluglärmbelastung überhaupt gegeben. Das Fazit in dieser Frage lautet also: Der Maßstab der Gefahren wurde zuletzt in der Frage der Flugrouten von unterschiedlicher Seite mobilisiert, im Ergebnis wird sich dies mittelfristig vor allem in einer Entlastung der südwestlich des Flughafens gelegenen Gebiete von Fluglärm manifestieren.

In welchem Verhältnis stehen nun die beiden verbliebenen, in der Studie analysierten Maßstäbe zu den bisherigen inhaltlichen Ausführungen über die Lärmzonen, die Flugrouten und die Gefahren? Relativ einfach ist dies für den *Maßstab des Bedarfs* zu klären. Über die Mengenkontingente bzw. Streckenauslastungen ist der Zusammenhang mit den Flugrouten vom Ansatz her gegeben. Der Bedarf ist jedoch heute nicht annähernd so klar besetzt wie die Gefahren, die als starkes Argument in der Frage der Flugrouten sichtbar wurden. Er spielt jedenfalls im Sinne der Fluglärmgegner keine große Rolle, ganz anders, als dies etwa in den Debatten um die Pistenverlängerung Anfang der 1970er Jahre der Fall war, und in geringerem Maß auch noch bei den Protesten Ende der 1980er Jahre. Zwar finden wir zugehörige Themen und Argumente in sehr vielen Gesprächen, das alte

Motiv des „Größenwahns" etwa, und die wiederkehrende Formel von einem „Regionalflughafen" oder einem Flughafen „für die regionalen Bedürfnisse". Auch werden die Arbeitsplatzargumente, die von Seiten des Flughafens vorgetragen werden, häufig und heftig kritisiert. In all diesen Figuren werden indirekt auch Fragen der Anerkennung thematisiert, denn ein verbindender Grundgedanke ist die Vorstellung, dass hier Dinge *über die eigenen Köpfe hinweg* geschehen, dass „nur noch von Wirtschaft und Arbeitsplätzen die Rede ist", wie es hieß, und das Leben der Anwohner wenig zählt, indem diese „alles über sich ergehen lassen" müssen (vgl. Kap. 6).

Doch werden aus diesen Elementen und Figuren keine wirksamen *story lines* gebildet, keine überzeugenden, öffentlich artikulierten Erzählungen, die erkennbar eine argumentative Durchschlagskraft entwickeln, wie dies im Gefahrendiskurs der Fall ist. Einige Gründe dafür sind naheliegend: die Krise der Luftfahrt und der konjunkturelle Abschwung nach 2001, der stufenweise Zerfall der schweizerischen Fluggesellschaft bis zu ihrem Verkauf an die Lufthansa, schließlich die ökonomische Bedeutung, die der Flughafen inzwischen in den Anliegergemeinden erlangt hat. Es ist plausibel, dass diese Faktoren einen ungünstigen Rahmen bilden für wachstumskritische Äußerungen über den Flughafen. Doch bleiben diese Erklärungsversuche allesamt objektivistisch; sie unterstellen zugleich, dass es eine wirksamere Kritik des Bedarfs gegeben hätte oder geben müsste, wenn etwa die wirtschaftliche Lage besser gewesen wäre oder die *Swiss International Airlines* ein schlagender Erfolg. Solche Annahmen sind nicht überprüfbar und vieles spricht dafür, dass neben wirtschaftlichen Entwicklungen auch langfristige Verschiebungen gesellschaftlicher Diskurse über die Ökonomie hier eine Rolle spielen. Bemerkenswert ist in diesem Zusammenhang auch, dass die Debatten über die ‚Nachhaltigkeit' im vorliegenden Fall weder begrifflich noch konzeptionell eine Wirkung zeigen.[1]

Einstweilen lässt sich im Ergebnis nur festhalten, dass weder in den Gesprächen, noch in den mir zur Verfügung stehenden Materialien der Aspekt des ‚Bedarfs' stark entwickelt war. Anders als im Bereich der Gefahren ist es hier auch nicht erkennbar zu einer Entwicklung von Gegenexpertise auf Seiten der Fluglärmkritiker gekommen. So ist etwa die notwendige strategische Neuorientierung des Flughafens nach dem Untergang des *home carriers* Crossair nur oberflächlich diskutiert worden. Ein dankbares Objekt fände sich zudem in dem regionalen System der Flughäfen, das sich in den letzten Jahren mehrfach stark verändert hat und laufend weiter geändert wird, mit einer ganzen Reihe von politischen Interventionen sowie direkten und indirekten Subventionen in Millionenhöhe, wie etwa der Fall des „Baden-Airpark Söllingen" gut illustriert (vgl. Kap 6, Fn. 17). Diese Themen finden jedoch relativ wenig Echo, ja sie kommen zum Teil sogar eher wieder von Seiten der Befürworter weiteren Ausbaus in Form des Arbeits-

---

1   In den gesamten Transkripten taucht der Begriff ‚nachhaltig' bzw. seine Ableitungen und Übersetzungen nur ein einziges Mal auf, und dort in unüblicher Verwendungsweise, nämlich in der Rede von einem egoistischen Standpunkt der Zürcher ‚Goldküsten'-Anlieger, der nicht „nachhaltig vertreten" werden könne.

platzarguments ins Spiel. Der Maßstab des Bedarfs scheint aktuell also eher als ein Gegengewicht zu fungieren, in dem Bedeutungshorizonte oder Teildiskurse mobilisiert werden können, die insgesamt ungünstig für die Anliegen der Fluglärmopponenten sind.

Schließlich zum *Maßstab der Nation*: Es wurde in dieser Zusammenfassung bereits angesprochen, dass dieser Maßstab im Blick auf die Verteilungsfrage als wichtiger Referenzpunkt fungiert. Vor diesem Bedeutungshorizont werden vielfältige Operationen der Vereinfachung vollzogen, der Zuordnung, der Identifikation und auch der normativen Politisierung. Diese Prozesse sind im Anschluss an die konzeptionell grundlegende Arbeit von Benedict Anderson (1983) auch in der geographischen Diskussion vielfach analysiert worden (Taylor 1985; Hooson 1994); einige Autorinnen und Autoren haben dabei im Besonderen die materielle und symbolische (Re-)Produktion von Grenzen in den Blick genommen (Paasi 1996; Wastl-Walter/Kofler 2000; Strüver 2003; Newman 2006). Auch das vorliegende empirische Material bietet eine Reihe von Beispielen, wie die Grenzen im Untersuchungsgebiet interpretatorisch ‚erzeugt' bzw. bestätigt oder verdoppelt werden. Dies ist angesichts der einzigartigen, formell binationalen Anlage des Flughafens keine Überraschung und vieles spricht dafür, dass es derer gar nicht bedürfte, um solchen Interpretationen Anlass zu bieten. Die enorme Bedeutung der grenzüberschreitenden ökonomischen Aktivitäten in der Region, die Verflechtung der Arbeitsmärkte, die historisch vielfach umkämpfte Staatsgrenze zwischen Frankreich und Deutschland, die in ihren spezifischen Wirkungen relativ neue EU-Außengrenze zur Schweiz, das erhebliche Wohlstandsgefälle, nicht zuletzt die Sprachgrenzen: Diese und viele andere Faktoren legen vielmehr die Vermutung nahe, dass hier die Nation als Deutungshorizont in vielen gesellschaftlichen Problemlagen eine Rolle spielt. Das heißt keineswegs, dass hier besonders nationalistisch im gängigen Sinn des Wortes gedacht würde, wie oben ausführlicher dargelegt wurde. Die Nation kann z.B. ebenso als Bezugshorizont eines erfolgreichen, grenzüberschreitenden Regionalismus eingeführt werden, der positiv bewertet wird. Für beide Funktionsweisen lassen sich Beispiele in der Fluglärmdebatte finden. So wurde den Schweizern zum Teil pauschal vorgeworfen, das Elsass (nicht etwa: Frankreich) als ihren „Mülleimer" zu missbrauchen oder die „deutschen Kunden" mit „Fluglärmentsorgung" zu bestrafen – „so was von arrogant [...] die Deutschen könnten sich das gar nicht erlauben". Aber auch die „demokratischen" Verteilungsmodelle, die ins Gespräch gebracht werden, operieren mit vielfachen nationalen Unterscheidungen und ebenso werden andere Ebenen, wie die Region oder Europa, häufig gerade in der Abgrenzung zur ‚Nation' artikuliert – aus der „Region" sollen die Flugzeuge „so schnell wie möglich rausfliegen", und „die Schweizer müssen wissen, dass sie Europäer sind" (vgl. Kap. 6).

Verschiedene Modelle der Fluglärmverteilung werden gleichfalls mehr oder weniger explizit vor diesem Hintergrund entworfen. Die ‚gleichmäßige' oder ‚gerechte' Aufteilung des Fluglärms zwischen den beiden Vertragsnationen, oder zwischen den drei ‚Anliegernationen' scheint eine ebenso einfache wie rhetorisch überzeugende Formel für einige Engagierte in dem Konflikt zu sein. In gewisser

Weise machen sich diese Formel auch die Betreiber des Flughafens zu eigen, indem sie viele ihre werbend gebrauchten Statistiken über Benutzer, Arbeitskräfte u.ä. nach nationalen Anteilen aufschlüsseln, um das anteilige Profitieren von der Existenz des Flughafens zu untermauern. In der 2001 veröffentlichten Fluglärmstudie werden die verschiedenen Szenarien zudem grundsätzlich nach französischen und schweizerischen Anwohnern aufgeschlüsselt. Wir hatten jedoch gesehen, dass die Lösungsvorschläge auf dieser Basis einige Tücken enthalten, angefangen von der Frage, was die weiteren Kriterien der geforderten Gleichmäßigkeit bzw. Gerechtigkeit sein sollen. Erstens ergeben sich vollkommen andere Resultate je nachdem, auf welche Größen sich entsprechende Berechnungen überhaupt beziehen (z.B. Gesamtbetroffene oder Nutzer nach nationalen Anteilen) und auf welcher Grundlage diese ermittelt werden (z.B. welche Grenzwerte in welchem der unterschiedlichen Lärmmaße berechnet, welche Flugrouten, welche Gesetzgebung). Zweitens hatten wir gesehen, dass bestimmte, bereits heute besonders stark belastete Gebiete in einer Nationen-orientierten Verteilungsperspektive wohl noch stärker belastet würden als zuvor.

Das wirft zunächst die generelle Frage auf, – die sich übrigens vergleichbar an fast allen Flughäfen stellt –, ob es ‚sinnvoller' ist, sagen wir fünfzigtausend Personen mit einem Dauerschallpegel von 57 dB zu belasten oder fünftausend mit 62 dB. Diese Frage können auch ausgewiesene Lärmexperten nicht schlüssig beantworten, die in der Lage sind, mit diesen Werten konkrete Vorstellungen zu verbinden. Der generelle Trend muss aber schon aus der inhärenten Logik der Grenzwerte dahin gehen, den Lärm in die Fläche zu bringen, und das heißt, eher große Gebiete bis nahe an die jeweils zulässige Höchstbelastung heranzuführen als diese in kleinen Gebieten zu überschreiten.

In der weiteren Schlussfolgerung wird daran zugleich klar, drittens, dass sich diejenigen, die für eine Reduktion bestimmter Störungen oder Belästigungen eintreten, überhaupt nur schwerlich an Gesamtkalkülen orientieren *können*. Schon in deren Berechnung wird von allen erdenklichen konkreten Lagen, Einzelereignissen und Befindlichkeiten notwendig abstrahiert, und erst recht ist ihre Verrechnung aus der Perspektive situierter Personen oder Personengruppen nicht sinnvoll, sondern lähmend und geradezu entrechtend.[2] Zehn Frachtmaschinen zwischen zwei und fünf Uhr morgens in Bartenheim-la-Chaussée gegen fünfzig Starts gleicher Lautstärke am Sonntagnachmittag in Allschwil? Eine Perspektive, die sich an der Nation als Bezugspunkt der Verteilung orientiert, entrinnt dem generellen Problem der Verrechnung nicht, sondern kann es sogar noch weiter radikalisieren, indem ein zusätzlicher Faktor eingeführt wird, der mit der konkreten Situierung im Bezug auf den Lärm in vielen Fällen gar nichts zu tun hat.

---

2   Vgl. dazu auch das Urteil des Europäischen Gerichtshofs für Menschenrechte im Oktober 2001, in dem es um die Nachtflüge in Heathrow ging – mit durchschnittlich etwa 15 Flügen zwischen 23.30 Uhr und 6 Uhr liegt der Flughafen Heathrow im Jahr 2001 übrigens in derselben Größenordnung wie Basel-Mulhouse (*Case of Hatton and Others v. The United Kingdom*, Judgment, insbes. Para 96-107).

Mit diesen Gedanken nähern wir uns einer Aporie, in der die Fluglärmgegner gefangen sind, oder die jedenfalls ihre Organisationsbemühungen grundlegend erschwert. Sie lässt sich an dieser Stelle ausgehend von der scheiternden Komplexitätsreduktion zeigen, die der Bezug auf die Nation darstellt. Es ließ sich anhand der Interviews herausarbeiten, dass die Situiertheit und Situativität im Betroffensein vom Fluglärm eine kritische Rolle spielt. Die Situiertheit ist zugleich eine physisch-räumliche, körperliche und soziale Verortung auf der Mikroebene, worauf der Begriff der *sozialen Lärmsituation* abzielte. Folgt man der hier vertretenen Ansicht, dann ist diese mehrfache Verortung nicht nur eine zufällige Bedingung der empfundenen Belästigungen, sondern ein konstitutives Element derselben. Die weitere Vergesellschaftung, die bei einer Transformation der Belästigungen auf die Ebene eines politischen Problems nötig wird, ist dann aber zwingend mit besonderen Schwierigkeiten behaftet. Die mehrfache ‚Entankerung', – um diesen Begriff einmal ganz konkret zu verwenden –, birgt in jeder Dimension das Risiko, einen wesentlichen Teil des ursprünglichen Problems zu verlieren.

Darin unterschiedet sich im Übrigen der Fluglärm von vielen anderen Umweltproblemen bzw. deren Schadwirkungen, die nicht im selben Maße bzw. nicht in so vieler Hinsicht oder nicht so kleinräumig verortet sind. Es ist entsprechend leichter, unter Gegnern von Atomkraftwerken oder gentechnischen Freilandversuchen zumindest regional gemeinsam zu mobilisieren oder einen Boykott gegen Ölkonzerne zu organisieren, die Bohrinseln in der Nordsee versenken wollen. Die Fluglärmgegner sind dagegen vom Ansatz her für eine Politik prädisponiert, die in kritischer Absicht gerne als *Sankt-Florians-Prinzip* bezeichnet wird. Als Vorwurf ist dies zwar selbst ideologieverdächtig: Der inhärente Fatalismus dieses Prinzips, nämlich der Gedanke, dass eben eine gewisse Zahl von Häusern brennen muss, und dann lieber nicht das eigene, unterstellt immer schon ein Nullsummenspiel, bei dem an Ursachen und Wirkungen nichts zu drehen ist. Dem muss aber nicht so sein; das zeigt, um im Bild zu bleiben, schon die Erfindung des Blitzableiters oder, im Fall des Fluglärms, die Durchsetzung von Nachtflugverboten oder absoluten Beschränkungen der Flugbewegungen an bestimmten Flughäfen. Dennoch bleibt etwas an dieser Charakterisierung, denn sie weist eben auf den konstitutiv notwendigen Partikularismus der Fluglärmbetroffenen hin, der in besonderer Weise an die *Immobilie* geknüpft ist, an das unbewegliche Haus oder die Wohnung, die zwar nicht vom Blitz, aber doch immerhin vom Donner getroffen werden.

Die Transformation des Problems auf die politische Ebene wäre dann immer auf ganz besondere Weise eine *politics of scale,* weil sie von ‚Entankerungen' jenseits aller taktischen und strategischen Kalküle bezüglich der kommunikativen Ebenen abhängt (vgl. Adams 1990; Swyngedouw 1997a; Brown/Purcell 2005). Die symbolischen Regionalisierungen, die Interpretationen, in denen dann größere Bezugsräume und ihnen zugeordnete Bedeutungshorizonte hervorgebracht werden, bleiben stets prekär, wie sich am untersuchten Material zeigen ließ. Ein Aspekt, an dem sich dies zusammenfassend gut illustrieren lässt, ist die Rolle des ‚Elsass' in den Argumentationen der Fluglärmopponenten auf französischer Seite. Dies gibt uns zugleich die Gelegenheit, zum Schluss dieses Abschnitts noch einmal auf den Aspekt der Anerkennung zurückzukommen und schließlich auch einige praktische Konsequenzen aus dem Gesagten zu ziehen.

Das ‚Elsass' spielt als Referenzpunkt in den Erzählungen der in Frankreich lebenden Fluglärmgegner eine große Rolle. In den Interpretationen der schweizerischen Fluglärmopponenten kam dagegen irgendeine ‚Region' als Gegenstück zur Nation gar nicht vor, etwa als ein expliziter Bezug auf die Kantone, auf die Deutschschweiz oder auf den Jura; wenn ein kleinräumiger Bezug hergestellt wurde, so war dies meist einfach „Basel". Die deutschen Engagierten nahmen zwar auf den Schwarzwald oder das Markgräfler Land mehrfach Bezug, jedoch wesentlich als eine geographische Eingrenzung oder als pfleglich zu behandelnder Teil der Landesnatur. Bei den in Frankreich lebenden Fluglärmgegnern war hingegen in vielen Fällen eine identifikatorische Komponente erkennbar, wenn die Region ins Spiel kam, etwa indem sie im wiederholten Wechsel mit dem Personalpronomen „wir" oder „bei uns" genannt wurde. Den Gegenpol bildete meist die Schweiz, seltener Deutschland resp. deren Staatsangehörige; verschiedentlich wurde stattdessen oder zudem eine Abgrenzung gegen die nationale französische Politik vorgenommen, die einen negativen Ton der Fremdbestimmung oder Vernachlässigung anschlug: „Der französische Gott, der sitzt halt in Paris, und wir am Ende der Welt".

Auf verschiedene Weise wurde das Elsass dabei als eine Ebene oder eine Dimension der Lage kenntlich gemacht, die in das Problem irgendwie hineinspielt, die wichtig ist für die Interpretationen der Konflikte um den Fluglärm. Insbesondere wurden Motive erkennbar, die mit Themen der kollektiven Achtung bzw. Missachtung, mit mangelndem Respekt und Übergangenwerden zu tun haben. Das mehrfach benutzte Bild eines „Mülleimers", den das Elsass für die Schweiz darstelle, ist eine besonders starke Variante entsprechender Äußerungen. Ähnliche Tendenzen lassen sich aber auch in weit weniger drastischen Formulierungen dingfest machen, vor allem in der wiederholten Situierung von bestimmten Problemen oder Problemlagen im Kontext der Erwähnung des Elsass' oder der Elsässer. „Die fliegen über unsere Köpfe", kann das heißen, wenn gerade vom den Elsässern die Rede war, „bei [uns] Elsässern entschuldigt man sich nicht", oder „Und alles bekommt das Elsass ab".

Solche Äußerungen wurden in mehreren Fällen recht heftig vorgetragen, manchmal erkennbar erregt oder wütend. In der Summe entstand dadurch der Eindruck, dass sich relevante Teile der Fluglärmopponenten auf französischer Seite *als* Bewohner des Elsass in Fragen des Fluglärms nicht hinreichend vertreten und geachtet, sondern übergangen oder sogar diskriminiert fühlen. Der „Respekt", der in den Gesprächen auch anderenorts gefordert wurde, nimmt hier also in gewissem Umfang eine regionale Gestalt an, er bezieht sich zumindest *auch* auf die Zugehörigkeit zu einer „vorgestellten Gemeinschaft" (Anderson 1983). Wir könnten hier mit Weichhart (1996, S. 37) von einer „Identitätsregion" sprechen; doch ist im vorliegenden Zusammenhang das Interesse ja nicht auf die Region gerichtet, die sich für unsere Zwecke gleichermaßen als kognitives Konstrukt, als Resultat alltäglicher Handlungen und als konkrete Bestimmung sozioökonomischer Strukturen beschreiben ließe (vgl. Wardenga/Miggelbrink 1998). Die Region wird hier also nicht primär selbst als produzierte Größe betrachtet, sondern als Bedeutungshorizont, der in die Interpretation einer Problemlage eingeht, in konkrete ‚Klanglandschaften' und mit ihnen in den abstrakteren *Maßstab des Fluglärms* (s. dazu auch Faburel 2003; Flitner 2007).

Die weitergehende theoretische Frage, die sich an diese Überlegungen anschließt, nämlich in welchem Verhältnis das Konzept der Umweltgerechtigkeit zu den Selbst- und Fremdzuordnungen zu bestimmten Gruppen (z.B. ‚den Elsässern') steht, wird im folgenden Abschnitt behandelt. Hier soll dagegen versucht werden, zumindest noch einige pragmatisch orientierte Schlussfolgerungen aus der Analyse zur Diskussion zu stellen. Es war zwar nicht der Zweck dieser Studie, ‚Verbesserungsvorschläge' aus Sicht der Betreiber oder einer abstrakten Allgemeinheit zu entwickeln, und es muss auch deren explorativer Charakter hier kaum noch einmal betont werden. Dennoch lässt sich danach fragen, was die Befunde dieser Studie nahelegten, wenn es darum ginge, die Lage der vom Fluglärm Betroffenen zu verbessern. Die drei Punkte, die im Folgenden angerissen werden, sollen zumindest verdeutlichen, in welche Richtung die Überlegungen gehen, die sich hier ergeben. Sie betreffen sowohl prozedurale wie substanzielle Fragen der Umweltgerechtigkeit:

Erstens bieten die zahllosen Klagen der vom Fluglärm Betroffenen, nicht angemessen gehört zu werden, was ihre Definition der Problemlagen betrifft, offensichtlich eine Reihe von Ansatzpunkten der *prozeduralen Verbesserung*. Instrumente wie ‚runde Tische', Mediationsverfahren usw. sind aus anderen Konflikten hinlänglich bekannt und an diesem Ort bisher kaum oder gar nicht genutzt worden. Anna Geis (2002, Kap. 7) kommt am Beispiel des großen Frankfurter Mediationsverfahrens zu dem (vorläufigen) positiven Ergebnis, dass die dortige, im Vorfeld heftig kritisierte Mediation keineswegs nur als verbesserte „Regierungstechnik" zu werten sei; vielmehr habe sich hier eine „List des Verfahrens" bemerkbar gemacht, die zu unerwartet weitgehenden Maßnahmen im Sinne der Gegner im verabschiedeten „Mediationspaket" führte. Die Anhörungen, die die junge französische Fluglärmbehörde ACNUSA im Jahr 2001 durchgeführt hat, weisen in diese Richtung, sie waren jedoch vom Ansatz her bisher wesentlich begrenzter und unsystematischer. Nur ein offener, grenzüberschreitender Dialog mit breiter Beteiligung der Anlieger und Engagierten wäre hier in der Lage, das langjährig etablierte System informeller Absprachen und administrativer Zersplitterung in einer Weise zu durchbrechen, von der sich neue Impulse erwarten lassen.

Ausgehend von den *sozialen Lärmsituationen* lässt sich jedoch noch eine spezifischere Konsequenz in Bezug auf die kommunikativen Verhältnisse ziehen: Wenn den wiederholten, konkreten Ohnmachtserfahrungen der vom Fluglärm Betroffenen tatsächlich ein wichtiger Stellenwert einzuräumen ist, dann sind all diejenigen Maßnahmen von besonderem Interesse, die die *Vorhersagbarkeit* und *Kalkulierbarkeit* des Geschehens erhöhen. Dieser Aspekt ist meines Wissens bisher noch kaum erkannt worden, obwohl die Klagen auch an anderen Orten seine Wichtigkeit nahelegen (vgl. Leroux 2002). Es ist kaum einsichtig, warum es beispielsweise nicht möglich sein sollte, recht genaue Lärmprognosen auf Tagesbasis für die einzelnen Sektoren zu erstellen und in geeigneter Weise (z.B. im Internet,

Telefonansage) aktuell verfügbar zu halten. Die entsprechenden Modelle und Messmöglichkeiten liegen größtenteils vor und werden für interne Zwecke auch genutzt. Heute ist es aber selbst im Nachhinein kaum möglich, einigermaßen zeitnah Daten zu bekommen, Informationen über Abweichungen, geplante Abhilfe usw. Dies muss das Gefühl der Ohnmacht befördern, den negativen Eindruck der Außenstehenden, dass hier reihenweise intransparente Vorgänge ablaufen, wie dies in den Gesprächen vielfach artikuliert wird.

Zweitens lässt sich auf Grundlage dieses Gedankens auch daran arbeiten, bestimmte ‚Fenster' geringer Flugaktivität gerade für die stark belasteten Gebiete zu konstruieren. Welchen Unterschied auch nur ein oder zwei in der Regel relativ ruhige Abende oder Morgen pro Woche ausmachen, weiß jeder Anlieger einer im Berufsverkehr stark befahrenen Straße, eines Veranstaltungsortes oder einer Gastwirtschaft mit Ruhetag. Die Interviews deuten darauf hin, dass die Belästigungen oder Störungen, die der Fluglärm generiert, nur sehr bedingt in den komplex berechneten, mittelnden Lärmmaßen abgebildet werden können. So werden Ereignisse oder Ereignisketten als besonders störend wahrgenommen, die in charakteristischen ‚Freizeiten' wie dem frühen Abend oder dem Wochenende auftreten und zwar besonders dann, wenn diese Zeiten für soziale Aktivitäten im Kreis der Freunde oder der Familie genutzt werden. Auch hier ist bisher keinerlei Kalkulierbarkeit gegeben, ja jenseits des Flugplans nicht einmal eine akzeptable Wahrscheinlichkeit, dass an bestimmten Nachmittagen oder Wochenenden eine geringere Belastung zu erwarten wäre als an anderen. Es wäre zu prüfen, inwieweit es nicht möglich ist, an bestimmten, festgelegten Tagen und zu bestimmten Tageszeiten die Bedingungen für die Nutzung unterschiedlicher Routen anders festzulegen als dies generell der Fall ist, um so bestmöglich vorhersagbare, ruhigere ‚Zeitfenster' gerade in den stark belasteten Gebieten zu schaffen. Die meteorologischen Verhältnisse stehen dem in Basel-Mulhouse nicht generell entgegen, wie die übliche nächtliche Umkehr der Startrichtung zeigt. Dass solche Rotationsregeln überhaupt praktikabel sind, zeigen langjährige Erfahrungen u.a. in London-Heathrow; derzeit sind ähnliche Vorschläge in Zürich und Wien im Gespräch.

Drittens bieten die Beschreibungen der Ohnmacht und des mangelnden Respekts in Kombination mit den vielschichtigen Interpretationen der asymmetrischen Beziehungen in der Region Anlass, die institutionelle und politisch-rechtliche Konstruktion des Flughafens zu überdenken. Eine spannungsgeladene Beziehung in dem binationalen Konstrukt ist hier schon dadurch vorprogrammiert, dass auf der schweizerischen Seite relativ weitreichende demokratische Mitbestimmungsrechte in Form der Referenden bzw. Volksabstimmungen gegeben sind, welche bereits mehrfach wirkungsvoll eingesetzt werden konnten, auf französischer Seite jedoch bis vor kurzem überhaupt nur sehr schwache Mitbestimmungsrechte auf regionaler oder lokaler Ebene existierten. Die Auslassung bzw. implizite Regelung der heute wichtigsten öffentlichen Streitpunkte in dem binationalen Vertrag, auf dessen Grundlage der Flughafen operiert, hat zu einem Zustand geführt, in dem formell nicht vorgesehene Wege der Einflussnahme zum Regelfall geworden sind. Gerade informelle Absprachen und nicht-transparente Regelungen sind aber besonders geeignet, Unmut und Verdächtigungen aller Art zu erzeugen, die hier nur zum kleinsten Teil wiedergegeben wurden. Der jedenfalls in mancher Hinsicht lähmende Ausnahmestatus des Flughafens Basel-Mulhouse wird stellvertretend in der Geschichte der Lärmpläne deutlich, die erkennbar anders verlief als an allen anderen der zehn größten französischen Flughäfen. Generell unvertretbar scheint bei einer Neuregelung der Verhältnisse der Ansatzpunkt, in wichtigen Fragen entweder über Jahrzehnte gar nichts Wirksames zu unternehmen, wie im Fall der genannten Lärmpläne, oder schlicht diejenigen Lösungen zu favorisieren, die im Sinne der Betreiber besonders günstig sind, so die im Vergleich zu Züricher Standards extrem freizügige Nachtflugregelung.

Diese drei Denkanstöße sind hier beispielhaft angeführt, um zu verdeutlichen, in welche Richtung die Befunde einer qualitativen Studie wie der vorliegenden weisen. Sie ersetzen offenkundig auch in genauer ausgearbeiteter Form nicht die mittelnden Lärmberechnungen, die letztlich auf physikalischen Parametern und repräsentativen Befragungen beruhen. Und sie können die zentralen Forderungen der vom Fluglärm Betroffenen, vor allem nach einer Ausweitung der Nachtruhe, nur ergänzen. Sie rücken jedoch interessanterweise ganz andere Variablen in den Vordergrund, die in den bisherigen, quantitativen und technizistischen Ansätzen wenig oder gar keine Beachtung erfahren, ja zum Teil gar nicht erfasst werden können, weil sie sich den mittelnden und berechnenden Verfahren von vornherein entziehen. So eröffnet etwa im vorliegenden Fall erst die Analyse der sozialen Bedeutung der Lärmsituationen die Perspektive auf ein segmentiertes und gewichtetes, *qualitatives Zeitmanagement* sowie eine *Kultur der Kalkulierbarkeit*. Systematisch geraten damit auch die Dimensionen der *Transparenz* der Kriterien und Entscheidungen sowie der *Partizipation* in verschiedenen Formen in den Blick. Diese lassen nicht nur prozedural, sondern auch substanziell andere Möglichkeiten erkennen, als sie bisher in den Forderungskatalogen der Fluglärmgegner dominieren. Aus ersichtlichen Gründen sind auch deren Forderungen meist als quantitative ,Ergebnisse' formuliert und meiden strukturelle und prozedurale Fragen zugunsten von klar beschreibbaren Zielen. Wenn es der qualitativen Forschung gelingt, Fragen aufzuwerfen, die zur Selbstverständigung über diese Ziele, sowie zu deren Ergänzung und Präzisierung beitragen können, hat sie ihren Zweck in diesem Zusammenhang erfüllt.

Umweltgerechtigkeit und geographische Umweltforschung

Fragen der Umweltgerechtigkeit haben in den letzten Jahren zunehmende Beachtung erfahren und so werden heute die verschiedensten Umweltprobleme in unterschiedlichen Regionen der Welt unter einer Perspektive betrachtet, die ursprünglich nur auf ein sehr enges Set von Problemen zugeschnitten war. Der obige Versuch, einen geschärften analytischen Rahmen für vergleichbare Problemlagen zu entwerfen, wirft damit zugleich die Fragen auf, was die besonderen Stärken dieses Ansatzes sein sollen und wo seine Grenzen liegen. Diese Fragen gelten in doppeltem Sinn für geographisches Gebiet: wie passt der Ansatz in das Feld der geographischen Umweltforschung, und inwieweit lässt er sich überhaupt auf Räume außerhalb Nordamerikas übertragen? Passt dieser Ansatz gleichermaßen auf die Regionalentwicklung in Lettland (Dawson 2001), auf globale Umweltprobleme wie den Verlust der biologischen Vielfalt (Martínez-Alier 1997), auf den Computermüll in Asien (Iles 2004) und auf den Fluglärm in der Umgebung von Basel? Die folgende Diskussion kann diese Fragen nur teilweise beantworten, denn sie konzentriert sich auf den vorliegenden Ansatz, der das Feld nicht zur Gänze umfasst, in entscheidender Hinsicht aber auch weiter öffnet, als dies die meisten Autorinnen und Autoren bisher getan haben.

Die theoretische Stärke des vorgeschlagenen Ansatzes lässt sich vor allem darin sehen, dass er zwei aktuelle Diskussionen in systematischer Weise verbindet: die laufende fachspezifische Debatte um die Entstehung und Wirkung von Maßstäben (*scales*) und die sozialwissenschaftliche Diskussion über Gerechtigkeit, die in allen umweltbezogenen Konflikten eine Rolle spielen muss, in denen es auch um soziale Ungleichheiten geht. Er scheint in der vorliegenden Form grundsätzlich und vor allem geeignet, diejenigen Umweltprobleme zu analysieren, die mit manifesten sozialen Konflikten einhergehen. Manifeste soziale Konflikte heißt: Auseinandersetzungen, in denen sich bestimmte, aus diesem Anlass neu gebildete oder zuvor schon vorhandene Gruppen bereits feststellbar artikuliert haben, Auseinandersetzungen, die durch Handlungen und Äußerungen im öffentlichen Raum bereits erkennbar abgebildet sind.

Der Ansatz bleibt dabei theoretisch offen für unterschiedliche Antworten auf die Frage, in welchem Verhältnis die kulturellen Bedeutungsgehalte in einem betrachteten Feld zu den gesellschaftlichen Strukturen und Prozessen stehen, die wir gemeinhin als soziale Wirklichkeit bezeichnen. D. h. die heuristische Unterscheidung unterschiedlicher Maßstäbe und Pole von Gerechtigkeit präjudiziert noch nicht die Frage, welche größere sozialtheoretische Perspektive eingenommen wird. Implizit ausgeschlossen bleibt nur ein streng objektivierender Realismus, der die soziale Wirksamkeit symbolischer Aktivität insgesamt zurückweist oder für irrelevant hält. Von anderen Perspektiven wird allerdings verlangt, dass sie der Entstehung und Wirkung kultureller Differenzen systematisch Aufmerksamkeit widmen, und zwar nicht nur als Variablen in einer gegebenen Auseinandersetzung, sondern auch im Blick auf die Konflikte zweiter Ordnung, in denen es um die konkurrierenden Rahmungen des gesamten Konfliktfeldes geht (Flitner/Heins 2002, S. 336). Denn oftmals ist gerade das umstritten, was überhaupt den Kern des in Frage stehenden Konflikts ausmacht: die toxischen Moleküle oder die Nicht-Anerkennung kultureller Differenz; die Zonen über 65 dB oder die sozialen Ausgrenzungen im politischen Prozess; die ökonomischen Disparitäten oder die ungleichen politischen Beteiligungsmöglichkeiten beidseits der französisch-schweizerischen Grenze in einem gemeinsamen Projekt.

Mit der sozialkonstruktivistischen Auffassung von den Maßstäben der Regulierung sowohl wie der Bedeutung werden zugleich Vorannahmen über bestehende, quasi raumimmanente Ebenen hinfällig. Damit können die verbreiteten Rasterungen vom Typ lokal–regional–national–international vermieden werden, die Untersuchungen häufig ohne weitere Begründung zugrunde liegen und jedenfalls dann zu unbefriedigenden Ergebnissen führen, wenn sie der Untersuchung theoretisch und methodisch äußerlich bleiben – ob in der Geographie oder in jüngeren Ansätzen der *multi-level governance*. Stattdessen ergeben sich die operativen Ebenen der Betrachtung grundsätzlich erst im Lauf der Betrachtung des Gegenstandes selbst, nämlich mit der Rekonstruktion der sozial (und oftmals auch sozialräumlich) verdichteten ‚Maßstäben' der Bedeutung und der Regulierung im betrachteten Konfliktfeld. Da vor allem die Maßstäbe der Regulierung in Gestalt der formalen Institutionen an breitere und langlebigere, gesellschaftlich sanktionierte Interpretationen und Normen angebunden sind, wird das Risiko abgehobener Problemkonstruktionen systematisch verringert. In der Beschäftigung mit der Registrierung von Schadstoffen und der Bestimmung von Deponiestandorten, – oder mit Lärmzonen und Flugrouten –, werden zwangsläufig ‚härtere' wissenschaftliche Befunde eingeführt, jedoch nicht als von außen gegebene, mit der Aura der Objektivität versehene ‚Daten', sondern bereits in einer gesellschaftlich verarbeiteten Fassung, als soziale ‚Fakten'. Die Maßstäbe der Regulierung, darauf wurde oben bereits hingewiesen, sind also auch ‚von Bedeutung', aber wir haben es hier mit einer Bedeutung zu tun, die anderen Zwängen und Vermittlungen unterliegt, und damit weniger plastisch ist, weniger zugänglich für partikulare Interpretationen, für die Eröffnung von Sinnhorizonten, die von der gesellschaftlich vorgesehenen Problemverarbeitung grundlegend abweichen.

Mit diesen Charakteristika lässt sich der Ansatz in der geographischen Umweltforschung an neuere Perspektiven aus der Politischen Ökologie anschließen. Er nimmt dort das gewachsene Interesse an den kulturellen Dimensionen von Umweltproblemen auf (Blaikie 1999; Bryant 2000; Krings/Müller 2001; Robbins 2004) und kann mit seiner mehrschichtigen Perspektive dazu beitragen, die vielfach beklagte Kluft zwischen ‚realistischen' und ‚postmodernen' Ansätzen zu verringern oder zumindest nicht weiter zu vertiefen (vgl. Blaikie 1995; Gandy 1996, 1997; kritisch dazu: Flitner 2003). Der vorgeschlagene Rahmen hat darüber hinaus in zweierlei Hinsicht einen spezifischen Schwerpunkt. *Erstens* bezieht er sich von seiner Herkunft her nicht auf ökologische Konfliktlagen in den Ländern der südlichen Hemisphäre, sondern auf urbane und periurbane Konfliktlagen in Industrieländern. Damit haben wir es meist mit einer durch und durch anthropogen geprägten ‚produzierten Natur' (Smith 1984; Castree 1995) zu tun und weniger mit dem primären Sektor von mineralischer Extraktion, Land- und Forstwirtschaft u.ä. Zudem sind die in Frage stehenden Gesellschaften tendenziell stärker verregelt und funktional differenziert. Beides sind jedoch graduelle Unterschiede, die im Einzelfall gar nicht gegeben sein mögen oder sich in konkreten Auseinandersetzungen perspektivisch auflösen (vgl. Chiro 1996, S. 310ff.). Trotz möglicher forschungspraktischer Differenzen ist es daher in diesem Punkt auch nicht ersichtlich, warum der andere räumliche Bezug grundlegende theoretische und methodische Implikationen haben sollte, die einen Anschluss erschweren.

Zweitens ist der Ansatz in stärkerem Maße an artikulierte Konflikte gebunden und an die Individuen und Gruppen, die diese Konflikte führen. Die Sinngebungen und Bedeutungsfelder, die hier auszuloten sind, schließen eine Bestimmung derjenigen ein, die diese Deutungsleistungen vollbringen. Diese Bestimmung ist allerdings problematisch, und zwar zum einen, weil sie nur ein begrenztes Maß an

Abstraktion und Pauschalisierung verträgt. So lassen sich großräumige Konfliktlagen wie die Abholzung des Tropenwaldes in einem ganzen Land oder vergleichbare Fragen mit diesem Rahmen schwerlich behandeln, und umso weniger,
je sozial entfernter die Definition der gesamten Problemlage stattfindet. Die For-
schungsperspektive bietet sich demnach weniger für im engeren Sinne globale,
ökologische Problemlagen wie den Abbau der Ozonschicht an, auf den Becks
Diktum von der gleichmacherischen Wirkung neuer Umweltprobleme am Ehesten
zutrifft. Oftmals werden jedoch auch diese Probleme kulturelle Konflikte zum
Vorschein bringen, sobald wir uns der Ebene zuwenden, auf der konkret Betroffene ihre Sicht artikulieren. Diese Rückbindung setzt der vorgeschlagene Rahmen
voraus: ein nationaler oder globaler ‚Maßstab' kann jeweils nur aus einer Analyse
der Maßstäbe von Bedeutung und Regulierung erschlossen werden.

Dabei kann, zum anderen, jene Bestimmung der Betroffenen nicht vorgängig
oder essenzialisierend erfolgen. Das ist in der nordamerikanischen Debatte leicht
zu übersehen, wird aber deutlicher, wenn wir versuchen, den Rahmen auf europäische Verhältnisse zu übertragen. In den USA und Kanada schien sich die Frage
gar nicht zu stellen, wie sich denn die zu betrachtenden Akteure als soziale Gruppen konstituieren, denn das Bestehen von *communities of color*, die anfangs im
Zentrum der Auseinandersetzungen um Umweltgerechtigkeit standen, wurde und
wird implizit fast durchgängig schlicht *vorausgesetzt* und also nicht im Einzelfall
rekonstruiert, weil dies nicht nötig scheint. Eine solchermaßen umstandslose Voraussetzung ist schon weit schwerer aufrecht zu erhalten, wenn es um die *low-
income populations* geht, deren Anliegen heute auch in dieser Perspektive verhandelt werden, und erst recht, wenn wir es mit der sozial heterogenen Anhänger-
schaft einer Bürgerinitiative ‚Mütter gegen Atomgefahren' oder dem Schutzverband der Flughafenanlieger zu tun haben. Im Grenzfall sind schließlich alle sozialen Kategorisierungen kontingent und daher ist auch überhaupt keine Gruppe in
einem bestimmten Konflikt einfach vorauszusetzen. Vielmehr müssen diese rekonstruiert werden, und das setzt ein Mindestmaß an öffentlicher Artikulation und
Selbstzuordnung voraus, wenn nicht nur abstrakt und strukturell argumentiert
werden soll.

Wer aber sind ‚die Fluglärmgegner' und ist es überhaupt sinnvoll, solche
Gruppen zur Grundlage einer Untersuchung über Umweltgerechtigkeit zu machen? Wir haben es hier weder mit jenen neuzeitlichen Heroen zu tun, die mit riskanten Bootsfahrten Wale zu schützen versuchen, noch mit denjenigen, die weniger werbewirksam für Umweltbelange streiten, welche allgemein als vernünftige
Sache gelten. Soweit können wir eine Parallele zu den eher unspektakulär agierenden und erkennbar partikular interessierten Aktivisten sehen, die gegen Altlasten und Mülldeponien in ihren Wohngebieten kämpfen. Aber vielleicht nur soweit. Denn das soziale Profil derjenigen, die sich etwa im Raum Basel gegen den
Fluglärm engagieren, ist nur sehr bedingt vergleichbar mit dem derjenigen Gruppen, die sich in den klassischen nordamerikanischen Auseinandersetzungen um
Altlasten und Sondermülldeponien engagiert haben. Um das zu erkennen, bedarf
es kaum einer quantitativen Untersuchung. Getches/Pellow (2002, S. 24f.) haben
in diesem Zusammenhang jüngst vorgeschlagen, nur dann überhaupt von Um-

weltgerechtigkeit zu sprechen, wenn die in Fragen stehenden Gruppen erkennbar auch *jenseits des konkreten Konflikts* benachteiligt sind. Das ließe sich für die hier untersuchten Fluglärmengagierten nicht pauschal behaupten. Ihr „militanter Partikularismus" (vgl. Harvey 1996, Kap. 1) kommt, vereinfacht gesagt, aus der Mitte der Gesellschaft. Einzig bei der Gruppe der elsässischen Fluglärmgegner zeichnet sich in den Interpretationen ab, dass eine strukturelle Benachteiligung auch sonst gesehen wird.

Dieser Befund, bzw. eine Klärung dieser Frage, ist auch deshalb von Bedeutung, weil sie direkt in die laufende Debatte um Anerkennung als Dimension sozialer Gerechtigkeit hineingreift. Honneth (2003, S. 131f.) misstraut in Abgrenzung zu Fraser der artikulierten „Identitätspolitik" als Richtschnur einer systematischen Trennung von Verteilungs- und Anerkennungskämpfen unter anderem deshalb, weil durch sie gerade die stummen Ausgrenzungen aus dem Blick gerieten. Dieses Problem lässt sich auch an den Kämpfen um Fluglärm illustrieren. So deuten nach Leroux (2002, S. 71) Untersuchungen an den Pariser Großflughäfen Orly und Roissy darauf hin, dass die am stärksten betroffenen Anlieger den Untersuchungen entgehen können, weil sie sich zu guten Teilen gar nicht artikulieren. „Diese Leute sagen nichts mehr, die sind einfach platt, ... sie sind resigniert und werden geopfert", wird in diesem Zusammenhang ein Verbandsvertreter zitiert (ebd., Üs. MF). Die soziale Lage und die sozialräumliche Segregation rund um Basel-Mulhouse sind sicher nicht mit denjenigen in den Vororten von Millionenstädten wie Paris, London oder New York zu vergleichen – ganz zu schweigen von Delhi oder Mumbai (Bombay), wo die aus Europa kommenden Maschinen teils mitten in der Nacht eintreffen und tief über armen und ärmsten Wohngebieten zur Landung niedergehen (vgl. a. Goldschagg 2002). Doch müssen wir selbst im Raum Basel davon ausgehen, dass die Betroffenheit von Fluglärm und das politische Artikulationsvermögen zum Teil erheblich auseinanderfallen. Dementsprechend finden wir leichter und mehr kritische Äußerungen aus den Villengegenden von Allschwil, wo der örtliche Schutzverband mit guten finanziellen Mitteln ausgestattet ist, als aus dem sozialen Wohnungsbau in Bourgfelden oder auch dem Basler Neubadquartier. Dieses Problem ist nicht ganz zu umgehen, wenn das Engagement in bestimmten Umweltfragen bzw. die artikulierte Opposition zu bestimmten Entwicklungen den Ausgangspunkt der Untersuchung bildet; die Folgen lassen sich jedoch abmindern, indem die Gruppe der Befragten nicht auf die erkennbar Engagierten begrenzt bleibt.

Der vorgeschlagene Rahmen der Umweltgerechtigkeit bietet sich insgesamt demnach vor allem für relativ ausdifferenzierte Konflikte an, in denen sich mehr oder weniger organisierte Gruppen oder soziale Minderheiten gegen Umweltbelastungen zur Wehr setzen, die sozialräumliche Differenzierungen zumindest temporär herbeiführen, vertiefen oder befürchten lassen. Typische Konfliktlagen haben eine klare Standortkomponente und liegen eher im Bereich des Umweltschutzes als in dem des klassischen Naturschutzes. Sie können gefährliche Chemieanlagen, Altlasten, Entsorgungsbetriebe oder Schadstoffimmissionen betreffen, aber auch Auseinandersetzungen um Stromtrassen, Verkehrswege, städtische Sanierungsvorhaben oder, wie im vorliegenden Fall, Konflikte um Lärm. Ma-

schewsky (2001) hat gut zwei Dutzend Beispiele kurz dargestellt, darunter eine
ganze Reihe, die europäische Problemlagen betreffen.

Neue Perspektiven für die sozialwissenschaftliche Umweltforschung ergeben
sich damit im Feld einer konfliktorientierten urbanen politischen Ökologie, wie
sie sich derzeit in Ansätzen zu entwickeln beginnt (Berry 2001; Keil 2003; Swyn-
gedouw/Heinen 2003), aber auch im Rahmen der Forschungen zur Marginalisie-
rung und Verwundbarkeit bestimmter Gruppen durch Umweltgefahren und globalen Wandel (Bohle u.a. 1994; Pelling 1999; Ikeme 2003). Die Angemessenheit
und analytische Stärke des vorgeschlagenen Untersuchungsrahmens bleibt an empirischen Fragestellungen zu überprüfen. Die Verteilung von Umweltbelastungen,
wie auch von Umweltgütern und –gefahren, differiert häufig nach Einkommen,
sozialer Lage und Herkunft, zwischen Stadt und Land, Nord und Süd oder Ost
und West. Eine genauere Betrachtung der Maßstäbe und Pole der Umweltgerechtigkeit lässt entsprechend in ganz unterschiedlichen Feldern neue Einsichten erwarten.

Coda

„Ich schlage [...] vor, einen *Nationalpark der Stille* einzurichten. Auf der Karte
Frankreichs muss ein geeignetes Gebiet gefunden werden, verschont zwar von
Schienenwegen und Nationalstraßen, wohlgemerkt aber lebendig, mit all seinen
Dörfern, seinen Bräuchen, seiner Kultur und Arbeit. Ein freies Stück von 20 Kilometern Seitenlänge, was nicht mehr als 400 Quadratkilometer ausmacht oder
40.000 Hektar. Man darf dabei nicht zu groß planen, vor allem aber nicht zu klein.
[...]
      Dieser große, klar abgegrenzte Park wird sowohl gut eingezäunt sein als auch
überwachte Zugangswege haben. Eine Hotelgesellschaft wird sich um die Erschließung dieser ausgewählten Region kümmern. Viele einzelne Unterkünfte,
hervorragende Hotels, aber nur in angemessener Zahl und Größe, besser noch: nur
etwas wie ein feiner Hauch von Hotels. Ein wohnliches und angenehmes Land-
stück, das versteht sich von selbst, aber schließlich vor allem ein stilles Land-
stück. Nicht ein lächerlich stilles Gebiet, sondern ein auf vernünftige, kluge Weise
stilles Gebiet, geschützt jenseits der Grenzen durch eine breite beruhigte Zone: die
Stille der zweiten Stufe. Keine Eisenbahn, kein Bahnhof, höchstens außer Hör-
weite. Lieferwagen werden zugelassen, morgens, für eine knappe halbe Stunde,
und rücksichtsvoll gefahren. Keine Autos für den Rest des Tages: Man kann auf
der Straße spazieren gehen und plaudern oder träumen, in völliger Sicherheit.
Keine Flugzeuge: Sperrgebiet, eingezeichnet auf allen Karten und selbstverständ-
lich respektiert, wie alle Unternehmungen, die mit Geld zu tun haben. Kein In-
dustrielärm. Schließlich, zentraler Punkt, keine technisch erzeugte Musik. Stille.
Menschliche, gesunde, reiche Stille, gehütet wie ein Gegenstand von hohem
Wert."

Georges Duhamel: *Querelles de famille*. Paris 1932, S. 24-26 (Üs. MF)

Anhang

Liste der Interviewpersonen

Die Interviews wurden in den Jahren 2001 bis 2003 geführt, eine geringe Zahl von Nachgesprächen in den Jahren 2004 bis 2006. Den Interviewten wurde Anonymität zugesichert, was auch in einigen Fällen ausdrücklich erwünscht worden war. Daher werden alle Angaben zu den Personen verschlüsselt bzw. hinreichend verändert wiedergegeben. Die Buchstaben w bzw. m nach der laufenden römischen Ziffer kennzeichnen das Geschlecht der Interviewperson; die Altersangaben nach dem Beruf sind in vielen Fällen geschätzt, die vorletzte Angabe bezieht sich jeweils auf den Ort des Gesprächs, die letzte auf die Sprache, in der das Interview ganz oder überwiegend geführt wurde. Ein Sternchen (*) kennzeichnet die längeren Interviews (45-120 Min.) mit dezidiert engagierten Personen.

*Iw	Teilzeitberufstätige Frau, Pendlerin, >30, Buschwiller, franz.
*IIm	Lokalpolitiker, > 50, Hésingue, franz.
IIIm	Chemiefacharbeiter, >40, Efringen-Kirchen, dt.
*IVw	Hausfrau, >40, Wintersweiler, dt.
*Vw	Juristin, 42, Blansingen, dt.
VIw	Bäuerin im Nebenerwerb, <60, Buschwiller, franz.
*VIIm	Rentner, ehem. Industriekaufmann, 70, Michelbach-le-Bas, franz.
VIIIw	Fabrikarbeiterin, 22, Bourgfelden, franz.
*IXm	Arzt, >50, Basel-Binningen, ch-dt.
*Xm	Umweltaktivist, ca. 40, Lörrach, dt.
XIw	Angestellte im Servicebereich des Flughafens, ca. 30, ch-dt.
*XIIw	Hausfrau, 52, Saint-Louis-la-Chaussée, franz.
XIIIm	Verwaltungsangestellter, Tourist, > 50, dt.
XIVw	Hausfrau, <40, Rheinweiler, dt.
*XVm	Lehrer, <50, Hégenheim, dt.
*XVIm	Verwaltungsangestellter, ca. 45, Basel, ch-dt.
*XVIIw	Fachschülerin, <20, Schönenbuch, ch.-dt.
*XVIIIm	Rentner, ehem. Speditionskaufmann, <70, Neuallschwil, ch-dt.
XIXm	Mitarbeiter der Flughafenverwaltung, <50, ch-dt.
XXm	Mitarbeiter der Flughafenverwaltung, ca. 30, dt.
XXIw	Rentnerin, <70, Zweitwohnsitz, Hégenheim, franz.
XXIIw	Schülerin, 15, Hégenheim, franz.
XXIIIw	Fachverkäuferin, ca. 30, Basel-Neubad, ch-dt.
*XXIVw	Angestellte der Gewerkschaft, Mitte vierzig, Basel, franz.
XXVm	Manager einer großen Speditionsfirma, Mitte 50, Basel, ch-dt.
XXVIm	Verwaltungsbeamter, >50, Weil a. Rh., dt.

*XXVIIIw Rechtsanwältin, <50, Lörrach, dt.
XXIXm   Schüler, 8, Rheinweiler, dt.
XXXm   Erzieher, ca. 30, Blotzheim, franz.
XXXIw   Redakteurin einer regionalen Tageszeitung, ca. 40, Mulhouse, franz.
XXXIIm   Busfahrer, ca. 50, Flughafen Basel-Mulhouse, dt.
XXXIIIm   Techniker im öff. Dienst, ca. 40, Bartenheim, franz.
XXXIVm   Mitarbeiter eines Reiseveranstalters, Freiburg, >30, dt.

Regeln der Transkription

Um exakte Anschlüsse zu gewährleisten wurde der Interviewtext bei allen mehr-
zeiligen Zitaten in üblicher Weise in nicht-proportionaler Schrift dargestellt; dabei
wurde eine nachträgliche Interpunktion vorgenommen. Dialektpassagen wurden
übersetzt, wo Probleme der allgemeinen Verständlichkeit vermutet wurden. Das
Baseldeutsch wurde nicht in der in Basel üblichen Weise transkribiert, sondern
bundesdeutschen Schreibgewohnheiten weitgehend angepasst. Ansonsten folgt
die Transkription einer Darstellung, die nach Bohnsack (1999, S. 233f.) leicht abgewandelt und vereinfacht wurde. Die Hervorhebungen und Sonderzeichen sind
folgend im Einzelnen dargestellt:

text	deutlich lauter oder stark betont gesprochen
"text"	deutlich leiser gesprochen
[P, n]	Pause, Dauer in Sekunden
[?, n]	unverständlich, Dauer in Sekunden
[...]	Auslassung
[Text]	Ergänzung durch MF
[(lacht)]	Beschreibung parasprachlicher oder gesprächsexterner Ereignisse
⌊	Beginn einer Überlappung
⌋	Ende einer Überlappung
(Iw, Z. x–y)	Kurznachweis des Interviews: laufende Nummer, Geschlecht der interviewten Person, Zeilenangabe gemäß Transkript

Literatur

ACNUSA (Autorité de contrôle des nuisances sonores aéroportuaires), 2001a. *Communiqué du 18 avril 2001*, o.O. [Paris].

ACNUSA, 2001b. *Rapport d'activité 2000*, o.O. [Paris].

ACNUSA, 2002. *Rapport d'activité 2001*, o.O. [Paris].

ACNUSA, 2003. *Rapport d'activité 2002*, o.O. [Paris].

ACNUSA, 2006. *Révision des Plans de Gêne Sonore* o.O. [Paris]. (URL: http://www.acnusa.fr vom 16.05.2006)

ACNUSA, 2007. *Tableau prévisionnel des révisions des PEB* (du 1er novembre 2002 au 31 décembre 2005) [mise à jour: 4. janvier 2007], o.O. [Paris]. (URL: http://www.acnusa.fr vom 14.03.2007).

Adam, B., 1990. *Time and social theory*. Polity, Cambridge.

Adams, J.G.U., 1971. London's Third Airport. *Geographical Journal*, 137(4): 468–504.

ADEUS (Agence de Développement et d'Urbanisme de l'Agglomération Strasbourgeoise), 2000. *Lebensraum Oberrhein ... eine gemeinsame Zukunft. Raumordnung für eine nachhaltige Entwicklung ohne Grenzen (= Lire et construire l'espace du Rhin supérieur. Atlas transfrontalier pour aménager un territoire commun)*. Braun, Karlsruhe.

Agnew, J.A., 1994. The Territorial Trap: The Geographical Assumptions of International Relations Theory. *Review of International Political Economy*, 1: 53–80.

Aktionskomitee für den Basler Flughafen, 1976. *Darum: Pistenverlängerung JA! [Broschüre zur Abstimmung am 5.–7. November 1976]*, Basel.

Allende–Blin, J., 2001. Der italienische Futurismus in der Musik. In: N. Nobis (Hg.), *Der Lärm der Strasse. Italienischer Futurismus 1909–1918 (Ausstellung im Sprengel-Museum Hannover, 11.März – 24. Juni 2001)*. Mazzotta, Milano, S. 318–331.

Almond, B., 1995. Rights and justice in the environment debate. In: D.E. Cooper und J.A. Palmer (Hg.), *Just environments: intergenerational, international and interspecies issues*. Routledge, London, S. 3–20.

Amphoux, P., 1994. Environnement, milieu et paysage sonores. In: M. Bassand und J.-P. Leresche (Hg.), *Les faces cachées de l'urbain*. Peter Lang, Bern, S. 159–176.

Amphoux, P., 1995. *Aux écoutes de la ville : la qualité sonore des espaces publics européens: Méthode d'analyse comparative – enquête sur trois villes suisses*. Forschungsprogramm Stadt und Verkehr, Zürich.

Anderson, B., 1983. *Imagined communities. Reflections on the origin and spread of nationalism*. Verso, London.

Anderton, D.L., Anderson, A.B., Oakes, J.M. und Fraser, M.R., 1994. Environmental Equity: The Demographics. *Demography*, 31(2): 229–248.

ARB (Arbeitsgruppe Regio Basiliensis), 1965. *Internationale Regio-Planertagung 1965 : die Zukunft der Region und ihre Planung, eine Aufgabe unserer Zeit. Tagungsbericht über die Internationale Tagung für Stadt– und Regionalplanung, September 1965, in Basel, bearb. von Martin Geiger.* Schriften der Regio, 3. Regio, Basel.

ARB, 1967. *Regio–Luftverkehr : Analysen und Prognosen* (Schriften der Regio 4). Regio Basiliensis, Basel.

ARB, 1970. *Flughafen Basel-Mulhouse – Pilotstudie über die mittel- und langfristige Planung des Flughafens im Rahmen des regionalen und gesamtschweizerischen Luftverkehrs. Zwischenbericht Nr. 7: Pistendispositive, Flugzeugbewegungsprognose, Fluglärm und Besiedlung.* Büro Ueli Roth, Zürich.

Arndt, A. und Knorr, A., 2002. Zur Qualität von Luftverkehrsstatistiken für das innereuropäische Verkehrsgebiet. *Zeitschrift für Verkehrswissenschaft*, 73: 156–178.

Atzkern, H.-D., 1992. *Die regionalwirtschaftliche Bedeutung von Flugplätzen im ländlichen Raum der Bundesrepublik Deutschland unter besonderer Berücksichtigung des Regionalflugverkehrs : eine Wirkungsanalyse raumbedeutsamer Effekte.* Bayreuth.

Baden-Württemberg, Stat. Landesamt; Institut National de la Statistique et des Etudes Economiques; Rheinland-Pfalz, Stat. Landesamt; Statistisches Amt des Kantons Basel-Landschaft und Statistisches Amt des Kantons Basel-Stadt, 1993. *Wirtschaft und Gesellschaft am Oberrhein : die Nordwestschweiz, das Elsass, die Südpfalz und Baden: eine Region auf dem Weg nach Europa. Eine Gemeinschaftsveröffentlichung der Statistischen Ämter [= Economie du Rhin Supérieur]*, Stuttgart [u.a.].

Baranzini, A. und Ramirez, J.V., 2005. Paying for quietness. the impact of noise on Geneva rents. *Urban Studies* 42(4): 633–646.

Bardy, J.-L., 1993. *L'appel du port. Recherche explorative pluridisciplinaire sur l'ambiance sonore de cinq ports européens.* Travaux du CRESSON 25. CRESSON, Grenoble.

Baxter, J. und Eyles, J., 1997. Evaluating qualitative research in social geography: establishing 'rigour' in interview analysis. *Transactions, Inst. Br. Geogr. NS*, 22(4): 505–525.

Beck, K., 1994. *Medien und die soziale Konstruktion von Zeit. Über die Vermittlung von gesellschaftlicher Zeitordnung und sozialem Zeitbewußtsein.* Westdt. Verlag, Opladen.

Beck, U., 1986. *Risikogesellschaft. Auf dem Weg in eine andere Moderne.* Suhrkamp, Frankfurt am Main.

Beckenbauer, T. und Schreiber, L., 1999. Wie unterscheidet sich der äquivalente Dauerschallpegel nach dem Fluglärmgesetz von dem (energie–) äquivalenten Dauerschallpegel oder Mittelungspegel nach DIN 45641? In: K. Oeser und H.J. Beckers (Hg.), *Fluglärm 2000. 40 Jahre Fluglärmbekämpfung – Forderungen und Ausblick.* Springer VDI, Düsseldorf, S. 255–262.

Beckers, H.-J., 1999. Vorschlag zur technischen Ermittlung der Umweltkapazität von Flughäfen. In: K. Oeser und H.J. Beckers (Hg.), *Fluglärm 2000. 40 Jahre Fluglärmbekämpfung – Forderungen und Ausblick*. Springer VDI, Düsseldorf, S. 181–205.

Beckert, C. und Chotjewitz, I., 2000. *TA-Lärm. Technische Anleitung zum Schutz gegen Lärm mit Erläuterungen*. Erich Schmidt Verlag, Berlin.

Beckert, C. und Wendland, H.-H., 2001. Fluglärm-Konflikte. *Zeitschrift für Lärmbekämpfung*, 48(4): 132–134.

Been, V., 1994. Locally undesirable land uses in minority neighborhoods: disproportionate siting or market dynamics? *Yale Law Journal*, 103(6): 1383–1422.

Berger, A., 1986. Allschwil – Hegenheim: Ein Vergleich ausgewählter Aspekte des kommunalen Lebensraums. *Regio Basiliensis*, 27: 189–197.

Bergmann, W., 1983. Das Problem der Zeit in der Soziologie. *KZfSS*, 35: 462–504.

Berkemann, J., 2001. Verfassungsrechtlicher Schutzanspruch der Bürger versus Förderung des Luftverkehrs und Notwendigkeit der Verteidigung. *Zeitschrift für Lärmbekämpfung*, 48(4): 134–147.

Berry, B.J.L., 2001. A New Urban Ecology? *Urban Geography*, 22(8): 699–701.

Bijsterveld, K., 2000. A servile imitation. Disputes about machines in music, 1910–1930. In: H.-J. Braun (Hg.), *"I sing the body electric": music and technology in the 20th century*. Wolke, Hofheim, S. 121–134.

Bijsterveld, K., 2001. The Diabolical Symphony of the Mechanical Age. Technology and Symbolism of Sound in European and North American Noise Abatement Campaigns, 1900–40. *Social Studies of Science*, 31(1): 37–70.

Birkefeld, R. und Jung, M., 1994. *Die Stadt, der Lärm und das Licht. Die Veränderung des öffentlichen Raumes durch Motorisierung und Elektrifizierung*. Kallmeyersche Verlagsbuchhandlung, Hannover.

Bischoff, G., 1993. L'Invention de l'Alsace. *Saisons d'Alsace*, 119: 34–69.

Bischoff, G., 1998. De la province à la Région. *Saisons d'Alsace*, 139: 59–63.

Bischoff, N.C.G., 1928. Wir Basler und der Luftverkehr. *Basler Nachrichten vom 15. Mai 1928*.

Björkman, M., Åhrlin, U. und Rylander, R., 1992. Aircraft noise annoyance and average versus maximum noise levels. *Archives of Environmental Health*, 47: 326–329.

BL (Basel Landschaft), Regierungsrat, 1971. *Der Regierungsrat des Kantons Basel-Landschaft an den Landrat betreffend die paritätische Kommission zur Fluglärmbekämpfung und die Ergebnisse der Fluglärmmessungen (21. Dezember 1971)*.

BL, Regierungsrat, 2002. *Vorlage an den Landrat betr. Bericht über den Stand der Bemühungen zur Verminderung von Fluglärmbelastung im Jahre 2001 (29. Okt. 2002)*.

Blaikie, P., 1995. Changing Environments or Changing Views? A Political Ecology for Developing Countries. *Geography*, 80(3): 203–214.

Blaikie, P., 1999. A Review of Political Ecology. *Zeitschrift für Wirtschaftsgeographie*, 43(3–4): 131–147.

Blank, L.D., 1994. Seeking solutions to environmental inequity: The Environmental Justice Act. *Environmental Law*, 24(3): 1109–1136.

Blotevogel, H.H., 2000. Geographische Erzählungen zwischen Moderne und Postmoderne. In: H.H. Blotevogel, J. Oßenbrügge und G. Wood (Hg.), *Lokal verankert – weltweit vernetzt. Tagungsbericht und wissenschaftliche Abhandlungen, 52. Deutscher Geographentag Hamburg 2.–9. Oktober 1999*. Franz Steiner Verlag, Stuttgart, S. 465–478.

BMBau (Bundesministerium für Verkehr, Bau– und Wohnungswesen), 1998. Entschließung der Ministerkonferenz für Raumordnung 'Schutz der Bevölkerung vor Fluglärm' vom 16. September 1998 – Bek. d. BMBau v. 15.10.98. *Gemeinsames Ministerialblatt*, 49(42): 882–883.

BMU (Bundesministerium für Umwelt, Naturschutz und Reaktorsicherheit), 2001. *Laut ist out! Lärmbekämpfung in Deutschland. Informationsbroschüre.* BMU, Bonn.

Bohle, H.-G., Downing, T.E. und Watts, M.J., 1994. Climate change and social vulnerability. Toward a sociology and geography of food insecurity. *Global Environmental Change* 4: 37–48.

Bohnsack, R., 1999. *Rekonstruktive Sozialforschung. Einführung in Methodologie und Praxis qualitativer Forschung.* Leske + Budrich, Opladen.

Bolte, G. und Mielck, A., 2004. *Umweltgerechtigkeit: die soziale Verteilung von Umweltbelastungen.* Juventa, Weinheim.

Bourdieu, P., 1975. The specificity of the scientific field and the social conditions of the progress of reason. *Social Science Information*, 14(6): 19–47.

Bourdieu, P., 1997. Verstehen. In: P. Bourdieu u.a. (Hg.), *Das Elend der Welt. Zeugnisse und Diagnosen alltäglichen Leidens an der Gesellschaft.* UVK, Konstanz, S. 779–822.

Bourdieu, P., 1998. *Der Einzige und sein Eigenheim.* VSA Verlag, Hamburg.

Bourdieu, P., u.a. (Hg.), 1997. *Das Elend der Welt: Zeugnisse und Diagnosen alltäglichen Leidens an der Gesellschaft.* UVK, Konstanz.

Brand, K.-W., Büsser, D. und Rucht, D., 1983. *Aufbruch in eine andere Gesellschaft. Neue soziale Bewegungen in der Bundesrepublik.* Campus, Frankfurt.

Braun, B. und Castree, N. (Hg.), 1998. *Remaking Reality: Nature at the Millenium*, London/New York.

Braun, B., 2002. *The intemperate rainforest: nature, culture, and power on Canada's west coast.* University of Minnesota Press, Minneapolis.

Braun, H.-J., 1998. Lärmbelastung und Lärmbekämpfung in der Zwischenkriegszeit. In: G. Bayerl und W. Weber (Hg.), *Sozialgeschichte der Technik.* Cottbuser Studien zur Geschichte von Technik, Arbeit und Umwelt Band 7. Waxmann, Münster u.a., S. 250–258.

Braun, H.-J., 2000. "Movin' on": Trains and planes as a theme in music. In: H.-J. Braun (Hg.), *"I sing the body electric": music and technology in the 20th century.* Wolke, Hofheim, S. 106–120.

Brendel, E. und Wendland, H.-H., 1998. Leitlinien des Länderausschusses für Immissionsschutz (LAI) zur Beurteilung von Fluglärm an Verkehrsflughäfen und an Landeplätzen. *Zeitschrift für Lärmbekämpfung*, 45(5): 181–184.

Brink, M., Wirth, K., Rometsch, R. und Schierz, C., 2005. *Lärmstudie 2000 Zusammenfassung.* ETH Zürich, Zentrum für Organisations- und Arbeitswissenschaften.

Brown, J.C. und Purcell, M., 2005. There's nothing inherent about scale: political ecology, the local trap, and the politics of development in the Brazilian Amazon. *Geoforum* 36: 607-624.

Bryant, B. und Mohai, P. (Hg.), 1992. *Race and the Incidence of Environmental Hazards: A Time for Discourse.* Westview Press, Boulder.

Bryant, R.L., 2000. Politicized moral geographies. Debating biodiversity conservation and ancestral domain in the Philippines. *Political Geography*, 19: 673–705.

BS (Basel-Stadt), Grossratskommission, 1962. *Bericht der Grossratskommission zum Ratschlag Nr. 5765 betreffend Ausbau des Flughafens Basel-Mülhausen* (reduzierte Vorlage). 8. März 1962.

BS, Grossratskommission, 1971. *Bericht der Grossratskommission zum Ratschlag Nr. 6706 betreffend den weiteren Ausbau des Pistensystems des Flughafens Basel-Mülhausen.* 11. März 1971.

BS, Wirtschafts– und Sozialdepartement (Hg.), 2001. *Risikoanalyse für den Flughafen Basel-Mülhausen,* Basel.

BS, Staatskanzlei, 2006. *Einigung über die Benutzungsbedingungen des ILS 34 am EuroAirport.* Medienmitteilung vom 23. Februar 2006.

Bubeck, R., Leydier, P., Mouriaux, J. und Tasson, A., 1969. *Climatologie de l'Aérodrome de Bâle–Mulhouse.* Monographies de la Météorologie Nationale, 70. Ministère des Transports – Secrétariat Général de l'Aviation Civile, Paris.

Bullard, R.D., 1983. Solid Waste Sites and the Houston Black Community. *Sociological Inquiry*, 53: 273–288.

Bullard, R.D., 1991. Environmental racism. *Environmental Protection*, 2(4): 25–26.

Bullard, R.D., 1994. *Dumping in Dixie: Race, Class and Environmental Quality.* Westview Press, Boulder.

Bullinger, M., 1998. Zum Einfluß wahrgenommener Umweltbedingungen auf die subjektive Gesundheit. In: E. Kals (Hg.), *Umwelt und Gesundheit : die Verbindung ökologischer und gesundheitlicher Ansätze.* Beltz, Psychologie Verl. Union, Weinheim, S. 83–98.

Burgess, J., 2000. Situating knowledges, sharing values and reaching collective decisions: The cultural turn in environmental decision making. In: I. Cook, D. Crouch, S. Naylor und J.R. Ryan (Hg.), *Cultural Turns/Geographical Turns.* Prentice Hall, Harlow [u.a.], S. 272–288.

Butler, R., 2001. From where I write: the place of positionality in qualitative writing. In: C. Dwyer und M. Limb (Hg.), *Qualitative Methodologies for Geographers. Issues and debates.* Arnold, London, S. 264–276.

Buttel, F.H. und Taylor, P.J., 1992. How Do We Know We Have Global Environmental Problems? Science and the Globalization of Environmental Discourse. *Geoforum*, 23(3): 405–416.

BUWAL (Bundesamt für Umwelt, Wald und Landwirtschaft), 1998. *Belastungsgrenzwerte für den Lärm der Landesflughäfen. 6. Teilbericht der Eidgenössischen Kommission für die Beurteilung von Lärm–Immissionsgrenzwerten.* Schriftenreihe Umwelt 296. Bern: BUWAL.

BUWAL, 2002. *Lärmbekämpfung in der Schweiz. Stand und Perspektiven.* Schriftenreihe Umwelt Nr. 329. BUWAL, Bern.

Čapek, S.M., 1993. The 'Environmental Justice' Frame: A Conceptual Discussion and an Application. *Social Problems*, 40(1): 5–24.

Castree, N., 1995. The Nature of Produced Nature: Materiality and Knowledge Construction in Marxism. *Antipode*, 27(1): 12–48.

Chanson, R.H., 1980. *Schutz vor Lärm der Grossflughäfen Genf und Zürich nach Schweizerischem Recht.* Diss. Universität Zürich, Zürich, 275–282 pp.

Chiro, G., 1996. Nature as Community: The Convergence of Environment and Social Justice. In: W. Cronon (Hg.), *Uncommon Ground. Rethinking the Human Place in Nature.* W. W. Norton, New York, London, S. 298–320.

Corburn, J., 2001. Emission trading and environmental justice: distributive fairness and the USA's Acid Rain Programme. *Environmental Conservation*, 28(4): 323–332.

Crang, M., 1997. Analyzing qualitative materials. In: R. Flowerdew und D. Martin (Hg.), *Methods in human geography: A guide for students doing a research project.* Longman, Harlow, S. 183–196.

Crang, M., 2002. Qualitative methods: the new orthodoxy? *Progress in Human Geography*, 26(5): 647–655.

Cutter, S.L., 1995. Race, class and environmental justice. *Progress in Human Geography*, 19(1): 111–122.

DAL (Deutscher Arbeitsring für Lärmbekämpfung), 2002. 50 Jahre DAL – Ein Rückblick auf die Lärmbekämpfung in Deutschland. *Lärm–Report*(1–4): o.S. (URL: http://www.dalaerm.de/laermrep).

Dawson, J.I., 2001. Latvia's Russian minority: Balancing the imperatives of regional development and environmental justice. *Political Geography*, 20(7): 787–815.

Demeritt, D., 1998. Science, social constructivism and nature. In: B. Braun und N. Castree (Hg.), *Remaking Reality. Nature at the Millenium.* Routledge, London, New York, S. 173–193.

Deisenroth, K., 2000. *Oberelsaß und südliche Vogesen (Militärgeschichtlicher Reiseführer).* Mittler, Hamburg, Berlin, Bonn.

Delaney, D. und Leitner, H., 1997. The political construction of scale. *Political Geography*, 16(2): 93–97.

DGAC (Direction Générale de l'Aviation Civile), 2001. *Rapport d'Activité 2000*, [Paris].

DGAC, 2002. *Rapport d'Activité 2001*, [Paris].

DGAC, 2003. *Aéroport de Bâle–Mulhouse: Le Plan d'Exposition au Bruit.* Paris.

DGAC, 2005. *Motivations et impacts du projet ILS 34. Dossier de consultation.* o.O. [Préfecture du Haut-Rhin].

DGAC–STBA (Service technique des bases aériennes), 1998. *Le plan d'exposition au bruit d'un aérodrome.* Note d'information N° 2. Direction Générale de l'Aviation Civile, Bonneuil-sur-Marne.

DGAC–STBA, 2001. *Aérodrome de Bâle–Mulhouse. Application anticipée des dispositions de l'article 147.5 du Code de l'Urbanisme [unveröff. Plan].* Direction Générale de l'Aviation Civile, Bonneuil-sur-Marne.

DGAC–STBA, 2003. *Aérodrome de Bâle–Mulhouse. Plan de Gêne Sonore.* (Mai 2003). [o.O.].

Dienel, H.-L., 1997. Verkehrsvisionen in den 1950er Jahren: Hubschrauber für den Personenverkehr in Deutschland. *Technikgeschichte*, 64(4): 287–303.

Dobson, A., 1998. *Justice and the Environment: Conceptions of Environmental Sustainability and Dimensions of Social Justice.* Oxford University Press, Oxford.

Duhamel, G., 1932. *Querelles de famille.* Mercure de France, 8. éd., Paris.

Dwyer, C. und Limb, M. (Hg.), 2001. *Qualitative Methodologies for Geographers. Issues and debates.* Arnold, London.

Dwyer, C. und Limb, M., 2001. Introduction: doing qualitative research in geography. In: C. Dwyer und M. Limb (Hg.), *Qualitative Methodologies for Geographers. Issues and debates.* Arnold, London, S. 1–20.

EAP (EuroAirport), 2001. *Calcul de l'exposition au bruit pour différents scénarios d'exploitation.* EAP, Basel.

EAP, 2002. *Umweltbericht – Rapport annuel environnement 2001.* EAP, Basel.

EAP, 2005. *Umweltbericht – Rapport environnement 2004.* EAP, Basel.

Eder, S. und Sandtner, M., 2000. Staatsgrenzen in der TriRhena – Barriere oder Stimulus? *Regio Basiliensis*, 41(1): 15–26.

Ehlers, E., 1998. Geographie als Umweltwissenschaft. *Die Erde*, 129: 333–349.

Eidgenössisches Departement für Umwelt, Verkehr, Energie und Kommunikation, 2000. *Sachplan Infrastruktur der Luftfahrt (SIL). Teile I–III B und Anhänge, 18. Oktober 2000.* Bundesamt für Zivilluftfahrt (BAZL), Bundesamt für Raumentwicklung (ARE), Bern.

Eidgenössisches Departement für Umwelt, Verkehr, Energie und Kommunikation, 2001. *Strengere Lärmgrenzwerte für die Flughäfen Zürich und Genf. Medienmitteilung vom 30 Mai 2001.* UVEK, Bern.

EMPA (Eidgenössische Materialprüfungs– und Forschungsanstalt), 1999. Euro-Airport Basel-Mulhouse: Fluglärmberechnungen Belastung 1999, Tag. (Auftraggeber: Bundesamt für Zivilluftfahrt.) o.O.

EMPA, 2001. *FLULA2. Ein Verfahren zur Berechnung und Darstellung der Fluglärmbelastung. Programmdokumentation.* EMPA, Dübendorf.

e.r. [Jenny, E.M., 1990. Vom binationalen Flughafen zum EuroAirport. Der Flughafen Basel-Mülhausen stösst an seine Grenzen. *Neue Zürcher Zeitung v. 24.10.1990*: 23.

Faburel, G., 2003. Le bruit des avions, facteur de révélation et de construction de territoires. *L'Espace Géographique* 3: 205–223.

Fahlbusch, M., 1999. *Wissenschaft im Dienst der nationalsozialistischen Politik? Die "Volksdeutschen Forschungsgemeinschaften" von 1931–1945*. Nomos–Verlag, Baden-Baden.

Fastl, H. und Yukiko, Y., 1986. Cross–cultural study on loudness and annoyance of broadband noise with a tonal component. In: H. Höge, G. Lazarus–Mainka und A. Schick (Hg.), *Contributions to Psychological Acoustics. Results of the Fourth Oldenburg Symposium on Psychological Acoustics*. BIS Verlag, Oldenburg, S. 341–353.

Feitelson, E., Hurd, R. und Mudge, R., 1996. The impact of airport noise on willingness to pay for residences. *Transportation Research D: Transport and Environment*, 1: 1–14.

Feld, S., 2000. Sound Worlds. In: P. Kruth und H. Stobart (Hg.), *Sound*. Cambridge University Press, Cambridge, S. 173–200.

Feldhoff, T., 2000. *Luftverkehr, Flughafenstandorte und Flughafenwettbewerb in Japan* (Duisburger Geographische Arbeiten Bd. 21). Dortmunder Vertrieb für Bau– und Planungsliteratur, Dortmund.

Felscher-Suhr, U., Guski, R., Schuemer, R. und Schulte–Pelkum, J., 1999. Internationale Standardisierungsbestrebungen zur Erhebung von Lärmbelästigung – eine vorbereitende empirische Untersuchung in zehn Ländern. *Umweltpsychologie*, 3(1): 34–45.

Fidell, S., Silvati, L. und Haloby, E., 2002. Social survey of community response to a step change in aircraft noise exposure. *Journal of the Acoustical Society of America*, 111: 200–209.

Fleischer, G., 1990. *Lärm – der tägliche Terror. Verstehen, bewerten, bekämpfen*. Thieme Verlag, Stuttgart.

Flick, U., 1995. *Qualitative Forschung. Theorie, Methoden, Anwendung in Psychologie und Sozialwissenschaften*. Rowohlt, Reinbek bei Hamburg.

Flitner, M., 1998. Konstruierte Naturen und ihre Erforschung. *Geographica Helvetica*, 53(3): 89–95.

Flitner, M., 2003. Kulturelle Wende in der Umweltforschung? In: H. Gebhardt, P. Reuber und G. Wolkersdorfer (Hg.), *Kulturgeographie*. Springer, Heidelberg [u.a.], S. 215–230.

Flitner, M., 2007. „Nous sommes une poubelle…": Echelles de reconnaissance dans le conflit autour de l'aéroport Bâle-Mulhouse. *Annales de Géographie* (in Begutachtung).

Flitner, M. und Heins, V., 2002. Modernity and life politics: conceptualizing the biodiversity crisis. *Political Geography*, 21(3): 319–340.

Flitner, M. und Oesten, G., 2002. Über Disziplin und Interdisziplinarität in den Forstwissenschaften. *Allgemeine Forst– und Jagdzeitung*, 173(5): 77–80.

Flitner, M. und Soyez, D., 2000. Introduction: Crossing Boundaries to Organize Resistance. Environmental NGOs as Agents of Social Change, *Geojournal Special Issue* Vol. 52 (1): 1–4.

Forter, M., 2000. *Farbenspiel. Ein Jahrhundert Umweltnutzung durch die Basler chemische Industrie*. Chronos, Zürich.

Foster, J.B., 1998. David Harvey's 'Justice, Nature and the Geography of Diffe-rence': A Meta–Theory for Ecological Socialists? *Capitalism, Nature, Socialism*, 9, 41–59.

Foucault, M., 1977. *Überwachen und Strafen. Die Geburt des Gefängnisses.* Suhrkamp, Frankfurt/M.

Fraser, N., 1997. *Justice Interruptus. Critical Reflections on the 'Postsocialist' Condition.* Routledge, New York, London.

Fraser, N. und Honneth, A., 2003. *Umverteilung oder Anerkennung? Eine politisch–philosophische Kontroverse.* Suhrkamp, Frankfurt/M.

Füeg, R., 1997. *Wirtschaftsstudie Nordwestschweiz 1995/96.* Helbing & Lichtenhahn, Basel.

Furrer, W., 1958. *Lärm und Lärmabwehr.* J.R. Geigy AG, Basel.

Gallusser, W.A. (Hg.), 1994. *Political Boundaries and Coexistence. Proceedings of the IGU–Symposium, Basle/Switzerland, 24–27 May 1994.* Peter Lang, Bern.

Gandy, M., 1996. Crumbling land: the postmodernity debate and the analysis of environmental problems. *Progress in Human Geography*, 20(1): 23–40.

Gandy, M., 1997. Postmodernism and environmentalism: complementary or contradictory discourses? In: M. Redclift und G. Woodgate (Hg.), *The International Handbook of Environmental Sociology.* Edward Elgar, Cheltenham, Northhampton, S. 150–157.

Gebhardt, H., Reuber, P. und Wolkersdorfer, G., 2003. Kulturgeographie – Leitlinien und Perspektiven. In: dies. (Hg.), *Kulturgeographie. Aktuelle Ansätze und Entwicklungen.* Springer, Heidelberg, Berlin, S. 1–27.

Geis, A., 2002. *Regieren mit der Mediation: Das Beteiligungsverfahren zur zukünftigen Entwicklung des Frankfurter Flughafens.* Diss. Univ. Hamburg.

Getches, D.H. und Pellow, D.N., 2002. Beyond 'traditional' environmental justice. In: K.M. Mutz, G.C. Bryner und D.S. Kenney (Hg.), *Justice and Natural Resources. Concepts, Strategies, and Applications.* Island Press, Washington u.a., S. 3–30.

Giddens, A., 1979. *Central problems in social theory : action, structure and contradiction in social analysis.* Univ. of Calif. Pr., Berkeley.

Giddens, A., 1988. *Die Konstitution der Gesellschaft : Grundzüge einer Theorie der Strukturierung.* (Mit e. Einf. von Hans Joas). Campus, Frankfurt/M.

Glaeser, B., 1989. Entwurf einer Humanökologie. In: B. Glaeser (Hg.), *Humanökologie. Grundlagen präventiver Umweltpolitik.* Westdeutscher Verlag, Opladen, S. 113–118.

Goldman, B.A., 1996. What is the future of environmental justice. *Antipode*, 28(2): 122–141.

Goldschagg, P., 2002. Airport Noise and Environmental Justice in South Africa. *International Research in Geographical and Environmental Education* 11(1): 72–75.

Grandhomme, J.-N., 2002. Une mémoire double. *Saisons d'Alsace*, 14: 41–45.

Granö, J.G., 1929. Reine Geographie. *Acta Geographica*, 2: 1–202.

Greider, T., 1993. Aircraft Noise and the Practice of Indian Medicine: The Symbolic Transformation of the Environment. *Human Organization*, 52(1): 76–82.

Griggs, S. und Howarth, D., 2000. *Bringing politics back in? The role of social capital in explaining the campaign against Manchester airport's second runway.* Unveröff. Ms., Essex.

Guski, R., 2001. Der Referenten-Entwurf zum Fluglärmgesetz aus der Sicht eines Wirkungsforschers. *Zeitschrift für Lärmbekämpfung*, 48(4): 130–131.

Gutton, J.-P., 2000. *Bruits et sons dans notre histoire.* Presses Universitaires de France, Paris.

Hacking, I., 1999. *Was heißt 'soziale Konstruktion'? Zur Konjunktur einer Kampfvokabel in den Wissenschaften.* Fischer, Frankfurt am Main.

Hahn, A., Hellbrück, J. und Schick, A., 2000. Loudness judgments of traffic noise by means of category subdivision scaling. In: M. Meis, C. Reckhardt und A. Schick (Hg.), *Contributions to Psychological Acoustics. Results of the Eighth Oldenburg Symposium on Psychological Acoustics.* BIS Verlag, Oldenburg, S. 103–112.

Hajer, M.. 1995. *The politics of environmental discourse.* OUP, Oxford.

Hamilton, J.T., 1993. Politics and Social Costs: Estimating the Impact of Collective Action on Hazardous Waste Facilities. *Rand Journal of Economics*, 24: 101–125.

Haraway, D., 1995. Situiertes Wissen. Die Wissenschaftsfrage im Feminismus und das Privileg einer partialen Perspektive. In: dies. (Hg.), *Die Neuerfindung der Natur. Primaten, Cyborgs und Frauen.* Campus, Frankfurt a.M., New York, S. 73–97.

Harder, J., Maschke, C. und Ising, H., 1999. *Längsschnittstudie zum Verlauf von Streßreaktionen unter Einfluß von nächtlichem Fluglärm.* Inst. für Wasser-, Boden- und Lufthygiene des Umweltbundesamtes, Berlin.

Harris, C.M. (Hg.), 1991. *Handbook of acoustical measurements and noise control.* MacGraw–Hill, New York.

Harris, P.G., 2000. Defining International Distributive Justice: Environmental Considerations. *International Relations*, XV(2): 51–66.

Harvey, D., 1996. *Justice, Nature and the Geography of Difference.* Blackwell Publishers, Oxford.

Harvey, M.E., Frazier, J.W. und Matulionis, M., 1979. Cognition of a Hazardous Environment: Reactions to Buffalo Airport Noise. *Economic Geography*, 55(4): 263–286.

Hawthorne, N., 1844 [1972]. *The American Notebooks.* The Centenary Edition of the Works of Nathaniel Hawthorne, VIII. Ohio State University Press, Ohio.

Heeg, S. (2004): Globalisierung als catch-all-phrase für städtische Veränderungen? Das Wechselverhältnis zwischen global und lokal in Metropolen. In: J. Beerhorst, A. Demirovic und M. Guggemoos (Hg.): *Kritische Theorie im gesellschaftlichen Wandel.* Suhrkamp, Frankfurt/M., S. 178–199.

Heeg, S. und Oßenbrügge, J., 2002. State Formation and Territoriality in the European Union. *Geopolitics*, 7(3): 75–88.

Heinritz, G., 1999. Ein Siegeszug ins Abseits. *Geographische Rundschau*, 51(1): 52–56.

Heins, V., 2001. *Der neue Transnationalismus. Nichtregierungsorganisationen und Firmen im Konflikt um die Rohstoffe der Biotechnologie*. Campus, Frankfurt.

Heins, V., 2002. *Weltbürger und Lokalpatrioten. Eine Einführung in das Thema Nichtregierungsorganisationen*. Leske u. Budrich, Opladen.

Heins, V., 2008. *Non-Governmental Organizations in International Society*. Palgrave MacMillan, New York, i.V.

Helfand, G. und Peyton, L.J., 1999. A Conceptual Model of Environmental Justice. *Social Science Quarterly*, 80(1): 68–83.

Hildebrand, J.L. (Hg.), 1970. *Noise pollution and the law*. Hein, Buffalo, N.Y.

Höfler-Waag, M., 1994. *Die Arbeits– und Leistungsmedizin im Nationalsozialismus von 1939–1945*. Abhandlungen zur Geschichte der Medizin und der Naturwissenschaften 68. Matthiesen Verlag, Husum.

Hofmann, F., 1989. *Planungs– und entschädigungsrechtliche Fragen des Verkehrslärmschutzes*. Diss. Univ. Würzburg, Würzburg.

Höge, H., Lazarus–Mainka, G. und Schick, A. (Hg.), 1986. *Contributions to Psychological Acoustics. Results of the Fourth Oldenburg Symposium on Psychological Acoustics*. BIS Verlag, Oldenburg.

Höger, R., 1999. Theoretische Ansätze und Ergebnisse der psychologisch orientierten Lärmwirkungsforschung. *Umweltpsychologie*, 3(1): 6–20.

Höger, R., 2000. Cognitive aspects of noise sensitivity. In: M. Meis, C. Reckhardt und A. Schick (Hg.), *Contributions to Psychological Acoustics. Results of the Eighth Oldenburg Symposium on Psychological Acoustics*. BIS Verlag, Oldenburg, S. 465–480.

Holifield, R., 2001. Defining Environmental Justice and Environmental Racism. *Urban Geography*, 22(1): 78–90.

Honkasalo, A., 1996. Environmental noise as a sign. *Semiotica*, 109(1–2): 29–39.

Honneth, A., 1992. *Kampf um Anerkennung. Zur moralischen Grammatik sozialer Konflikte*. Suhrkamp, Frankfurt am Main.

Honneth, A., 2003. *Anerkennung oder Umverteilung? Eine Auseinandersetzung mit Nancy Fraser*. In: N. Fraser und A. Honneth, *Umverteilung oder Anerkennung? Eine politisch–philosophische Kontroverse*. Suhrkamp, Frankfurt/M.

Hooson, D. (Hg.), 1994. *Geography and national identity*. Blackwell, Oxford.

Ikeme, J., 2003. Equity, environmental justice and sustainability: incomplete approaches in climate change politics. *Global Environmental Change* 13(3): 195–206.

Iles, A., 2004. Mapping environmental justice in technology flows: computer waste impacts in Asia. *Global Environmental Politics* 4(4): 76–107.

Ingold, F.P., 1978. *Literatur und Aviatik. Europäische Flugdichtung 1909–1927*. Birkhäuser Verlag, Basel, Stuttgart.

Intertraffic GmbH, 1967. Ermittlung des Fluggastaufkommens und Fluggastpotentials im Einzugsgebiet des Flughafens Basel-Mulhouse. *Schriften der Regio*, 4: 57–135.

Ising, H. und Kruppa, B., 2001. Zum gegenwärtigen Erkenntnisstand der Lärmwirkungsforschung: Notwendigkeit eines Paradigmenwechsels. *Umweltmedizin in Forschung und Praxis*, 6(4): 181–189.

Jackson, P., 2001. Making sense of qualitative data. In: C. Dwyer und M. Limb (Hg.), *Qualitative Methodologies for Geographers. Issues and debates*. Arnold, London, S. 199–214.

Jodeau, J., 1963. *L'Aéroport de Bâle–Mulhouse et son Arrière–Pays Français. L'Amélioration des Relations Aériennes – Prévisions et Suggestions*. Institut du Transport Aérien (vervielf. Typoskript), Paris.

Johnston, R.J., Gregory, D., Pratt, G. und Watts, M. (Hg.), 2000. *The Dictionary of Human Geography*. Blackwell, Oxford.

Jones, O., 2000. (Un)ethical geographies of human–non-human relations. In: Chris Philo/Chris Wilbert (Hg.), *Animal spaces, beastly places. New geographies of human-animal relations*. Routledge, London, S. 268–291.

Jörg, U., 2001. Regelung des Fluglärms in der Schweiz. *Zeitschrift für Lärmbekämpfung*, 48(4): 122–124.

Kahn, D., 1999. *Noise, Water, Meat. A History of Sound in the Arts*. The MIT Press, Cambridge, Mass., London.

Kaiser, W., 1998. Régions et frontières: l'espace frontalier de Bâle du XVIIe au XXe siècle. In: H.-G. Haupt, M.G. Müller und S. Woolf (Hg.), *Regional and National Identities in Europe in the XIXth and XXth Centuries*. European Forum. Kluwer Law International, The Hague, London, Boston, S. 379–410.

Kastka, J., 1981. Psychologische Indikatoren der Verkehrslärmbelästigung. In: A. Schick (Hg.), *Akustik zwischen Physik und Psychologie. Ergebnisse des 2. Oldenburger Symposions zur psychologischen Akustik*. Klett-Cotta, Stuttgart, S. 68–86.

Keil, R. und Graham, J., 1998. Reasserting nature: constructing urban environments after Fordism. In: B. Braun und N. Castree (Hg.), *Remaking Reality. Nature at the Millenium*. Routledge, London, New York, S. 100–125.

Keil, R., 2003. Urban Political Ecology. *Urban Geography* 24(8): 723–738.

Keller, R., 1997. Diskursanalyse. In: R. Hitzler und A. Honer (Hg.), *Sozialwissenschaftliche Hermeneutik*. Leske u. Budrich, Opladen, S. 309–333.

Keller, R., 1998. *Müll – die gesellschaftliche Konstruktion des Wertvollen: die öffentliche Diskussion über Abfall in Deutschland und Frankreich*. Westdt. Verlag, Opladen.

Keller, R., 2000. Der Müll in der Öffentlichkeit. Reflexive Modernisierung als kulturelle Transformation. Ein deutsch–französischer Vergleich. *Soziale Welt*, 51: 245–266.

Kinsler, L.E., Frey, A.R. und Coppens, A.B. (Hg.), 2000. *Fundamentals of Acoustics*. Wiley, New York.

Klein, G., 2001. Lärmwirkungen: Gesundheitsbeeinträchtigungen und Belästigungen. *Zeitschrift für Lärmbekämpfung*, 48(4): 119–121.

Klein, J.T., 1996. *Crossing boundaries: knowledge, disciplinarities, and interdisciplinarities*. University Press of Virginia, Charlottesville.

Kleinschmarger, R., 1999. Das Elsass zwischen Deutschland und Europa. *Geographische Rundschau*, 51(1): 116–122.

Kloepfer, M., 2000. Environmental Justice und geographische Umweltgerechtigkeit. *Deutsches Verwaltungsblatt*, 115(11): 750–754.

Kloepfer, M., Griefahn, B., Kaniowski, A.M., Klepper, G., Lingner, S., Steinebach, G., Weyer, H.W. und Wysk, P., 2006. *Leben mit Lärm? Risikobeurteilung und Regulation des Umgebungslärms im Verkehrsbereich*. Springer, Berlin u.a.

Kretschmer, W., Rickert, L., Rucht, D. und Weichenrieder, H., 1984. Vergleichende Analyse und Bewertung. In: D. Rucht (Hg.), *Flughafenprojekte als Politikum. Die Konflikte in Stuttgart, München und Frankfurt*. Campus, Frankfurt, New York, S. 273–298.

Krings, T. und Müller, B., 2001. Politische Ökologie: Theoretische Leitlinien und aktuelle Forschungsfelder. In: P. Reuber und G. Wolkersdorfer (Hg.), *Politische Geographie: Handlungsorientierte Ansätze und Critical Geopolitics*. Selbstverlag des Geogr. Instituts, Heidelberg, S. 93–116.

Krings, T., 1999. Editorial: Ziele und Forschungsfragen der Politischen Ökologie. *Zeitschrift für Wirtschaftsgeographie*, 43(3–4): 129–130.

Krueger, H., Schierz, C. und Wirth, K., 2000. *Lärmstudie 2000 – Kurzfassung*. ETH: Gruppe Physikalische Umwelt, Zürich.

Krüger, F. und Mohr, B., 1991. Ansiedlungspläne und Betriebsgründungen Schweizer Unternehmen auf deutscher Hochrheinseite zwischen 1985 und 1990. *Berichte zur deutschen Landeskunde*, 65: 383–399.

Kuckartz, U., 2002. *Umweltbewusstsein in Deutschland 2002. Ergebnisse einer repräsentativen Bevölkerungsumfrage*. Bundesministerium für Umwelt, Naturschutz und Reaktorsicherheit, Umweltbundesamt, Berlin.

Kurtz, H.E., 2003. Scale frames and counter-scale frames: constructing the problem of environmental injustice. *Political Geography* 22(8): 887–916.

Kuwano, S., Namba, S. und Schick, A., 1986. A cross-cultural study on noise problems. In: H. Höge, G. Lazarus-Mainka und A. Schick (Hg.), *Contributions to Psychological Acoustics. Results of the Fourth Oldenburg Symposium on Psychological Acoustics*. BIS Verlag, Oldenburg, S. 370–395.

Ladet, G., 1984. *Le Statut de L'Aéroport de Bâle-Mulhouse*. Pedone, Paris.

Lang, J., 2001. Regelung des Fluglärms in Österreich. *Zeitschrift für Lärmbekämpfung*, 48(4): 125–128.

Leimgruber, W., 1999. Border effects and the cultural landscape: the changing impact of boundaries on regional development in Switzerland. In: H. Knippenberg und J. Markusse (Hg.), *Nationalising and Denationalising European Border Regions, 1800–2000: Views from Geography and History*. Kluwer, Dordrecht, S. 199–221.

Leroux, M., 2002. *Vers une charte intersonique. Préfiguration d'un outil interactif de diagnostic et de gestion des représentations de la gêne dans un système d'acteurs*. CRESSON, Grenoble.

Lessing, T., 1908. *Der Lärm. Eine Kampfschrift gegen die Geräusche unseres Lebens*. Bergmann, Wiesbaden.

Ley, D. und Mountz, A., 2001. Interpretation, representation, positionality: issues in field research in human geography. In: C. Dwyer und M. Limb (Hg.), *Qualitative Methodologies for Geographers. Issues and debates*. Arnold, London, S. 234–247.

Lipschutz, R.D., 2000. Crossing borders: Global civil society an the reconfiguration of transnational political space. *Geojournal*, 52(1): 17–23.

Longhurst, R., 1997. (Dis)embodied geographies. *Progress in Human Geography* 21(4): 486–501.

Lorenz, A.M., 2000. *Klangalltag – Alltagsklang. Evaluation der Schweizer Klanglandschaft anhand einer Repräsentativbefragung bei der Bevölkerung*. Diss. Universität Zürich, Zürich.

Lossau, J., 2002. *Die Politik der Verortung. Eine postkoloniale Reise zu einer anderen Geographie der Welt*. Transcript, Bielefeld.

Löw, T., 1989. *Basler Flugplatzwirren 1931–1945. Die Suche nach einem neuen Flugplatz*. Philosophisch-historische Fakultät (Lizentiatsarbeit, Ms.), Basel.

Luhmann, N., 1991. *Soziologie des Risikos*. De Gruyter, Berlin.

Maier, A., 2002. *Klausen*. Suhrkamp, Frankfurt/M.

Mank, B.C., 1995. Environmental justice and discriminatory siting: Risk-based representation and equitable compensation. *Ohio State Law Journal*, 56(2): 329–425.

Martin, R., 1986. Problems related to the preparation of international standards on the measurement of 'Lärm'. In: H. Höge, G. Lazarus-Mainka und A. Schick (Hg.), *Contributions to Psychological Acoustics. Results of the Fourth Oldenburg Symposium on Psychological Acoustics*. BIS Verlag, Oldenburg, S. 299–311.

Martínez–Alier, J., 1997. Environmental justice (Local and Global). *Capitalism, Nature and Socialism*, 8(1): 91–107.

Marwedel, R., 1987. *Theodor Lessing, 1872 – 1933. Eine Biographie*. Luchterhand, Darmstadt, Neuwied.

Marx, L., 1964. *The machine in the garden : technology and the pastoral ideal in America*. Oxford Univ. Pr., New York.

Maschewsky, W., 2001. *Umweltgerechtigkeit, Public Health und soziale Stadt*. VAS, Frankfurt.

Mattes, H., 2003. Wahlkampf in der Einflugschneise. *Frankfurter Allgemeine Zeitung v. 18. Januar 2003*: 3.

Mayeur, J.-M., 1986. Une Mémoire–Frontière: L'Alsace. In: P. Nora (Hg.), *Les Lieux de Mémoire. Bd. II, 2: La Nation*. Gallimard, Paris, S. 63–95.

MEDD (Ministère de l'écologie et du développement durable), 2002. *Le Plan d'Exposition au Bruit au voisinage des aérodromes*. MEDD, Direction de la prévention des pollutions et des risques, Mission Bruit, Paris.

Meier, E.A., 1984. *Der Basler Arbeitsrappen (1936–1984)*. Birkhäuser, Basel.

Meis, M., Reckhardt, C. und Schick, A. (Hg.), 2000. *Contributions to Psychological Acoustics. Results of the Eighth Oldenburg Symposium on Psychological Acoustics*. BIS Verlag, Oldenburg.

Merrifield, A., 1995. Situated Knowledge Through Exploration: Reflections on Bunge's 'Geographical Expeditions'. *Antipode*, 27(1): 49–70.

METL (Ministère de l'équipement, du tourisme, du logement et de la mer), 2002. *Un aéroport pour le Grand Ouest. Le projet d'aéroport de Notre–Dame–des–Landes*. METL, Direction de l'Aviation Civile Ouest; Préfecture de la région Pays de la Loire, [Paris].

Metz, F., 1925. *Die Oberrheinlande*. Ferdinand Hirt, Breslau.

Metz, F., 1939. Der deutsche Südwesten. In: K. Haushofer und H. Roeseler (Hg.), *Das Werden des deutschen Volkes: von der Vielfalt der Stämme zur Einheit der Nation*. Propyläen Verlag, Berlin, S. 367–401.

Meusburger, P. und Schwan, T. (Hg.), 2003. *Humanökologie. Ansätze zur Überwindung der Natur-Kultur-Dichotomie*. Erdkundliches Wissen Bd. 135. Franz Steiner Verlag, Stuttgart.

Michel, U., 1995. *Sound generation by aircraft*. Dt. Forschungsanst. für Luft– u. Raumfahrt, Berlin.

Michler, H.-P., 1993. *Rechtsprobleme des Verkehrsimmissionsschutzes*. Werner, Düsseldorf.

Michna, R., 2002. Deutsche Zuzügler im südlichen Elsass. Probleme der Europäisierung des Immobilienmarktes. *Regio Basiliensis*, 43(2): 125–137.

Miggelbrink, J., 2002. Konstruktivismus? "Use with caution" ... Zum Raum als Medium der Konstruktion gesellschaftlicher Wirklichkeit. *Erdkunde* 65(4): 337–350

Milner, J.E. und Turner, J., 1999. Environmental Justice. *Natural Resources and Environment*, 13(3): 478–482; 501–502.

Mohai, P. und Bryant, B., 1992. Environmental Racism: Reviewing the Evidence. In: B. Bryant und P. Mohai (Hg.), *Race and the Incidence of Environmental Hazards: A Time for Discourse*. Westview Press, Boulder, S. 161–176.

Mohr, B., 2000. Grenzgängerverflechtungen in der Regio TriRhena. *Regio Basiliensis*, 41(1): 27–37.

Müller, C.A., 1955. *Die Stadtbefestigung von Basel : die Befestigungsanlagen in ihrer geschichtlichen Entwicklung*. Helbing & Lichtenhahn, Basel.

Neckel, S., 2000. Achtungsverlust und Scham. In: ders. (Hg.), *Die Macht der Unterscheidung*. Campus, Frankfurt, S. 92–109.

Nelkin, D., 1975. The Political Impact of Technical Expertise. *Social Studies of Science*, 5(1): 35–54.

Nelson, J.P., 1978. *Economic analysis of transportation noise abatement*. Ballinger, Cambridge, Mass.

Newman, D., 2006. The lines that continue to separate us: borders in our borderless world. *Progress in Human Geography* 30(2): 143–161.

Norton, M.P., 1989. *Fundamentals of Noise and Vibration Analysis for Engineers*. Cambridge Univ. Press, Cambridge.

Nowotny, H., 1999. *Es ist so. Es könnte auch anders sein.* Suhrkamp, Frankfurt/M.

Ohler, N., 1989. *Von Grenzen und Herrschaften. Grundzüge territorialer Entwicklung im deutschen Südwesten.* Themen der Landeskunde 4. Konkordia Verlag, Bühl/Baden.

Oliva, C., 1998. *Belastungen der Bevölkerung durch Flug- und Straßenlärm : eine Lärmstudie am Beispiel der Flughäfen Genf und Zürich.* Duncker & Humblot, Berlin.

Omer, I. und Or, U., 2005. Distributive environmental justice in the city: differential access in two mixed Israeli cities. *Tijdschrift voor Economische en Sociale Geografie* 96(4): 433–443.

Ortscheid, J. und Wende, H., 2000. *Fluglärmwirkungen.* Umweltbundesamt, Berlin.

Oßenbrügge, J., 1993. *Umweltrisiko und Raumentwicklung. Wahrnehmung von Umweltgefahren und ihre Wirkung auf den regionalen Strukturwandel in Norddeutschland.* Springer, Berlin, Heidelberg.

Paasi, A., 1984. Connections between J. G. Granö's geographical thinking and behavioural and humanistic geography. *Fennia*, 162(1): 21–31.

Paasi, A., 1986. The institutionalization of regions: a theoretical framework for understanding the emergence of regions and the constitution of regional identity. *Fennia*, 146: 105–146.

Paasi, A. (Hg.), 1996. *Territories, boundaries and consciousness.* John Wiley & Sons, Chichester.

Paul, M.E., 1971. Can Aircraft Noise Nuisance be Measured in Money? *Oxford Economic Papers*, 23(3): 297–322.

Pearce, D.W., 1974. *The economics of noise nuisance. A bibliography.* Economics working papers. University of Southampton, Southampton.

Pelling, M., 1999. The political ecology of flood hazard in urban Guyana. *Geoforum* 30(3): 249–261.

Peyer, P.F., 1996. *Vom Sternenfeld zum EuroAirport Basel-Mulhouse-Freiburg.* Christoph Merian Verlag, Basel.

Pocock, D., 1988. The music of geography. In: D. Pocock (Hg.), *Humanistic Approaches in Geography.* University of Durham, Durham, S. 62–71.

Pocock, D., 1989. Sound and the Geographer. *Geography*, 74: 193–200.

Popovic, N.A., 1996. Pursuing environmental justice with international human rights and state constitutions. *Stanford Environmental Law Journal*, 15(1): 338–374.

Porteous, J.D., 1990. *Landscapes of the Mind.* University of Toronto Press, Toronto [u.a.].

Porteous, J.D., Mastin, J.F., 1985. Soundscape. *Journal of Architectural Planning Research*, 2: 169–186.

Pulido, L., 1996. Introduction: Environmental Racism. *Urban Geography*, 17(5): 377–379.

Pulido, L., Sidawi, S. und Vos, R.O., 1996. An Archaeology of Environmental Racism in Los Angeles. *Urban Geography*, 17(5): 419–439.

Quehl, J. und Basner, M., 2005. Belästigung durch Nachtfluglärm im Schlaflabor: Dosis-Wirkungskurven. *Zeitschrift für Lärmbekämpfung* 2: 38-45.

Raab, J., 2001. *Soziologie des Geruchs. Über die soziale Konstruktion olfaktorischer Wahrnehmung.* UVK, Konstanz.

Radkau, J., 1998. *Das Zeitalter der Nervosität. Deutschland zwischen Bismarck und Hitler.* Hanser, München.

Rammert, W., 1999. Weder festes Faktum noch kontingentes Konstrukt: Natur als Produkt experimenteller Interaktivität. *Soziale Welt*, 50: 281–296.

Rauh–Kühne, C., 2001. 'Schmerzende Wunde' oder Zone des Kulturaustauschs? Grenzkonstruktionen und Grenzkontakte im 'Reichsland Elsass-Lothringen'. In: T. Kühne und C. Rauh–Kühne (Hg.), *Raum und Geschichte: regionale Traditionen und förderative Ordnungen von der Frühen Neuzeit bis zur Gegenwart.* DRW–Verlag, Leinfelden-Echterdingen, S. 159–171.

Rawls, J., 1979. *Eine Theorie der Gerechtigkeit.* Suhrkamp, Frankfurt am Main (7. Aufl. 1993).

Rebsamen, W., 1942. *Warum Flugplatz Allschwil-Schweizerteil?.* Basel (Typoskript)[WWZ].

Regierungspräsidium Freiburg, 2002. *Jahresbericht 2001*, Freiburg.

Reuter, S., 2003. Notfalls ohne die Politik. Studie schlägt deutsche Teilhabe am EuroAirport über eine Betriebsgesellschaft vor. *Badische Zeitung vom 16.01.2003*: 7.

Robbins, P., 2004. *Political ecology: a critical introduction.* Blackwell, Oxford.

Robinson, J., 1989. Exposure to occupational hazards among Hispanics, blacks and non-Hispanic whites in California. *American Journal of Public Health*, 79: 629–630.

Rodaway, P., 1994. *Sensuous geographies: body, sense and place.* Routledge, London.

Rucht, D. (Hg.), 1984. *Flughafenprojekte als Politikum. Die Konflikte in Stuttgart, München und Frankfurt.* Campus, Frankfurt, New York.

Saint–Exupéry, A., 2000 [1932]. *Nachtflug.* Frankfurt.

Saul, K., 1996. "Kein Zeitalter seit Erschaffung der Welt hat so viel und so ungeheuerlichen Lärm gemacht..." Lärmquellen, Lärmbekämpfung und Antilärmbewegung im Deutschen Kaiserreich. In: G. Bayerl, N. Fuchsloch und T. Meyer (Hg.), *Umweltgeschichte – Methoden, Themen, Potentiale : Tagung des Hamburger Arbeitskreises für Umweltgeschichte.* Cottbuser Studien zur Geschichte von Technik, Arbeit und Umwelt 1. Waxmann, Hamburg, S. 187–217.

Schafer, R.M., 1971. *Die Schallwelt in der wir leben.* Universal Edition (kanad. Originalausgabe: The new soundscape: a handbook for the modern music teacher, Toronto: Berandol Music, 1969), Wien.

Schafer, R.M., 1988. *Klang und Krach. Eine Kulturgeschichte des Hörens.* Athenäum (kanad. Originalausgabe: The Tuning of the World, Toronto: McCelland and Stewart, 1977), Frankfurt am Main.

Schahn, J., 1999. Psychologische Lärmwirkungsforschung und Interdisziplinarität. Einführung zum Schwerpunktthema. *Umweltpsychologie*, 3(1): 2–5.

Scheiner, J., 2000. *Eine Stadt – Zwei Alltagswelten? Ein Beitrag zur Aktions-raumforschung und Wahrnehmungsgeographie im Vereinten Berlin.* (Ab-handlungen – Anthropogeographie. Institut für Geographische Wissenschaf-ten Freie Universität Berlin, Bd. 62). Dietrich Reimer Verlag, Berlin.

Schick, A. (Hg.), 1981. *Akustik zwischen Physik und Psychologie. Ergebnisse des 2. Oldenburger Symposions zur psychologischen Akustik.* Klett-Cotta, Stutt-gart.

Schick, A., 1999a. Interdisziplinarität in der Akustik und Lärmforschung. *Um-weltpsychologie*, 3(1): 22–32.

Schick, A., 1999b. *Lärmbekämpfung zwischen Lachen und Weinen. Vortrag auf der 200. Jubiläumssitzung des Österreichischen Arbeitsrings für Lärmbe-kämpfung am 7. April 1999 im Bundeshaus in Wien.* Online–Redaktion Deut-scher Arbeitsring für Lärmbekämpfung (URL: http://dalaerm.de), Düsseldorf.

Schlosberg, D., 1999. Networks and mobile arrangements: Organizational inno-vation in the U.S. environmental justice movement. *Environmental Politics*, 8(1): 122–148.

Schlosberg, D., 2003. The Justice of Environmental Justice: Reconciling Equity, Recognition, and Participation in a Political Movement. In: A. Light und A. de–Shalit (Hg.), *Moral and Political Reasoning in Environmental Practice.* MIT Press, Harvard, i.E.

Schmidlin, J., 1906. *Geschichte des Sundgaus vom Standort einer Landgemeinde aus oder Geschichte von Dorf und Bann Blotzheim mit Berücksichtigung sei-ner nächsten Umgebung.* Perrotin u. Schmitt, St. Ludwig [St. Louis].

Schon, H., 1999. Lärmminderungspläne nach §47 a BImSchG. In: K. Oeser und H.J. Beckers (Hg.), *Fluglärm 2000. 40 Jahre Fluglärmbekämpfung – Forde-rungen und Ausblick.* Springer VDI, Düsseldorf, S. 158–167.

Schröder, E.-J., 1992. Der Rhein-Neckar-Raum als europäischer Verkehrsknoten. *Geographische Rundschau*, 44(5): 289–294.

Schröder, E.-J., 2000. Die Regio TriRhena als grenzüberschreitender Wirtschafts-raum. *Regio Basiliensis*, 41(1): 3–14.

Schuller, W.M., van der Ploeg, F.D. und Bouter, P., 1995. Impact of diversity in aircraft noise ratings. *Noise Control Engineering Journal*, 43(6): 209–215.

Schwarz, O.P., 1947. *Vom Sternenfeld zum Flugplatz Basel-Mülhausen.* Helbing und Lichtenhahn (Sonderdruck), Basel.

Seager, J., 1997. Reading the morning paper, and on throwing out the baby with the bath water. *Environment and Planning A*, 29: 1521–1523.

Seemann, S., 2002. *Die politischen Säuberungen des Lehrkörpers der Freiburger Universität nach dem Ende des zweiten Weltkrieges (1945–1957).* Historiae 14. Rombach, Freiburg.

Serres, M., 1999. *Die fünf Sinne. Eine Philosophie der Gemenge und Gemische.* Suhrkamp, Frankfurt.

Shue, H., 1996. Environmental Change and the Varieties of Justice. In: F.O. Hampson und J. Reppy (Hg.), *Earthly Goods. Environmental Change and So-cial Justice.* Cornell University Press, Ithaca, London, S. 9–29.

Simmons, C. und Caruana, V., 1994. Neighbourhood issues in the development of Manchester Airport, 1934–82. *The Journal of Transport History*, 15(2): 117–143.

Skelton, T., 2001. Cross-cultural research: issues of power, positionality and 'race'. In: C. Dwyer und M. Limb (Hg.), *Qualitative Methodologies for Geographers. Issues and debates.* Arnold, London, S. 87–100.

Smith, B.J., Peters, R.J. und Owen, S., 1982. *Acoustics and noise control.* Longman, London.

Smith, N., 1984. *Uneven Development. Nature, capital and the production of space.* Basil Blackwell, Oxford, New York.

Smith, S.J., 1994. Soundscape. *Area*, 26(3): 232–240.

Sommer, K., 1999. Flughafen- und Fluglärmentscheidungen aus jüngster Zeit. In: K. Oeser und H.J. Beckers (Hg.), *Fluglärm 2000. 40 Jahre Fluglärmbekämpfung – Forderungen und Ausblick.* Springer VDI, Düsseldorf, S. 132–157.

Soyez, D., 2000. Anchored locally – linked globally. Transnational social movement organization in a (seemingly) borderless world. *Geojournal*, 52(1): 7–16.

Spoendlin, K., 1993. Schweizerische Lufthoheit und Fluglärm um den Flughafen Basel-Mulhouse. *Schweizerisches Zentralblatt für Staats- und Verwaltungsrecht*, 94: 285–297.

Stauffer, T., 1964. *Die luftverkehrspolitische Situation Basels und die Möglichkeiten der Verkehrsvermehrung*, Basel (Ms.).

Stone, C.D., 1974. *Should trees have standing? Toward legal rights for natural objects.* Kaufmann, Los Altos, Ca.

Strüver, A., 2003. Presenting Representations: On the Analysis of Narratives and Images Along the Dutch-German Border. In: E. Berg und H. van Houtum (Hg.), *Routing Borders between Territories, Discourses and Practices.Ashgate.* Ashgate, Aldershot, S. 161–176.

Swyngedouw, E., 1997a. Neither global nor local: 'glocalization' and the politics of scale. In: K.R. Cox (Hg.), *Spaces of Globalization: Reasserting the Power of the Local.* Guilford, New York, S. 137–166.

Swyngedouw, E., 1997b. Power, nature and the city: The conquest of water and political ecology of urbanization in Guayaquil, Ecuador, 1880–1990. *Environment and Planning A*, 29: 387–405.

Swyngedouw, E., 2004. Scaled Geographies. Nature, Place, and the Politics of Scale. In: R. McMaster und E. Sheppard (Hg.) *Scale and Geographic Inquiry: Nature, Society and Method.* Blackwell Publishers, Oxford u. Cambridge, Mass., S. 129–153.

Swyngedouw, E. und Heynen, N.C., 2003. Urban Political Ecology, Justice and the Politics of Scale. *Antipode* 35(5), 898–918.

Szasz, A. und Meuser, M., 1997. Environmental Inequalities: Literature Review and Proposals for New Directions in Research and Theory. *Current Sociology*, 45(3): 99–120.

Tarrant, M.A. und Cordell, H.K., 1999. Environmental Justice and the Spatial Distribution of Outdoor Recreation sites: an Application of Geographic Information Systems. *Journal of Leisure Research*, 31(1): 18–34.

Taylor, P., 1985. *Political geography. World-economy, nation-state and locality.* Longman, London.

Taylor, C., 1992. *Multiculturalism and 'the politics of recognition': an essay.* With commentary by Amy Gutmann. Princeton University Press, Princeton.

Thrift, N., 2002. The future of geography. *Geoforum*, 33: 291–298.

Tilgenkamp, E., 1942. *Schweizer Luftfahrt. (3 Bde). Band 2: Schwerer als die Luft.* Aero–Verlag, Zürich.

Tölke, R., 2003. Schallpegelmessungen in Schlafräumen zur Nachtzeit in Fluglärmbelästigungsgebieten und Überprüfung der passiven Schallschutzmaßnahmen. *Zeitschrift für Lärmbekämpfung* 5: 153-155.

Towers, G., 2000. Applying the Political Geography of Scale: Grassroots Strategies and Environmental Justice. *Professional Geographer*, 52(1): 23–36.

Tschabold, E., 2000. *Die schweizerische Zivilluftfahrt 1910–1994 [Inventar].* (Hg. unter der Leitung von A. Kellerhals-Maeder und B. Förster). Schweizerisches Bundesarchiv, Bern.

Unique Airport Flughafen Zürich, 2002. *Statistisches Jahrbuch 2001.* Zürich.

Urry, J., 1991. Time and space in Giddens' social theory. In: C.G.A. Bryant und D. Jary (Hg.), *Giddens' theory of structuration.* Routledge, London, S. 160–175.

US GAO (General Accounting Office)(1983). *Siting of Hazardous Waste Landfills and Their Correlation with Racial and Economic Status of Surrounding Communities.* Washington: Government Printing Office.

US HR (House of Representatives)(2001). *Community Environmental Equity Act,* Bill H.R. 1540, 107th Congress. Washington, D.C.

Valentine, G., 1997. Tell me about...: using interviews as a research methodology. In: R. Flowerdew und D. Martin (Hg.), *Methods in human geography: A guide for students doing a research project.* Longman, Harlow, S. 110–126.

Valentine, G., 2001. At the drawing board: developing a research design. In: C. Dwyer und M. Limb (Hg.), *Qualitative Methodologies for Geographers. Issues and debates.* Arnold, London, S. 41–54.

Vallet, M., Vincent, B. und Olivier, D., 2000. *La gêne due au bruit des avions autour des aéroports. (Tome 1: Analyse de la gêne, Tome 2: Indicateurs acoustiques de la gêne).* Ministère de l'Aménagement du Territoire et de l'Environnement, Rapport LTE 9920, [Paris].

Vidal de la Blache, P., 1920 [1994]. *La France de l'Est (Lorraine – Alsace).* Colin, 4. Aufl. (repr. 1994, édition présentée par Yves Lacoste), Paris.

Voigt, H.-J., 1986. Die regionalpolitische Bedeutung von Verkehrsflughäfen am Beispiel des Flughafens Hamburg für das Land Schleswig-Holstein. In: Deutsche verkehrswissenschaftliche Gesellschaft (Hg.), *Aktuelle Probleme der Flughäfen.* Bergisch Gladbach, S. 22–37.

Wackermann, G., 2000. Das Elsass – Wandel und Perspektiven einer europäischen Grenzregion. *Geographica Helvetica*, 55(1): 45–60.

Wahl, A., 2002. Lendemains de Guerres. *Saisons d'Alsace*, 14: 47–49.

Wahl, J.-B., 1995. *39/40 dans le Sundgau: la ligne Maginot, la casemate d'Uff-heim, les troupes de forteresse*. Société d'Histoire de la Hochkirch, Altkirch.

Walker, A.M., 1994. EuroAirport Basle-Mulhouse-Freiburg: Strengths and Weaknesses of a Bi-national Airport. In: W.A. Gallusser (Hg.), *Political Boundaries and Coexistence. Proceedings of the IGU-Symposium, Basle/Switzerland, 24–27 May 1994*. Peter Lang, Bern, S. 279–286.

Walker, A.M., 1995. *Chance Regio-Flughafen. Wechselwirkungen zwischen dem EuroAirport Basel-Mulhouse-Freiburg und der Regio, Analysen und Szenarien*. Schriften der Regio 14. Helbing und Lichtenhahn, Basel.

Walser, P., 1967. Flughafen Basel-Mülhausen: Untersuchungen der bisherigen Entwicklung und Übersicht über die Verkehrsprognosen. *Schriften der Regio*, 4: 1–31.

Walsh, E., Warland, R. und Smith, C.D., 1993. Backyards, NIMBYs and incinerator sitings: Implications for social movement theory. *Social Problems*, 40(1): 25–39.

Wardenga, U. und Miggelbrink, J., 1998. Zwischen Realismus und Konstruktivismus: Regionsbegriffe in der Geographie und anderen Humanwissenschaften. In: H.-W. Wollersheim, S. Tzschachel und M. Middell (Hg.), *Region und Identifikation*. Leipziger Univ.-Verlag, Leipzig, S. 33–46.

Wastl-Walter, D. und Kofler, A.C., 2000. Grenzforschung als Thema der Politischen Geographie. Rückblick und Perspektiven. *Klagenfurter Geographische Schriften*, 18: 259–269.

Watts, M., und Bohle, H.-G., 2003. Verwundbarkeit, Sicherheit und Globalisierung. In: H. Gebhardt, P. Reuber und G. Wolkersdorfer (Hg.), *Kulturgeographie*. Spektrum, Berlin, Heidelberg, S. 67–82.

Weichhart, P., 1994. The human ecological relevance of place identity: action theory, emergence and autopoiesis. In: H. Ernste (Hg.), *Pathways to Human Ecology. From Observation to Commitment*. Peter Lang, Bern [u.a.], S. 133–147.

Weichhart, P., 1996. Die Region: Chimäre, Artefakt oder Strukturprinzip sozialer Systeme? In: G. Brunn (Hg.), *Region und Regionsbildung in Europa. Konzeptionen der Forschung und empirische Befunde*. Nomos, Baden-Baden, S. 25–43.

Weichhart, P., 2003. Gesellschaftlicher Metabolismus und Action Settings. Die Verknüpfung von Sach- und Sozialstrukturen im alltagsweltlichen Handeln. In: P. Meusburger und T. Schwan (Hg.), *Humanökologie. Ansätze zur Überwindung der Natur-Kultur-Dichotomie*. Erdkundliches Wissen Bd. 135. Franz Steiner Verlag, Stuttgart, S. 15–44.

Weichselgartner, J., 2002. *Naturgefahren als soziale Konstruktion. Eine geographische Beobachtung der gesellschaftlichen Auseinandersetzung mit Naturrisiken*. Shaker, Aachen.

Weinberg, A.S., 1998. The Environmental Justice Debate: A Commentary on Methodological Issues and Practical Concerns. *Sociological Forum*, 13(1): 25–36.

Weise, A., 1955. Lärmbekämpfung in der Luftfahrt. In: DAL (Hg.), *Lärmbe-kämpfung – Grundlagen und Übersicht. Bericht über den Hamburger Anti-Lärm-Kongress mit Vortrags-Referaten von G. Lehmann [u.a.]; zus.gest. von O. Wilmes*. Gildeverlag, Alfeld/Leine, S. 131–139.

Weiß, S., 1986. *Rechtliche Probleme des Schallschutzes. Rechtsfragen mit techni-scher Einführung*. Werner, Düsseldorf.

Werlen, B., 1997. *Sozialgeographie alltäglicher Regionalisierungen. Band 2. Globalisierung, Region und Regionalisierung*. Franz Steiner Verlag, Stuttgart.

Werner, H.-U., 1990. *Soundscapes – Klanglandschaften. Akustisch-ökologische Spurensuche nach interdisziplinären Kommunikatoransätzen zu 'Umwelt als Klang' und 'Klang als Umwelt'*. Diss. Gesamthochschule, Kassel.

Williams, R.W., 1999. Environmental injustice in America and its politics of scale. *Political Geography*, 18: 49–73.

Winkler, J., 1992. Landschaft hören. Geographie und Umweltwahrnehmung im Forschungsfeld "Klanglandschaft". *Regio Basiliensis*, 33(3): 199–206.

Winkler, J., 1995. *Klanglandschaften. Untersuchungen zur Konstitution der klanglichen Umwelt in der Wahrnehmungsstruktur ländlicher Ort in der Schweiz*, Basel, unveröff. Habilitationsschrift.

Winkler, J., 1997. Beobachtungen zu den Horizonten der Klanglandschaft. In: G. Böhme und G. Schiemann (Hg.), *Phänomenologie der Natur*. Suhrkamp, Frankfurt/M., S. 273–290.

Winkler, J., 1999. Landschaft hören. In: Forum für Klanglandschaft (Hg.), *Klang-landschaft wörtlich*. Akroama Verlag (http://www.rol3.com/vereine/ klang-landschaft), Basel, o.S.

Wirth, E., 1981. Kritische Anmerkungen zu den wahrnehmungszentrierten For-schungsansätzen in der Geographie. *Geographische Zeitschrift*, 69(3): 161–198.

Woehrling, J.-M., 1996. Umweltschutz und Umweltrecht in Frankreich. In: C. Welz und E. Eisenberg (Hg.), *Aspekte des Umweltschutzes in Deutschland und Frankreich – Ein Vergleich*. Nomos Verlagsgesellschaft, Baden-Baden.